孙丽君◎著

XIANXIANGXUE SHIYUZHONG SHENGTAI MEIXUE DE FANGFA WENTI YANJIU

现象学视域中
生态美学的方法问题研究

人民出版社

序

曾繁仁

　　孙丽君教授的新著《现象学视域中生态美学的方法问题研究》是其承担的国家社科项目的结项成果，该成果被评为"优"，这是非常不容易的，说明了这个成果所达到的研究水平，也说明了孙丽君所付出的辛劳和她这几年的努力。面对这个成果我感到欣慰，真的是青出于蓝而胜于蓝，孙丽君尽管曾经是我的学生，但她的成果却让我学到许多新的东西。

　　本书最重要的特点是它在整体上反映了当前生态美学研究的新水平，从某种意义上说是我国近三十年生态美学研究的一个总结。回顾我国生态美学发展，它的起点是1994年，而其真正兴盛则是2001年陕西师范大学生态美学会议的召开，2017年之后"文化自信"理论的提出使得这个新兴学科取得某种"合法性"，并在研究上达到新的热度与高度。

　　本书在理论上有诸多亮点，首先是它对于"现象学"方法的特别强调。现象学方法研究本来就是孙丽君的长期兴趣所在，她的博士论文就是伽达默尔的诠释学美学研究，毕业后又一直从事生态现象学研究，可以说本书正是她这种研究的一个小结。

　　1978年改革开放之后，现象学之所以引起诸多中国学者重视，就是因为它对于突破长期束缚我们的"主客对立"等二元对立思想具有极大的作用。因为，按照原有的二元对立的惯性思维，不仅西方的东西无法研究，中国的东西也无法研究。当然，按照这种思维，人与自然是对立的，自然没有任何地位，那么人的地位问题也就无法研究了。自然美不存在了，人的来路与归宿，以及美的来路与归宿，都不存在了。现象学解决了孙丽君在书中不断提到的"人的局限性"的问题，这恰是生态美学的哲学之根基。如果说胡塞尔1900年提出现象学方法，那么马克思早在1845年的《关于费尔巴哈的提纲》就批判了旧的唯物主义只是从"客体的或者直观的形式去理解，而不是把它们当作人的感性活动，当作实践其理解，不是从主观方面去理解"。在这里马克思已经将"客体"和"直观"加以"悬搁"了，提出"从主观方面去理解"的重要见解。马克思已经突破了传统二元对立的认识论，走向实践存在论，被学术界许多同志所认可。马克思的实践存在论其实也是一种唯物主义的现象学。从欧洲哲学史来看胡塞尔的现象学通过不断地发展建构，取得一系列成果，划出了哲学发展的新时代。孙丽君着重从人与自然的关系审视现象学的价值意义，无疑是正确的。因为，突破主客二元对立必然要突破人与自然的二元对立，"人类中心论"就在其突破的范围之内，并且是其重要内涵。孙丽君的研究具有强烈的时代性，人类早在1972年斯德哥尔摩环境会议之后就逐步进入生态文明时代，这就是一种反思工业革命与工具理性的"后现代"。我国更是把生态文明建设纳入"五位一体"总体布局，从顶层设计的高度加以重视。生态美学顺应了生态文明时代之要求是毫无疑问的。孙丽君的研究还特别从语言的角度阐释人的有限性进而阐释生态美学，论述了时间与空间等新的理论论题，拓展了生态美学的研究空间。

非常可贵的是孙丽君的研究还审视了生态美学的局限性，涉及人类在自己的意识之内反思人类中心与自身局限性的可能性问题。这其实是一个二律背反，康德的二律背反是通过审美这个桥梁加以解决，人类是否能够通过审美来自救呢？我们期盼如此，这就是通常所说的审美救赎，是我们美学研究者的一点期望与动力。至于孙丽君提到的生态美学的研究方法，那就是运用现象学方法，孙丽君已经取得重要成果，大家将继续探索。

    在疫情仍在世界范围内持续蔓延的形势下阅读本书，感慨万千。许多人谈到疫情时喜欢用自然向人开战这样的语言，我本人则更加喜欢孙丽君在本书中运用的语言，即"人与自然的和解"，"要用自然的眼光看待自然"。如果真的能够做到，也许人类就可自救，其实这就是孙丽君自己对于二律背反的回答。继续生态美学研究，热爱自然，让我们的心灵有所安放。以此与孙丽君共勉。

2020 年中秋

目　录

导　言 ……………………………………………………………………… 1

第一章　生态美学的产生 ……………………………………………… 10

　第一节　生态文明的产生 ……………………………………………… 10

　　一、原始文明：人类敬畏自然的阶段 ……………………………… 11

　　二、农业文明：人类依赖自然的阶段 ……………………………… 12

　　三、工业文明：人类中心主义阶段 ………………………………… 15

　第二节　生态文明的基本理念 ……………………………………… 18

　　一、生态文明的起点 ………………………………………………… 19

　　二、生态文明的世界观 ……………………………………………… 20

　　三、生态文明的伦理观 ……………………………………………… 22

　第三节　生态文明对美学学科的要求 ……………………………… 26

　　一、自然美问题 ……………………………………………………… 26

　　二、人类形式感的来源 ……………………………………………… 29

　　三、静观美学 ………………………………………………………… 31

　第四节　文学艺术作品及其批评对美学的要求 …………………… 33

　　一、生态文明视野中文学艺术作品的变化 ………………………… 34

　　二、文学或艺术批评对美学学科的要求 …………………………… 38

第二章　生态美学的研究对象及其方法论要求⋯⋯⋯⋯⋯ 42

　第一节　环境美学的研究对象 ⋯⋯⋯⋯⋯⋯⋯⋯⋯⋯42

　　一、人对自然的审美态度 ⋯⋯⋯⋯⋯⋯⋯⋯⋯⋯43

　　二、自然之美 ⋯⋯⋯⋯⋯⋯⋯⋯⋯⋯⋯⋯⋯⋯47

　第二节　生态美学的研究对象 ⋯⋯⋯⋯⋯⋯⋯⋯⋯⋯51

　　一、环境美学的局限性 ⋯⋯⋯⋯⋯⋯⋯⋯⋯⋯⋯52

　　二、生态美学的研究对象 ⋯⋯⋯⋯⋯⋯⋯⋯⋯⋯54

　第三节　生态美学对方法论的要求 ⋯⋯⋯⋯⋯⋯⋯⋯60

　　一、如何反思生态危机 ⋯⋯⋯⋯⋯⋯⋯⋯⋯⋯⋯61

　　二、如何形成生态整体主义 ⋯⋯⋯⋯⋯⋯⋯⋯⋯62

　　三、如何重新构建人与自然的关系 ⋯⋯⋯⋯⋯⋯64

　　四、如何构建人类新的审美能力 ⋯⋯⋯⋯⋯⋯⋯66

第三章　作为方法的现象学哲学⋯⋯⋯⋯⋯⋯⋯⋯⋯⋯⋯ 69

　第一节　现象学运动的起源及其基本原则 ⋯⋯⋯⋯⋯69

　　一、现象学运动的起源 ⋯⋯⋯⋯⋯⋯⋯⋯⋯⋯⋯69

　　二、现象学运动的基本原则 ⋯⋯⋯⋯⋯⋯⋯⋯⋯72

　第二节　作为方法的现象学哲学 ⋯⋯⋯⋯⋯⋯⋯⋯⋯79

　　一、现象学为人类知识提供了一种彻底的反思态度⋯80

　　二、现象学构建了新的人与世界的关系 ⋯⋯⋯⋯81

　　三、现象学为人类思维提供了一个新的方向 ⋯⋯83

　　四、现象学为中西思想的对话提供了一种包容性前提 ⋯85

第四章　现象学视野对生态美学的意义⋯⋯⋯⋯⋯⋯⋯⋯ 88

　第一节　现象学视野与生态问题 ⋯⋯⋯⋯⋯⋯⋯⋯⋯88

　　一、现象学与深层生态学理论 ⋯⋯⋯⋯⋯⋯⋯⋯88

二、生态现象学理论 ┈┈┈┈┈┈┈┈┈┈┈┈┈┈ 92

第二节　现象学视野与美学 ┈┈┈┈┈┈┈┈┈┈┈┈ 97

一、现象学为美学研究提供了新的立场与要求 ┈┈┈ 97

二、现象学改变了美学研究的具体内容 ┈┈┈┈┈ 101

第三节　现象学视野与生态美学 ┈┈┈┈┈┈┈┈┈ 108

一、现象学作为生态美学产生的理论前提 ┈┈┈┈ 109

二、现象学为有限性经验作为一种肯定性经验奠定了基础 ┈ 112

第五章　现象学视野中生态危机形成的原因 ┈┈┈┈┈ 118

第一节　意识显现过程与生态危机的关系 ┈┈┈┈┈ 118

一、个人视域的遗忘 ┈┈┈┈┈┈┈┈┈┈┈┈ 119

二、个人视域的遗忘对生态问题的影响过程 ┈┈┈ 122

第二节　语言与生态危机的关系 ┈┈┈┈┈┈┈┈┈ 128

一、两种语言系统对生态危机的影响 ┈┈┈┈┈ 129

二、书写文字及其传播对生态问题的影响 ┈┈┈┈ 135

第六章　现象学视野中人类的存在方式 ┈┈┈┈┈┈┈ 144

第一节　现象学探讨人类存在方式的几个阶段 ┈┈┈ 144

一、生活世界阶段 ┈┈┈┈┈┈┈┈┈┈┈┈┈ 145

二、存在天命阶段 ┈┈┈┈┈┈┈┈┈┈┈┈┈ 145

三、传统阶段 ┈┈┈┈┈┈┈┈┈┈┈┈┈┈┈ 148

四、身体阶段 ┈┈┈┈┈┈┈┈┈┈┈┈┈┈┈ 149

第二节　现象学视野中人类存在方式的基本特点 ┈┈ 151

一、人与世界共属一体的关系 ┈┈┈┈┈┈┈┈ 152

二、人居于世界之中 ┈┈┈┈┈┈┈┈┈┈┈┈ 153

三、世界在人的意识中显现 ┈┈┈┈┈┈┈┈┈ 154

四、构建存在意识的条件 ┈┈┈┈┈┈┈┈┈┈ 156

五、此在的存在意识对世界的影响 ……………………… 157

第三节 现象学视野中我国生态智慧对生态美学本体论的启示 … 160

一、自然的本质为生 ……………………………………… 161

二、人居于自然之气中 …………………………………… 163

三、人类应顺应自然之气 ………………………………… 164

四、气在教化中的作用 …………………………………… 167

第四节 现象学视野中生态美学的本体论 ………………… 170

一、人处于自然之中 ……………………………………… 171

二、人与自然共属一体的关系 …………………………… 173

三、在人的意识领域中构建人与自然共属一体的关系 …… 175

四、生态存在论作为人类的共识 ………………………… 177

第七章 生态审美经验的本质及其基本特点 ……………… 180

第一节 生态审美经验成立的前提条件 …………………… 180

一、生态审美经验是对自我有限性的经验 ……………… 181

二、人的有限性来自于自然 ……………………………… 182

三、人类可体验到自然对人的构建过程 ………………… 183

四、将自我的有限性经验视为一种肯定性经验 ………… 184

第二节 家园意识作为生态审美经验的本质 ……………… 186

一、人类生存于自然的家园之中 ………………………… 186

二、人类必须明确意识到自然作为自己的家园 ………… 187

三、家园意识作为一种审美经验 ………………………… 189

四、生态美学的家园意识是人类与自我的和解 ………… 193

五、家园意识是一种生态自由 …………………………… 195

第三节 生态审美经验的基本特点 ………………………… 199

一、以存在为基础 ………………………………………… 199

二、经验性 ………………………………………………… 201

三、参与性 …………………………………………… 203

四、身体性 …………………………………………… 207

第八章　现象学视野中生态审美经验中的空间意识…………… 211

第一节　现象学对历史上空间观的反思 ……………… 211

一、古希腊的空间观 ………………………… 211

二、近代物理和认识论的空间观 ………………… 213

三、现象学建构空间观的方向 ………………… 215

第二节　现象学空间观的主要内容 ………………… 217

一、胡塞尔与海德格尔空间观的主要内容 ……… 217

二、梅洛-庞蒂空间观的主要内容 ……………… 220

第三节　家园意识中的空间意识 …………………… 225

一、空间意识指明事物是人类家园的相关项而非对立物 … 225

二、空间意识奠基于身体的在场 ……………… 226

三、身体是空间意识产生的基础 ……………… 227

四、身体是人与外在事物联系的基础 …………… 230

五、空间意识是诗意栖居的表现方式 …………… 232

第九章　现象学视野中生态审美经验中的时间意识……………… 235

第一节　时间意识的现象学解读 …………………… 235

一、现象学之前西方时间观的流变 …………… 235

二、现象学的时间观 ………………………… 239

第二节　家园意识中的时间意识 …………………… 247

一、家园意识中时间意识的本质 ……………… 247

二、家园意识中时间意识的结构 ……………… 250

三、时间意识作为家园意识中空间意识的奠基经验 ……… 252

四、中国古代时间观对家园意识中时间意识的补充 ……… 254

第十章　现象学视野中生态审美经验的形成过程⋯⋯⋯⋯ 258

第一节　现象学视野中形成家园意识的人类活动　⋯⋯⋯ 258

一、现象学视野中人类活动的分类　⋯⋯⋯ 258

二、形成家园意识的人类活动　⋯⋯⋯⋯⋯ 261

三、形成家园意识的艺术活动　⋯⋯⋯⋯⋯ 264

第二节　生态审美经验的形成过程　⋯⋯⋯⋯⋯⋯⋯⋯ 271

一、生态审美经验的起点　⋯⋯⋯⋯⋯⋯⋯ 271

二、生态审美经验的过程　⋯⋯⋯⋯⋯⋯⋯ 278

第十一章　生态审美经验对构建生态意识的作用⋯⋯⋯⋯ 284

第一节　生态小我的产生　⋯⋯⋯⋯⋯⋯⋯⋯⋯⋯⋯ 284

一、生态审美经验为反思认识论思维提供了一种冲力 ⋯ 284

二、本真时间的生成与地方性经验的产生　⋯⋯⋯⋯ 289

三、生态审美经验对构建生态真理观的作用　⋯⋯⋯ 291

四、生态审美经验对构建生态价值观的作用　⋯⋯⋯ 295

第二节　生态大我的产生　⋯⋯⋯⋯⋯⋯⋯⋯⋯⋯⋯ 300

一、生态大我的要求　⋯⋯⋯⋯⋯⋯⋯⋯⋯ 300

二、地方性意识向全球性意识的提升　⋯⋯⋯⋯⋯⋯ 302

三、生态审美经验对构建生态公共视域的作用　⋯⋯ 304

四、作为生态环链代言人的生态大我的形成　⋯⋯⋯ 307

第十二章　现象学视野中生态美学的大众化路径⋯⋯⋯⋯ 311

第一节　构建生态的语言观　⋯⋯⋯⋯⋯⋯⋯⋯⋯⋯ 311

一、现象学视野中的语言观　⋯⋯⋯⋯⋯⋯ 312

二、现象学视野中构建生态语言观的基本路径　⋯⋯ 317

第二节　现象学视野中的生态批评　⋯⋯⋯⋯⋯⋯⋯ 322

一、现象学视野中生态批评的对象 …………………… 323

二、现象学视野中生态批评的基本原则 ……………… 328

三、现象学视野中生态批评的根本任务与方法 ……… 331

第三节　现象学视野中的生态文学与生态艺术 ……………… 333

一、现象学视野中生态文学与艺术的基本特征 ……… 334

二、现象学视野中生态文学与艺术构建生态伦理的方法 … 338

结　语……………………………………………………………… 345

参考文献…………………………………………………………… 348

索　引……………………………………………………………… 358

后　记……………………………………………………………… 367

导　言

　　20 世纪以来，随着工业化进程的加速发展，人类生存的环境质量不断恶化，愈演愈烈的生态危机已经直接影响到人类的生存与生活质量。人类开始意识到环境问题的严峻。自 20 世纪 60 年代起，工业化所形成的环境污染和生态问题日益引起诸多文学家、社会学家、哲学家和经济学家的关注，并形成了一场声势浩大的生态社会运动。各行各业开始了将其目光汇聚于生态问题，比如说，科学开始转向生态技术的研发与使用，经济学转向生态问题的量化评估并倡导绿色经济和绿色产业，社会学也转向对生态的人生态度的引导……在这一时代性的课题中，美学也开始了根本的转向，由追求人类自由意志的认识论美学转向了生态美学。

　　在此背景下，1968 年，美国加利福尼亚大学的学生发起了生态运动。他们认为人们应该改变其生产、消费、生活方式，以保护生态系统的平衡，并在生态平衡的基础上谋求个人与社会的发展。人们将这一思想称为生态意识或生态主义（ecologism）运动，简称生态运动。这一运动逐步由美国向世界各地传播，影响愈来愈大，其所倡导的生活方式、生态理念得到了广泛的关注和世界性的共鸣。

　　实际上，在生态问题由一个局部问题生成为世界性共鸣的过程中，作为对人类社会存在问题特别敏感的文学艺术，对生态问题的描述远远早于上述生态运动。在文学史上，最早集中关注生态问题的是蕾切尔·卡逊。早在 1962 年，作为美国当代著名的生物海洋学家，蕾切尔·卡逊就意识到生态问题的严重性，并出版了"生态理论中里程碑似的经典之作"——

《寂静的春天》。在这部历经四年而写的巨著中，蕾切尔·卡逊描述了当代美国滥用农药、杀虫剂所造成的生态灾难，并希望通过这一作品唤起民众对生态问题的关注。可以说，卡逊的《寂静的春天》揭开了环境保护运动的序幕。在这部作品的影响下，生态运动似雨后春笋，在世界范围内得到大规模的呼应。

正是在这一生态运动的影响下，美学领域也进行了一场深刻的变革。对于生态领域来讲，美学的变革体现在两个方面：一是在美学学科的外部，认识论所形成的思维方式、世界观念与伦理原则受到广泛的质疑。众所周知，自鲍姆嘉通在认识论的哲学视域中创立了美学学科之后，美学作为一种感觉学，一直囿于认识论的哲学视野之内。美是人类认识外部世界的一个过程、一种方式或一个阶段。当代许多西方哲学对认识论的霸权地位提出了挑战，分析哲学、现象学哲学构成了这一挑战的两个主要方向。这些挑战，一方面构成了美学学科向生态美学转折的动力，另一方面也构成了生态美学重要的学术资源。二是在美学学科内部也发生了重要的转折。美学的研究对象、研究意义和研究方法到底是什么？这是一个伴随着美学学科的产生而存在的话题。在研究对象上，认识论对美学的理解，一直有两种倾向：一种倾向认为美学是研究人类感觉的学科，而另一种倾向则认为美学是研究艺术的学科。前者以鲍姆嘉通、康德为代表。康德对美是无目的的目的性、美是无功利的功利性等的论断，基本上将美学的研究对象界定为人类的审美判断力。后者以黑格尔为代表，黑格尔认为美学的研究对象应是艺术哲学。由于黑格尔将艺术视为感性向理性上升的一个过程，美是理性发展过程中的一个阶段，因此，美学的研究对象应是这一阶段的典型表现形式——艺术。但总体上讲，上述两种倾向都认为美是人类的一种感觉，这种感觉的特点是和谐。在此基础上，上述两种倾向都强化美学研究的最终目的是将这种感觉上升到理性认识。20世纪，人们开始反思美学的研究对象，产生了人本主义与科学主义两大美学主潮，在这两个美学主潮中，都发生了"语言论转向"。前者在研究人文心理的过程中，意识到语言对人类意识的构建作用；后者则在语言形式的研究中，发现了语言结构对文学的影响并最终发现语言构成了人类文化的现实，"语言是人类社会的纽带，人类社会是一个普遍符号化的世界。"① 语言是构成人类深层思维模式的根源。前者以现象学运动为代表，后者以结构主义、分析哲学为代表。但是，纵观现代西方美学的发展历程，可以发现，现代西方美学的研究，大体经历了从美学学科内部转向外部的过程。在这一过程中，美学不再仅仅研究人类的感觉，而是转向研究构建人类感觉形成的约束性或限制性条件。可以说，这种研究方向，本质上是对认识论美学的反思。生态美学正是在这一反思过程中所形成的一种新的美学动向。

在探讨人类感觉能力之所以形成的前提的过程中，现代西方美学逐步发现了经验、语言、文化、历史、传统等都是构建人类感觉的前提或本体。比如，胡塞尔的现象学发现：人类所有的感觉能力来自于生活世界对人的构造性，而生活世界则由语言、传统所构成。同时，分析哲学也发现了这一问题，维特根斯坦也认为："想象一种语言就是想象一种生活类型。"② 因此，现代西方美学的语言论转向，不仅以集中的方式探讨了文化、传统和语言等对人的感觉的建构作用，美学的研究对象、研究意义都必须以此为前提进行研究；同时，随着对建构人类感觉的基本要素的研究越来越深入，语言论转向也以前所未有的高度关注到人类的意识或感觉的有限性。与这种对自我有限性的认识相比，认识论的主体形而上学正是基于对自我的无知和在此基础上的自我能力的无限放大。众所周知，认识论以主客二分为基点，但是，认识论并不能说明主体进行主客二分的能力来自于何处。认识论认为，人类主体是一种透明的、无前见的、无限制的主体，或者说，认识论认为人类主体的能力是不需证明的。而认识论的所有结论，都奠基于对主

① 朱立元：《现代西方美学史》，上海文艺出版社1996年版，第26页。

② ［奥地利］维特根斯坦：《哲学研究》，李步楼译，商务印书馆1996年版，第12页。

体能力的不证自明性。语言论转向的意义，正在于将认识论所信奉的主体形而上学重新推到语言的构成性中，关注语言对人类主体能力的构建性。而这种通过语言对人类意识或能力的建构，本质上正是对人类有限性的证明。这种对人类有限性的证明，正是生态美学产生的时代背景和理论资源。从某种程度上讲，生态美学正是基于人类的有限性所形成的美学思考。

哲学研究对人类有限性的关注，为人类关注自身现实问题提供了一种新的思考方向、思维工具和理论基础。在现实生活中，随着生态问题的加剧，人们发现：如果说，语言所构建的人类有限性，形成了不同人类文化体之间的隔阂，构成了处于不同语言中人们的不同思维方式。这种不同思维方式形成了人类面对外在事物的不同态度。不同语言、不同思维方式和不同态度既构成了解决生态危机的不同文化资源，也构成了形成人类命运共同体的难点。要解决生态危机，人类既需要理解处于不同语言和文化体中的人们的不同立场，也需要联系在一起，共同构建解决生态问题的合力。

在生态问题还没有构成一个世界性的难题之前，人们更多地关注人类社会之间由不同语言所形成的思维方式的不同，美学研究更多地倾向于研究不同文化中的人们面对文本所形成的不同的审美经验，增加人们相互理解的可能性。但是，由于生态危机不仅是一个民族的危机，它同时也是一个世界性的难题。在面对生态危机的过程中，人类所要面对的，不仅是语言所构建的不同思维方式所形成的自我有限性，人们还必须共同面对不同文化体都共处一室的地球家园。也就是说，一方面，生态危机加剧了人们对自我有限性的反思。在这一对自我有限性的反思中，人们意识到自我被语言、文化、历史、传统所构成，具有独特的个人视域；另一方面，生态危机又希望不同文化体的人们联合起来，共同应对全球性的生态问题。"生态批评的任务不只是在于鼓励读者重新亲近自然。而是要灌输一种观念，使每个人都将认识到'他只是他所栖居的地球生物圈的一部分'。"① 甚至于，人们不仅需将自身与他者相联系，还需要将自身与其他的生物相联系，将自我视为生态环链的一部分。前者强调文化的个性，强调我们每个人拥有独特立场的合法性；后者则强调每种文化都处于自然之中的共性，强调不同的文化共同体必须承担责任并联合应对生态危机的共同目标。可以说，正是由于生态危机的存在，使得美学学科的研究进入一个新的阶段。在生态危机的观照下之下，原来呈现千姿百态的美学研究流派都暴露了它们相似的问题：它们都过于关注自身观点的独特性，相对忽视各种观点之间的共性。生态危机对人类生存环境的终极思考，也为这些美学流派提供了一个新的契机：不同美学流派所关注的问题及其研究成果，都构成了它们进入生态问题的独特立场，为构建生态意识提供不同的理论资源。

　　我国当前的美学研究也开始正面回应生态问题。其中最有代表性的就是曾繁仁教授开辟的生态美学研究、鲁枢元教授的生态文艺学研究、陈望衡教授的环境美学研究和袁鼎生教授的生态艺术哲学研究等。相比于新中国成立后美学研究的传统，生态美学更为关注美学研究的现实语境与价值导向，关注美学学科的理论发展，关注我国传统美学资源的开发。从生态美学的角度来看，新中国成立后的美学研究，存在着过于重视认识论的主客二分思维模式、强化"人类中心主义"的倾向。这一倾向在影响深远的"实践美学"中也有表现：实践美学所倡导的，仍是通过实践达到人类改造自然的目的，即"人定胜天"的价值信念。在我国特有的经济社会发展阶段，这一观念有着自身难以替代的价值。但同时，这一观念也为我国生态危机的形成负有部分观念或思维上的责任。"'实践论'美学总体上是一种以'人化'为核心概念，忽视'生态维度'并包含着浓郁'人类中心主义'倾向的美学形态。在当前的形势下，应该说它在一定程度上已落后于时代的发展。对这种美学形态的改造与超越

---

① 鲁枢元：《生态批评的空间》，华东师范大学出版社 2006 年版，第 12 页。

已经成为历史的必然。'生态美学'的提出就是对'实践论'美学的一种改造与超越，是美学学科自身发展的时代需要。"①

正是在中西不同美学理论的发展过程中，生态美学成为当代我国美学发展的新的理论形态。当代的美学研究，在某种程度上，很难不去关注人类生存的限制性条件——生态危机，也很难避开解决这一问题的方法质问。即使那些标榜只关注人文、形式或快感的美学形态，由于生态问题构成了当代人类生存的根本极限，也必须在其美学理论中回应这一急迫的时代性问题。

生态美学对美学学科的影响及其对现实问题的回应，使当前生态美学的研究成为一门显学。目前，生态美学的理论基础来源于三个方面，第一是当代西方美学资源。包括生态现象学、生态分析哲学等建设性后现代思潮。其中，现象学探讨人类的有限性，而生态现象学用现象学的基本思路与方法探讨生态问题对人类存在的终极性限制，以及克服这一限制的路径。其代表人物是美国生态现象学家阿诺德·伯林特。生态分析哲学的代表人物为芬兰美学家约·瑟帕玛和加拿大环境美学创始人艾伦·卡尔松。分析哲学强化生态美学的本义是环境美学，注重分析当环境生态成为审美对象的过程时，其中发生了什么。第二是生态马克思主义美学，用马克思主义的美学资源分析当前生态问题，认为马克思与恩格斯对人与自然关系的论述为当前人与自然的关系提供了理论基础，而马克思主义的唯物主义辩证法和实践观为生态危机的解决提供了方向。第三是对中国古代生态智慧的挖掘。从根本上讲，生态美学处理的是人与自然的关系。从哲学或思维方式上来讲，农业文明更为强化人与自然的关系，因此，在我国源远流长的农业文明中，存在着许多生态智慧。而西方文明已经完成了由农业文明向工业文明的转换，或者说，西方文明扬弃式的思维方式已经放弃了农业文明的整体性思维习惯。而中国文明的整体发展路径并不是扬弃，

---

① 曾繁仁：《生态美学导论》，商务印书馆2010年版，第3页。

而是一种在某个原点基础上弥散的发展模式。它不仅包括当代的文明成果，也包含着古代的各种智慧，记录了原始人从自然中逸出时的过程和人与自然融为一体的农业文明中的生态智慧，这些智慧对当前的生态问题有着重要的启示意义。

当前，生态美学的研究，已经取得了一些重大的理论突破。首先，生态美学强化审美关系论，认为美是人类生存于世的在世关系，从而有效突破了认识论美学的主客二分模式。其次，在美的本质问题上，生态美学认为：美是一种站立家中的经验，不仅从审美经验的角度论述美与人类生存的关系，而且更为明确地指明了审美经验与自我有限性、自我视域之间的关系，指明审美是一种与自我的存在方式和解的状态，从而有效地克服了认识论美学对透明主体的预设，论证了存在论基础上审美经验的本质。再次，在审美活动的价值上，生态美学强调审美活动应与现实问题结合起来，而不是一种书斋里的自娱自乐，为美学研究赋予了强烈的社会意义。目前，基于生态美学理论，生态城市、生态社区、生态居所等概念被不断提出，同时，在城市规划、生存方式、经济结构调整的过程中，生态美学的基本原则也被不停地提及。除此之外，生态美学对人类意识和思维模式的转变，对整体人类文明的进程以及未来文明的发展方向也有着重要的意义："深刻的、有价值的审美体验可以通过优美的视觉景色而被感知、获得，而生态审美通常需要一种更加充分的相互作用的体验，一种可能依靠多种感官的感知和时间上的相互作用，也需要直接觉察解释性的信息。"[①]生态美学所试图建立的新的感觉模式，不仅是美学学科发展的内在要求，也为新的人类文明提供了一种根本的定向，奠定了人类新的文明走向的基础。

尽管生态美学的研究已经取得了丰硕的理论成果，但是，作为一种新

---

① ［美］保罗·戈比斯特：《西方生态美学的进展：从景观感知与评估的视角看》，选载曾繁仁、［美］阿诺德·伯林特主编：《全球视野中的生态美学与环境美学》，长春出版社2011年版，第77页。

的美学理论，生态美学也有着自身的问题。举例来讲，生态美学对人类中心主义的批判与反思，必须在人的意识内进行。在某种程度上，这种反思与批评，都在走向一种终极意义上的自大：当人们在自我意识中建构自我的有限性时，从自尊的角度来讲，这种对自我有限性的体认有可能成为一种存在论意义上的崇高，因为自觉地意识到自我的有限性本身就是对人类的否定，而这一否定又必须在人的意识领域中完成。因此，当人们在自我的意识中否定自身时，这是一种真正意义上谦虚。但这种谦虚又有赖于人们对自我意识的绝对信任，这种绝对信任又有可能形成一种无所不能的自大。也就是说，所有的反人类中心主义，都必须在人的意识领域中形成这种反人类中心主义的意识，而意识则是人类的意识，因此，反人类中心主义最终依靠的正是人类的意识，而要在人类的意识中形成反对自身的意识，这实际上是对人类提出了更高的要求。生态美学实际上已经预设了人类在意识领域能够完成这一要求。生态美学所推崇的人与自然的新关系，是一种"自然的复魅"，而这种自然的复魅，本质上要求人们用自然的形象看自然和人，而由于人类的整个发展历程本质上是一种从自然中跃出的过程。在这一过程中，人类的思维强化的是自我的形象，而自然的复魅，本质上要求要人用自然的形象看视自然，这就要求人类从根本上放弃已有的思维模式。总之，生态美学要求在人的意识领域构建生态意识，在人的感觉领域重建美的秩序，在社会发展领域限制人类的过度作为，这些要求，不仅是对人类思维习惯和生活方式的反思，也是对人之为人的根本理念的反思，这就要求生态美学"从'返魅'的理想主义话语回归实践，拓展平等、自由的公共交流空间，直面日常生活，重建生态批评的政治维度，"①这在生态危机加剧的今天尤为重要。这就要求生态美学能够超越"人类中心主义"，正视生态危机所产生的历史的社会语景，能对生态的文艺思想作出有效回应与指导，解决这个时代的核心问题。但是，在人的意

---

① 蒋磊：《生态批评的困境与生活论视角》，《文艺争鸣》2010 年第 11 期，第 19 页。

识领域内重建自然与人的概念，不仅需要哲学理念的变革，更需要的是方法层面的革新。

　　目前，已有许多学者都注意到生态美学在方法论方面的困境并提出了有价值的思考，比如，国内已有部分学者注意到生态美学的方法论问题，曾繁仁先生初步设想用生态存在论作为生态美学的哲学基础，用生态现象学方法作为生态美学基本方法论；袁鼎生教授提出整生论，鲁枢元教授提出系统论等。但是，对于生态美学理论来讲，这些研究远远不能满足生态美学对独特方法论的要求，方法论问题仍是困扰生态美学发展的瓶颈。

第一章　生态美学的产生

第一节　生态文明的产生

从人与自然关系的角度来讲，在生态文明出现以前，人类已经经历了下述几个时期：原始文明、农业文明、工业文明。这些不同的文明方式代表了人与自然关系的不同进程。"在具体化的生态精神出现之前，人类已经经历了三个早期的文化——精神发展阶段：首先是具有萨满教宗教形式的原始部落时代（在这个时代自然界被看作神灵们的王国）；其次是产生了伟大的世界宗教的古典时代（这个时代以对自然的超越为基础）；再次是科学技术成了理性主义者的大众宗教的现代工业时代（这个时代以对自然界实施外部控制和毁灭性的破坏为基础）。直到现在，在现代的终结点上，我们才找到了一种具体化的生态精神同自然精神的创造性的沟通融合。"①从文明的发展过程来讲，人类的文明史就是人与自然的关系史。由于人的生存必然占据一定的自然资源，而随着人们对自然资源的无限攫取，必然会影响到自然的整体平衡，形成生态危机。从文明发展的角度来讲，生态危机的产生，有一定的社会必然性。

---

① ［美］大卫·雷·格里芬：《后现代精神》，王成兵译，中央编译出版社1998年版，第81页。

一、原始文明：人类敬畏自然的阶段

在原始社会，人类对自然所知甚少，人类的生产力水平非常低下，其生产工具仅以简单粗糙的石器为主，根本无力与大自然对抗。对于人类而言，大自然充满了神秘感，自然构成了对人类的绝对统治。可以说，原始文明的本质在于：这一文明建基于人类力量的渺小和对自然的无知这一根本前提中，这一前提形成了人类的恐惧感及其对自然的敬畏感。纵观现在我们所能发现的原始文明遗迹，可以发现，其总体上表达了下述信念：由于人类生产力的低下，对于人类来讲，自然支配着人，而人类只能被动地接受着自然的支配。正因如此，自然成为人类恐惧和敬畏的对象。首先，恐惧充斥着原始先民的心灵："在阿兹特克文化的背后，潜伏着一种恐惧感，因为他们认为，他们所认识的世界注定要被可怕的地震所毁灭，就像过去的四个世界被灾难所吞没一样。为了战胜死神，神不得不牺牲自己，同样，人类也得为其生存付出血的代价。"①其次，在这种恐惧中，人们对自然的态度充满了敬畏。在古希腊文化中，我们可以感受到这种由恐惧而形成的敬畏。典型的如希腊神话中的命运悲剧，将人生的悲剧归结为人类不得不承受的神所赋予的命运。在这种由恐惧而形成的敬畏感中，原始文明逐渐形成一种特殊的天人感应方式，在这一方式中，自然是人们不可征服的对象，同时又是人类生命的来源。对于人类来讲，大自然是原始先民的一切，是原始先民痛苦与灾难的来源，原始人的生命、感情等都来自于大自然的赐予。而生于某地的原始人，他的出生、生存，不可避免地就注定了他必须接受其所处的自然环境的支配和制约，这就形成了特定时期的原始文明：自然是人们崇拜和信仰的对象，人类在自然中的生存是一种命定式生存方式。在原始人看来，自然就是他们的命运，自己只有被动地接受自然命定给他的东西，按自然的要求改变自己的思维方式和生活方式，

---

① ［法］克洛迪娜·布勒莱-吕埃夫:《文化与健康》，载张穗华编:《神灵，图腾与信仰》，中国对外翻译出版公司 2002 年版，第 91 页。

顺应自然的规定。

总之，在原始文明时期，由于人们只能被动地适应自然并顺从自然，人们对自然充满了盲目的崇拜。这里，由于人类对环境的影响和破坏微乎其微，这一时期并不存在所谓的环境问题。这一时期人与自然关系的本质是人类受制于自然并被自然所支配。由于这一时期的人类始终以自然为中心，所以这一时期"属于典型的自然中心主义。"[①]

二、农业文明：人类依赖自然的阶段

随着人类生产活动逐渐由采集狩猎转向固定的农耕模式，人类文明也逐渐由原始文明转向农业文明。在这一时期，生产力水平相对于原始文明有了一定的发展，生产工具也由原始文明时代的石器工具发展到铁器工具，进而大大地推动了社会的发展。由于人类活动方式及活动范围的改变，人类的行为模式、思维模式也随之发生改变。相比于原始社会人类对自然的敬畏感，这一时期，人类萌发了初步的主体意识并开始了对自然的主动改造。正是在这一主动改造的过程中，人与自然的关系发生了根本性的转化。

顾名思义，所谓农业文明，就是以农业为基础的文明形态。而农业的精髓在于：它需要人们顺应天意，遵守自然变化的节律。自然不再是时刻威胁着人类生存的、外在的、不可控的、令人恐惧的对象，而是与人类命运休戚相关的命运共同体。因此，人们可以根据自己的需求以及对自然规律的理解，从自然中获取维持生命的基本物质。比如，农业文明的典型表现"日出而作，日落而息"，正是人们基于自然节律基础上的人类活动。以对自然规律的把握为核心，农业文明对人与自然关系的把握可分为以下三个层次：

---

① 朱玉利：《生态文明历史演进探析》，《皖西学院学报》2009 年第 3 期，第 17 页。

第一，自然是人类生存的基础。

由于农业文明仍是以自然对人类的直接供给为基础，因此，人类必须尊重自然的规律。在这一时期，尽管人们也有自觉或不自觉地对自然环境的破坏活动，并对自然的平衡和生态系统的稳定形成了一定的冲击，但是，自然界也通过自己的方式，比如通过旱灾、洪涝等方式向人类发出了警告，使人们意识到自然是人类生存的基础，对自然的破坏就是变相地毁灭人类。因此，这一时期，可以看到种种对自然的崇拜意识和自觉维护生态平衡的朴素情感。儒家的"天人合一"、道家的"道法自然"，本质上正是对自然的尊重。这些对自然的尊重，成为中国人定位个体与群体、进行人与社会交往的基本准则。

第二，人类与自然的关系处于亚人类中心主义地位。

人类要生存，必定要按照自我的意志对自然进行某种程度的改造，这是人类历史的必然。但是，在农业文明时期，由于人类的生存方式依赖于自然系统的良好运转，人类不可能过度开发自然，而是与自然建立了和谐共存的关系。即使到目前，我们仍然还流传着许多农业文明时期歌颂人与自然和谐关系的艺术作品，感受到农业文明时期人们对自然的朴素情感："泉眼无声惜细流，树荫照水爱晴柔。"（宋·杨万里：《小池》）因此，一方面，这一时期的人们积极地利用自然为自己服务，改善自己的生活水平；另一方面，在这一时期人们的意识之中，人们认为自己是自然的一部分，不可能跃到自然之外。从人与自然的终极关系的角度来讲，尽管这一时期的人们认为自己是自然的一部分，但这种意识是基于人类生产力的低下以及农业对自然的依赖，自然在人类意识中的显现仍是基于特定的人类中心主义。这在中医理论中有部分的表达：在这一理论中，动物是基于它们对人类的作用进入人类的视野，人们也是基于动物对人的使用价值去解释动物。因此，这一时期，人与自然的关系可称为亚人类中心主义。

第三，强调人类自然属性的文化观念。

由于自然在农业文明中对人类有决定性作用，这一时期的文化观念强调人是自然的一部分，并在这样一个根本的前提中构建文化观念。这表现为如下几个方面：首先，这一时期，由于人们依附于自然，人们对山水林木等自然风景怀有一种眷恋之情，并在农耕过程中对自然形成了一种"大地母亲"的朴素理念。由于农业的发展与自然的节律、变化等有着天然的联系，这一时期的人们自发地顺应天意，遵循自然界变化的规律。《周易》对天乾地坤的认识，代表了这一时期人们朴素的自然观念。其次，在对人类自我的认识中，农业文明时期强化了按人类的自然习性对人进行的定位。用现代哲学的话来讲，如果我们分析农业文明时期人们对自我"身—心"关系的定位，可以发现：由于身体比心灵更接近于自然，因此，相对于人的心灵，农业文明时期的人们更为重视身体。中国古代的人文理想莫不与身体有关：中国人最高的人生理想就是安身乐业、安身立命、安身为乐；而最低的理想则是有个安身之处，明哲保身；受到打击，中国人的理想就是毁不辱身或者说能够独善其身；有不忿之事，则奋不顾身，成功后又功成身退；能够让中国人粉身碎骨地追求的东西，那就是舍生取义或杀身成仁。可以说，在农业文明中，身体是人们退守的底线，对身体的放逐是这一时期最不可容忍的事情。其次，由于身体发肤，受之父母，人们依据一种朴素的隐喻性思维，认为"人同此理"并将这种身体的理念用于界定社会关系，进而形成特定的社会伦理。其中，作为人类自然属性的血缘关系成为维系社会秩序的核心和基础，人类的自然属性不仅决定了他自己，也决定了他在社会中所处的位置。也正因这种对人类自然属性的强调，原始社会的天命论在农业文明时期还有一定的影响，只不过换了一个方式：原始的天命论基础来自于对自然的恐惧，农业文明时期的天命论，则来自于由血缘关系所决定的社会位置。这一社会位置不是人类能自动选择的，人们只有接受这一既定的事实，而不能改变这一事实。这是人类的宿命，这一宿命无法通过理性来解释，也无法通过感情来改变，它是一种随身而来的属性，对于这一属性，人类只有接受。

三、工业文明：人类中心主义阶段

18世纪，以蒸汽机的发明和应用为标志，人类进入了工业文明阶段。这个阶段通过打破原有的农业文明体系、进行技术革新与资本积累，为人类带来了巨大的物质财富。但与此同时，由于工业文明以个人的发展为核心，以追求主体的无限自由为方向，在对个人自由的追求中形成了诸多问题，其中最为显著的就是生态问题。从根本上讲，生态问题形成的根本原因在于工业文明所形成的对自然资源的无止境的索取及在这一过程对自然生态系统的破坏。工业文明向自然中投放的巨大的、难以自然降解的废弃物，使得自然环境系统中的相互转化受到严重阻碍。可以说，生态问题的出现，与工业文明的发展模式有着密不可分的联系。

从表面上来看，生态问题意味着人们的生存环境遭到破坏，表现为土地侵蚀、水土流失、森林锐减、洪水泛滥与干旱不断，表现为气候变化与温室效应，表现为环境污染和物种灭绝等问题。这些问题表面上是自然的问题或科学的问题，但其产生的根本原因，有着更为深刻的人文背景，甚至于我们可以这样说，生态问题的产生，表面上来自于人类对自然的破坏，但究其本质，仍是人类的理念出现了问题，其直接的原因正是工业文明时期所形成的人类中心主义。

（一）工业文明的哲学基础

工业文明的哲学基础来自于认识论思维模式。认识论思维模式是一种典型的人类中心主义，它是由笛卡尔的"我思故我在"所开启了一种哲学的探索，在康德"人为自然立法"的精神中确立下来，并在黑格尔的绝对精神理念中达到了一个无比崇高的地位。认识论思维的核心特点在于：它认为世界可被分为主体与客体，其中，主体要实现自我的目的，必须要发挥自我的能动性去认识客体并将客体按自我的意志进行改造与利用。正是在这样一种认识中，在人与自然的关系上，认识论认为"人是自然的主人"、"自然是人类的奴隶"。人类可根据自己的意志随意支配自然，不用顾及自然本身的承受能力，自然的资源是取之不尽、用之不竭的。人类与自然的关系是一种征服与被征服、掠夺与被掠夺、奴役与被奴役的关系，自然为人类服务，人类是自然界所有物种的中心与主宰。人类可根据自身的需要，随意对自然界的各种资源、各种物种进行支配与改造。在这一时期，人们总是充满着强烈的"人是宇宙的精华、万物的灵长"的自豪感。

（二）工业文明的工具理性

以认识论主客二分为基础，工业文明片面地发展了人的科技理性。在农业文明中，人们还能意识到人类依存自然，人类的理性服从于人类农耕生存的基本需要，科学并没有完全与其人文背景分离开来。但是，由于认识论的主客二分，人类获得了一种前所未有的主体地位。笛卡尔将事物的存在奠基于"我思"，已经将思考的自我视为事物存在的尺度。而康德的先验理性批判与实践理性批判，则直接赋予了人类一种"先验的能力"。这种无须证明的主体能力奠定了人与自然割裂的基础。从此以后，人类主体秉承着这种先天的能力，走向了对自我能力的无限自信。

正是这种对主体能力的无限自信，工业文明片面地发展了科学技术，使科学理性成为这一时期的主宰。自然科学与人文科学担负着不同的文化建构责任：自然科学形成了世界和人类存在的事实性知识，而人文科学形成了世界和人类生存的意义性理解。在工业文明的信念中，自然科学取得了类似于中世纪的基督教神学的地位。它用自己所形成的科学技术满足人们日益多样的功利化的物质追求，并在这种追求中以科学能力消解人文科学与哲学的终极性思考，使得这一时期的人们成为单向度的人，不再关注人类对自然的意义阐释，失去了对终极价值的关切与追求，破坏了人类文化在物质与精神两方面的整体平衡，使人类全部文化笼罩在科学功利主义的迷雾之中。"可以说，人类文化分裂即科学文化与人文文化、事实世界与意义世界的二元化，构成了功利主义的人类中心论之泛滥的特殊的文化前提和氛围。"①

科技理性的勃兴为人类主体意志的实现提供了思维基础和现实条件，而人类主体意志则变相地助长了人们片面发展科技理性的动力和实现自我力量的能力。正是在这样一种相互促进、相互证明的过程中，科技理性成为工业文明时期核心的工具理性，加速了人对自然进行全面掠夺的过程。而由于科技理性对人类生活方式的强烈影响，科技理性迅速地得到世界范围的认可，也同时将生态危机的根源推向全世界，埋下了全球性生态危机的种子。

（三）工业文明的价值导向

由于认识论思维将主客二分，将自然视为一种认识的客体与征服的对象，认识论也发展了一系列的科技理性以保证主体目标的实现，使得人们更加相信自我的力量，同时也导致了人类对自我目的的无限放纵，加大了对自然资源掠夺的程度。因此，工业文明是一种典型的人类中心主义，这一人类中心主义来自于两种信念：认识论方面的信念和实践方面的信念。前者认为人类可以认识和征服自然，甚至于认为人类可以无限度地认识与征服自然，而认识与征服自然的工具正是人类的科技力量，从而形成了人类理性至上论或自然科学万能论；后者则认为人类在实践方面也是目的本身，认为人类的物质生活的富足和感官的愉悦是人生最高的目的，从而形成庸俗享乐主义生活态度的信念。这两大信念使人们相信：愈是能征服自然，人类便愈是能过得舒适，从而导致了人们对自然资源无止境的盘剥和开采，以及对自然生态肆无忌惮的破坏。

因此，在工业文明中，人们面对自然的态度，是一种现实的、功利性

---

① 丁立群：《人类中心论与生态危机的实质》，《哲学研究》1997 年第 11 期，第 62 页。

的态度。这一功利性态度在工业革命和科学技术革命的加速中变得越发肆无忌惮，从而越发刺激人们产生新的贪欲。可以说，人类在获取各种直接利益的目标驱使下，"以以往所无法比拟的形式和规模攫取自然，改变着人类周围的环境，导致了能源、资源、环境污染和生态失衡及自然的异化等一系列危机。"① 也就是说，人类中心主义与生态危机是一个硬币的两面：人类以自身的功利需求为目标，自然是达成人类目标的外在条件，而人类科学理性的发达又为达成这一目标提供了工具或手段。"当人类将自己的意志强加给自然的时候，也就干预了自然选择的过程。"② 这就导致了自然资源的不堪重负，直至爆发大规模的生态危机。

第二节　生态文明的基本理念

正是在上述历史发展过程中，人类文明开始由工业文明全面转向生态文明。可以预计，随着人类生态危机的加重以及人们对生态问题研究的逐步深入，生态文明将成为人类下一个发展阶段的主要文明形态，对全世界的文明精神以及文明表现方式产生重大的影响。在生态文明视野的观照下，工业文明时期所形成的科学理性精神、世界秩序等都会被进一步评估。在此基础上，原来一些边缘的文明形态有可能发挥越来越重要的社会作用。

对于生态文明的定义，学术上共有三个方向：历时的方向、共时的方向以及历时与共时混合的方向。历时的方向从文明更替的角度定义生态文明及其特点，认为生态文明是人类的第四种文明，强调生态文明不同于前此文明的特点。比如中国社会科学院余谋昌教授提出"生态文明是人类的

---

① 丁立群：《人类中心论与生态危机的实质》，《哲学研究》1997 年第 11 期，第 58 页。

② ［美］梅萨罗维克：《人类处于转折点》，梅艳译，生活·读书·新知三联书店 1987 年版，第 19 页。

第四种文明"，是一种新的社会形态和文明阶段。共时的方向从现存不同地域所遭遇的生态问题为出发点，认为生态问题是当今人类生存的共同挑战，而生态文明是指人与自然的和谐共存关系，比如中国人民大学"三农"问题专家温铁军，他认为生态文明是人类与自然关系的一种新形式。这种新形式的特点是以尊重和维护生态环境为方向，强化人类的可持续发展，强化未来人类的生存与发展，强调人类在改造自然的同时尊重和爱护自然。历时与共时混合的方向则从历史与现实的双重维度，将生态文明分为广义与狭义，代表人物如淮安市行政学院周以侠教授。他认为：从广义角度理解，生态文明是人类社会继原始文明、农业文明、工业文明之后的一种新的文明形态，是人类迄今最高的文明形态。从狭义角度理解，生态文明是社会文明的重要组成部分。这些概念尽管在表述的方式上有所不同，但究其实质，这些定义都注意到生态文明是人类文明史上的一种新的文明形态，注意到这一文明的实质在于强化人与自然的和谐关系。因此可以说，生态文明的核心精神，包括两个方面：一是对生态危机形成原因的反思；二是重新构建人与自然之间新的和谐关系。生态文明不可能脱离人类文明的大道而独辟蹊径，而是要继承和保留前期人类文明的成果，克服其缺失和不足。要做到这点，就需要调整人类文明的发展方向，减少工业文明的扩张性以及与自然的对抗性，实现人与人、人与自然和人与社会的和谐。

本书认为，生态文明与上述文明形态的区别，体现在这一文明形态产生的独特历史境域以及在此基础上所形成的独特的世界观、伦理观或审美观。正是这些观念上的区别，指导着生态文明时期人们的行为理念与价值判断方式，而生态美学的产生与发展，正是生态文明理念对美学学科的基本要求，构成了美学学科新的理论基础与现实问题。

一、生态文明的起点

工业文明在创造繁荣的同时，造成了对自然环境的巨大的破坏，形成了前所未有的自然灾难、环境污染等问题。因此，面对着突如其来的巨大自然灾害，人类开始对工业文明时期的物质文明与精神文明进行了双重的反思，并逐渐意识到，尽管工业文明创造了巨大的物质财富，但同时也对人类的生存环境造成了毁灭性的打击。工业文明所取得的这些财富，已经伤害了人类可持续发展的基础，人们迫切需要反思自我的思维方式和文明成果，重新看待人与自然的关系。人与自然的关系，并不是一种认识与被认识、利用与被利用的关系。而是人生存在自然之中、依靠自然生态系统的有序运作才能持续生存的共属一体的关系，人类必须遵守自然界系统内部的规律，尊重自然界对人类根本的制约性，与自然和谐共存。

生态文明正是起源于对工业文明所导致的生态灾害的反思。在这一反思的过程中，生态文明逐渐意识到：工业文明的核心，正在于人类中心主义，而生态危机的发生，与人类中心主义有着密不可分的关系。在工业文明中，人类以自我为中心看待自然以及自然中的事物，使得自然成为人类的附庸，蔑视自然对人类的制约。这是生态危机形成的思维基础。

二、生态文明的世界观

由于工业文明产生的前提是科学技术水平较低的农业文明。在农业文明中，人类受制于自然对人类的制约，渴望冲破自然的藩篱，进入主体自由的境界。而工业文明的使命，正是以发展人类的主体自由为导向，将自然视为认识的对象、利用的资源和达成自我目的的工具。工业文明以认识论作为人与自然关系的思维基础。认识论认为，人类先天具有某种判断能力或理性，这种能力可使人们认识并利用自然，其中，人类的科技理性精神是认识和利用自然的核心精神。在认识论思维的推动下，人类将科学理性精神发挥到极致，甚至改变了人与自然对话的方式。在农业文明时期，人与自然对话的中介是简单的生产工具，人类使用简单工具去提高自然对人类需求的贡献率。工业文明时期，人与自然对话的中介则是逼迫自然的潜能按人类的意志释放的复杂的生产工具,其典型的表现是电能与核能的发现与应用。"核能的发现则是让人类自身也感到惊讶的人与自然对话的新形态。"[1] 人类所获得的高能量意味着人类具有了重新架构自然形态的能力。但这一能力太过巨大,已经远远超过了人类的控制能力,从而有可能使人类时刻处于自我毁灭的不确定性风险之中。

认识论以主体的先验理性为基础,在这一先验理性之中,人与外在事物被分为主客对立的二元世界,世界就是一个机械的认识对象。我们可把认识论的世界观称为"机械论世界观"。在人与外在事物的区分中,机械论世界观有三个方面的特点:(一)在主体能力上,由于机械论世界观认为主体拥有一种先验理性,因此,主体的能力来源无须证明,而科学技术的发展为主体能力提供了无限的保证,使得人们对自我的能力有无限的乐观,认为人拥有"人定胜天"的能力。(二)在被认识的客体上,机械论世界观认为人是唯一拥有自我能动性的主体,除此之外,外在的事物都只能以客体的方式进入主体的视野之中,因此,主体可以自由地对外在于主体的事物进行随心所欲地使用。马克思指出,在这种世界观中,外在于人的自然,仅仅是具有一种"物性","在私有财产和金钱的统治下形成的自然观,是对自然界的真正的蔑视和实际的贬低。在犹太人的宗教中,自然界虽然存在,但只是存在于想象中。"[2](三)在主体与客体关系上,主体拥有绝对的能力,客体仅仅是人支配的对象,其中,科学是主体支配客体的基础。由于主体对自我能力的自信,机械论世界观赋予科学"绝对进步"的线性发展理念。这一理念,同样也是生态危机形成的思想基础。

生态文明世界观正是对上述机械世界观的反思。生态文明的世界观认为:"现实中的一切单位都是内在地联系着的,所有单位或个体都是由关

---

[1] 韩震:《作为世界观的生态文明与高校的使命》,《中国高等教育》2014 年第 17 期,第 52 页。

[2] 《马克思恩格斯文集》第 1 卷,人民出版社 2009 年版,第 52 页。

系构成的。"① 生态世界观可被概括为"生态整体主义",即世界是一个整体的、不可分割的、永恒的自组织系统。在世界自身的演化中,不同的事物、事物的联系是整体有序的,这种整体有序使得事物之间具有动态的联系,这种联系的非线性特征形成了事物的系统性与整体性,因此,自然作为一个整体的生态系统,不能被机械地分割。

生态文明的整体主义世界观表现在三个方面:(一)整体主义。人与世界是一个相互联系、相互依存的世界,人类首先生活于世界之中;同时,世界也要借助人类才成为一个完整的世界:"世界若不包含于我们之中,我们便不完整;同样,我们若不包含于世界,世界也是不完整的。"② 以这种观点进行考察,就会发现,世界与我们都不是相互独立的实体,二者之间也并不是只存在着相互作用这一种关系,而是说,世界与我们是相互建构的,世界只有建构于我们的意识之中,世界才成为世界;反之,我们只有意识到我们生存于世界之中,我们才是真实和现实的我们。(二)人是在整体关系中被构建的。人类并不是自然的主体,而是被自然所建构的对象,人类的所有能力,都必须在世界对人类建构的过程中才能得以说明。因此,人必须明白自我的来源与自我的限定。(三)处于整体关系中的人类拥有有限权利。在整体关系中生存并不意味着人类必须匍匐在自然面前,完全丧失自我,回到原始文明时期,把自然视为一种绝对的神,而是说,在人与自然的关系中,作为一个有限生存的人类,人类有权利要求自己在自然中的权利,只是这种权利必须是一种人与自然双向和谐的权力。

三、生态文明的伦理观

基于人类中心主义的伦理观强调自我的价值,追求自我的绝对自由。

---

① [美]大卫·格里芬:《后现代科学》,马季方译,中央编译出版社1995年版,第137页。
② [美]大卫·格里芬:《后现代科学》,马季方译,中央编译出版社1995年版,第86页。

人类中心主义伦理观将事物放置在人类活动中进行价值考量，并赋予事物特定的价值定位。这种伦理观表现在两个方面：（一）在人与物的层面，人类将物视为完成自我价值的工具，因此，人类中心主义视野并不探讨人与物之间的价值与伦理关系，人与物之间只有使用与非使用的关系，这一关系并不涉及任何价值的层面，或者说，人先天具有使用事物的权力，这一权力的来源并不需要价值观的考量与论证。在这一层面，自然作为物的一种，自然本身并没有价值，它只有与人发生关系，并在人类的使用活动中才显现出自我的价值。（二）在人与人的层面，人类中心主义的伦理观认为：伦理观问题的核心，正在于探讨人与人之间的关系。正是在这样一种思维方式中，人们处于不同的社会传统与文化习俗，拥有不同的伦理关系和价值导向。

正因如此，从生态文明的角度来看，我们人类过去所建构的伦理学是不完整的。因为，我们认为伦理只涉及人与人的关系及在此基础上的行为。实际上，伦理不仅包括人与人的关系，还应包括人与存在于他周围的所有生命之间的关系，这种关系直接决定了人对待这些生命的行为。只有当人们不只尊重人类本身，也尊重所有的生命，并将这些生命视为神圣的时候，人类才能建构真正的和全面的伦理。由于生态整体主义世界观强调生态、自然对人的制约性作用，它要求人们不仅在人与人的关系上规范自己的行为，也要求人们在人与物的关系上规范自我的行为。"只有体验到对一切生命负有无限责任的伦理才有思想根据。"① 因此，生态文明不仅倡导要形成生态的世界观，更倡导要在生态世界观的基础上形成生态伦理观。

要形成生态伦理观，首先就要改变对伦理的认识，尤其是要改变那种将伦理只限于人与人之间的关系的狭窄的伦理观。也就是说，伦理的概念首先要扩大至人与自然的关系，并在此基础上探讨人与人的关系。

---

① 〔法〕施韦泽：《敬畏生命》，陈泽环译，上海社会科学院出版社 1992 年版，第 9 页。

生态伦理观的第一要义在于认可自然、生态系统或环境本身是有价值的。在人类中心主义者的眼里，自然或环境的价值，只体现在它与人的联系或对人的有用性上，自然本身无所谓价值。生态伦理观则认为：自然生态中的多物种、多种生存方式对人类是有利的，人们必须尊重生态的多样性。只有生态的多样性才能保证人们持续、长久地发展。以当代最有影响力的环境伦理学家霍尔姆斯·罗尔斯顿为例，罗尔斯顿提出人应从生态的角度重新思考人与自然的关系，并让这种新的关系规范人类的行为。他认为："自然系统的创造性是价值之母，大自然的所有创造物，只有在它们是自然创造性的实现意义上，才是有价值的。"[1] 所以，"价值是这样一种东西，它能够创造出有利于有机体的差异，使生态系统丰富起来，变得更加美丽、多样化、和谐、复杂。"[2] 在其代表作《哲学走向荒野》中，罗尔斯顿认为哲学应走向荒野（Wild Turn in Philosophy）。他认为："作为生态系统的自然并非不好的意义上的'荒野'，也不是堕落的，更不是没有价值的。相反，她是一个呈现着美丽、完整与稳定的生命共同体。"[3] 在这种荒野哲学中，事物的多样性对于人类来讲有着自身的价值，主体与客体之间的关系是平等的。

罗尔斯顿的荒野哲学还从主客二分的角度探讨人与自然的关系，认为人是主体，自然是客体，主体与客体是一种平等的关系。这一哲学还属于一种浅层生态学的范畴。浅层生态学的哲学观中仍然寄希望于通过人类主体的力量建构自然与人类的平等关系。也就是说，通过人类主体在意识中适应荒野来构建生态伦理。由挪威哲学家奈斯所创立的深层生态伦理学，则在更深的层次上对当代生态哲学与伦理学提出了更具挑战性和革命性的

---

① [美] 霍尔姆斯·罗尔斯顿：《环境伦理学》，杨通进译，中国社会科学出版社 2000 年版，第 10 页。

② [美] 霍尔姆斯·罗尔斯顿：《环境伦理学》，杨通进译，中国社会科学出版社 2000 年版，第 10 页。

③ [美] 霍尔姆斯·罗尔斯顿：《哲学走向荒野》，刘耳、叶平译，吉林人民出版社 2000 年版，第 10 页。

理念。深层生态理论认为：人与自然是一体的，人生存于自然之中，人与自然是一种整体存在的关系。深层生态伦理认为：人类应以生物中心主义或生态中心主义作为行为的基本原则，将地球上的所有生物都视为一个系统和整体。在这一系统与整体中，"这其中的每个生命存在物都有平等的内在价值。"① 深层生态伦理强化从自然、生态环链本身的角度看待自然的价值，自然开始拥有了不隶属于人的价值。在某种程度上，由于人存在于自然整体之中，是生态环链中的一环，人的价值观念还需要顺应自然的要求。

生态伦理学的第二层要义是强化在生态理性的基础上规范人的行为。浅层生态伦理学将生态视为人类获得整体或长远利益的根本前提，要求人类尊重自然本身的规律，维持人与自然之间的和谐发展。而人类对自然规律的尊重，也是对人类自身生命的尊重，对环境的负责就是对人类的负责，对环境的呼唤本质也是对人类的呼唤。可以说，浅层生态伦理学是基于人类自身的利益探讨生态问题，从自我的角度看待自然。同样的，深层生态伦理学也要求人们要尊重自然，尤其是对于处于生物链顶端的人类来讲，人类的文明，已经使人们忘记了他与自然之间相互依存的关系。在深层生态学看来，当一个生命个体存在物自我实现的水平越高时，也同时需要更多的其他生命存在物达到自我实现，以维持生态系统整体的平衡。这就是"'共生'——'自己活着，也让他人活着'"② 的含义。因此，深层生态伦理学从自然的角度看视人类，将人类视为生态环链的一部分。深层生态伦理学以生态伦理为基础，提出了生态伦理的自我实现，认为符合生态伦理的自我实现，就是要构建一种"生态自我"：将对自我的体验扩展到整个宇宙，视自然界中各种非人类的存在是自我

---

① Arne Naess: *The Selected Works of Arne Naess*, Edited by Harold Glasser, with Assistance from Alan Drengson, Springer-verlag Gmbh, Vol. 10, 2005, p.18.

② Arne Naess: *The Selected Works of Arne Naess*, Edited by Harold Glasser, with Assistance from Alan Drengson, Springer-verlag Gmbh, Vol. 10, 2005, p.137.

存在状态的一种延伸。这种延伸，是人类在自我的意识领域中不断地构建一种新的自我，即将尊重他物作为自我实现的方式，不再将外物视为对自我的对抗性存在，而是不断地扩大自我认同的范围，在自我意识领域不断缩小与其他存在物的差异，形成自我与外物、自然和谐共生的过程。也就是说，将自我视为自然系统中的一部分，在自我的意识领域构建的生态自我。这种生态自我，需要人类与大自然的互动。以这种生态伦理为基础，人类的行为就会自觉地进行利益辨别与选择，最终形成人与自然和谐共生的理想。

第三节　生态文明对美学学科的要求

上述生态文明的基本理念，对美学学科构成了重大的冲击。众所周知，自鲍姆嘉通创立美学学科以来，对于美学研究的对象与问题，尽管不同的学派有不同的界定，但是，从总体上讲，这些美学研究与生态文明的基本精神并不完全吻合。要推动生态文明的基本理念，我们迫切需要一种新的美学理论。

一、自然美问题

生态文明强化人与自然的关系，因此，我们首先看一下传统美学学科对自然美的探讨。

自然有没有可能生成为美的对象，这在原始文明、农业文明和工业文明中有不同的回答，因篇幅所限，本文主要从纯美学学科的角度探讨人类对自然美概念的认识过程。

"现代化是一个古典意义的悲剧，它带来的每一个利益都要求人类付出对他们仍有价值的其他东西作为代价。"① 在这些代价中，自然美就是人们获得现代化生活方式所付出的代价之一。在传统美学的研究中，人们更为重视的是艺术或者人造事物所具有的美感，相对忽视自然事物本身所具有的美感。某些时候，即使人们承认自然所具有的形式美感，那也是自然所具有的与人类艺术相似的形式美感。可以说，自然美在现代美学研究的过程中，一直处于被放逐的状态。

自然美的被放逐状态首先体现为美学研究的狭窄化倾向。自美学学科产生以来，美学的研究对象有两种倾向：一是探讨人类的感觉学，认为美学研究的是人类混乱的感觉。这种感觉看似混乱，但它具有一种直觉把握的能力，能直觉到最根本性的规律。美学就是要探讨这样一种感觉力的来源与作用。这一倾向的代表人物为美学创始人鲍姆嘉通和康德的美学。二是探讨人类的艺术，正如罗纳德·赫伯特在其著名的《当代美学及其对自然美的忽视》一文中所言："所谓'对美的窄化'，本质上就是将美等同于艺术批评或艺术哲学，以绘画、雕塑、建筑、戏剧、文学、舞蹈、音乐等艺术作为美学研究的中心或依据。这一对美学的理解，使得'美学被定义艺术哲学或批评哲学'。"② 自然、自然美等概念，都不可能进入这一探讨框架之中。即使谈到自然美，也只能作为人类艺术美的附属品或衍生物。

上述两种研究倾向，实际上都在美学学科中放逐了自然美概念，将美学的研究对象视为人类的一种感觉，自然仅仅是构成这一感觉的诸多因素的一种，并不具有根本的意义；而将美学研究对象视为人类的艺术品，更是将自然美逐出了美学的研究范围。可以说，"自然美一直是现代美学研究的一个'理论盲区'。对'自然美'的压制，可以说是黑格尔美学以

---

① [美]艾恺：《世界范围内的反现代化思潮》，唐长庚译，贵州人民出版社1991年版，第212页。

② Ronald Hepburn, *Contemporary Aesthetics and the Neglect of Natural Beauty,* in Allen Carlson and Arnold Berleant, *The Aesthetics of Natural Environments*, Broadview Press , 2004, p.44.

来冷落自然美乃至压制自然美的倾向的一贯做法。"① 以至于有学者断言："关于美学的著述仅仅涉及艺术，几乎很少涉及自然美。"②

当然，传统美学不涉及自然美，并不是指传统美学完全否认自然美的概念，或者说，传统美学中没有自然美这一审美范畴，而是说，传统美学并不认可自然本身凭借其原初的状态就可以成为美的对象，具有美的形态。传统美学对自然美的探讨，一直局限于艺术的领域，并通过人造艺术的标准来规范自然美。某些自然景物，只有进入人类的艺术作品中，通过人类对这一自然物形式的改造，使之符合人类的形式美感，才有可能被认为是美的。而上述传统美学的第一种倾向所讨论的人类美的感觉，正是以艺术中所获得的并积淀下来的人造感觉为基础。也就是说，传统美学的自然美，其标准是人类通过艺术活动所形成的艺术标准，这种艺术标准形成了人类的形式美感，自然中的事物只有符合人类的艺术标准或形式美感，才有可能成为人类特有的审美对象。"只有当所谓'大自然的作品'接近艺术品的时候，才更具吸引力。"③ 也就是说，自然的如画性才是美的根源。原初的自然，那些没有被人类的艺术形式改造过的自然，并不具备成为审美对象的可能性。从这一角度来讲，自然之所以成为一种审美对象，来自于人类的形式美感对它的改造，只有符合人类形式美感的自然景色，才有可能生成为一种美的对象。

传统美学从人类的视角论证自然美的根源以及对人类形式感的强调，决定了它始终以人类为中心界定自然，在主客二分的前提下将自然定位于客体。主客二分的前提，正是主体有进行主客二分的能力。这种能力，构成传统美学的基础，而这种基础，正是人类中心主义的写照。人类对风景

---

① 王治河：《第二次启蒙与生态美学》，载曾繁仁、[美] 大卫·格里芬主编：《建设性后现代性思想与生态美学》（上卷），山东大学出版社 2013 年版，第 121 页。

② Ronald Hepburn, *Contemporary Aesthetics and the Neglect of Natural Beauty*, in Allen Carlson and Arnold Berleant, *The Aesthetics of Natural Environments*, Broadview Press , 2004, p.44.

③ [加] 艾伦·卡尔松：《当代环境美学与环境保护论的要求》，载曾繁仁、[美] 阿诺德·伯林特主编：《全球视野中的生态美学与环境美学》，长春出版社 2011 年版，第 26 页。

的迷恋、对形式感的自信和审美无利害的论断，无不是人类中心主义的变相表述。生态文明首先要求人们出于对自然本身的尊重而发现自然美，这就要求人类抛弃人类中心主义立场，获得不以人类为中心的审美体验。而为了获得这种审美体验，要求欣赏的主体必须抛弃任何一种特殊的、来自于人类的立场或视角，努力获取非人类中心主义语境下的审美体验。

生态文明所倡导的这种美学的非人类中心主义立场，要求人们从自然的角度论证自然美的根源，也就是说，要求人们不再仅仅把目光聚焦于人，而要聚焦于人所生存于其中的环境以及人与环境之间的关系；不再仅仅以主体的态度看视自然，而要把主体放置在一个更大的背景之中；不再把艺术作为自然美的来源，而要把自然美作为艺术的根源。这些都需要人们打破人类中心主义思维的习惯。

二、人类形式感的来源

那么，能对自然景色进行规范的人类的形式感来自于什么地方呢？传统美学认为自然只能"如画"时，才能生成为自然美。而如画性的本质在于："从字面上看，'如画性'意谓'像画一样'，因而，如画性理念就促成了这样一种审美欣赏模式，即主体通过将自然分解成一幅幅的画卷、景致来欣赏、体验自然。这些风景是从主体的视角和位置出发并满足主体欣赏的目的而生成的，体现的是艺术——尤其是风景画——所阐明的审美理想。"[①] 也就是说，人类对自然如画性的欣赏，来自于人类主体所形成的一系列形式美感。这种形式美感来自于人类通过艺术所形成的感觉。在此，通过对自然美概念的考察，我们可以看出，上述传统美学强调感觉学和艺术学的两种倾向，已经融为一体，美学的研究对象是人类的感觉，艺术通过构建一种美的形式，规范了人类的感觉。上文中美学的两种倾向，不过

---

① ［加］艾伦·卡尔松：《当代环境美学与环境保护论的要求》，载曾繁仁、［美］阿诺德·伯林特主编：《全球视野中的生态美学与环境美学》，长春出版社 2011 年版，第 26 页。

是传统美学研究的两个侧面，本质上，它们都以人类的感觉为研究对象，艺术正是有助于形成一种美的感觉，才有可能成为艺术哲学并进而成为美学研究的对象。两种倾向，不过是从不同的方面论证了人类感觉的来源。

因此，自然的如画性，本质上依赖于人类通过艺术作品所形成的形式感觉。这种感觉，从自然景象角度来看，它们在形式上具有各种形状、色彩、线条等，这些形式符合各种形式美的基本法则，比如和谐、对称、多样统一、符合黄金分割等规律。只有符合这些基本规律的自然景象，才成为自然美的对象。那么，我们不仅会问：人类的这些感觉是如何形成的？这些感觉凭什么成为美的形式的基础？

传统美学认为，正是艺术家的艺术作品，为人类的形式感觉赋予了内容，并使其成为美的对象。人类对艺术的审美，首先来自于艺术作品对人的感觉的改造，它使人类的感觉形成一种特定的形式感，这种形式感进而左右着人们对所有艺术作品的选择。在这种选择的过程中，适应人类形式感的作品被作为经典流传下来，反之则被淘汰。所以，在艺术品被选择的过程中，人类的形式感与艺术作品互为因果，造就了人类特定的审美能力。这种审美能力的主要表现方式，就是人类的形式感。在对艺术作品的欣赏过程之中，"我们需要随身携带的不是别的，仅仅是对形式与色彩的感觉。"① 但是，人类的这种形式感来自于何处？传统美学认为，人类的这种形式感来自于艺术的熏陶与培育，而艺术来自于艺术家的创造。可以看出，在人类形式感形成的过程中，艺术家所创造的艺术品起着重要的作用，这就需要对艺术家创造能力的来源进行说明：艺术家的形式感来自于什么地方呢？在这里，传统美学回到了神本主义倾向之中，典型的如康德美学"人为自然立法"的精神，由于人的能力是先验的、不证自明的，因此，艺术家的本质，就在于他们是天才，先天地秉承着某种特定的天才能力，有能力形成为特定的形式，并进而通过这些形式规范人类的感觉，包

---

① Clive Bell. *Art*. New York: G.P. Putnam' Sons, 1958, p.30.

括对自然的感觉。

因此，在这个地方，传统美学露出了它的底色：人类的感觉为自然美立法，这一感觉来自于艺术家的天赋能力，而且这一天赋能力不需说明。在这个地方，传统美学显示了它的无根性：人类不需为自我感觉的形成说明原因，但是，人类又以自我的感觉评价自然的美感，"由于如画性意味着自然的存在是为了取悦并服务于人类的，所以（如画性）很轻易地确证了我们对它的人类中心主义指控。"① 在这里，传统美学的人类中心主义倾向表露无遗。

要推动生态文明的发展，人类必须打破这种人类中心主义倾向。人类的形式感，并不是一种天赋的能力，而是在自然中生存并根据自身生存状态所形成的一种能力，也就是说，这是一种被环境所赋予的能力。传统美学的研究方向，恰恰搞混了环境与人类形式感之间的因果关系。这就使得人类的审美范围越来越狭窄：当形式感成为一种单纯、小范围的风景迷恋，人们只能欣赏用框架框住的小范围的风景，而不能欣赏整体的大自然；只能欣赏人类征服过的自然，而不能欣赏作为荒野的自然。由人类形式感所规范的对自然美的欣赏，窄化了人类的审美能力，说到底，它所欣赏的，仍是自然中的主体足迹，仍是对人类主体能力的欣赏。这种欣赏，仍是人类中心主义的表现。生态文明要求美学学科打破对人类中心主义的迷信，从更为本原的人与自然的关系上论证人类形式感的起源。

三、静观美学

正是由于艺术美为自然美立法，而艺术家为自然立法，人们所要做的就是形成一种审美态度：在欣赏美的对象时，主体与客体之间保持适当的距离，通过距离，人们感知到了对象在形式上的美感。主体的这种审美态

---

① Ronald Rees.*The Taste for Mountain Scenery.* History Today 25,1975, p.312.

度，也被称为静观美学。静观美学有两种含义：一是主体通过静观，获得对象的形式美感，这一含义的最高表述就是"有意味的形式"，即主体通过静观，在某种形式中感悟到某种特殊的意义。其中，形式美感所具有的历史与文化积淀为这种意味提供了一个咀嚼的空间。而主体的这种静观态度，则奠基于主体与客体二分的哲学理念，"景观被视为'由处于一个视点的眼睛所看到的自我景色的延伸'。"① 二是审美的无利害关系，即认为审美是一种纯粹的欣赏，无关利害。静观美学最终所收获的，是一种对形式的迷恋感。这一迷恋感为主体所带来的，是一种审美满足或对自我力量的确证。"如画性景观欣赏传统所崇尚的风景，还是形式主义理论所偏爱的线条、形状和色彩，似乎都不能给予伦理判断以任何支持。"② 审美作为一种情感上的满足，通过无功利的功利性和无利害的目的性，仍是从主体能力的角度对主体的一种确证。

由于静观美学并不认可伦理的介入，认为审美是一种无利害的关系，这一关系的最大特色就是道德的中立。尤其对于自然美来讲，自然美作为一静观的对象，传统美学认为通过这一静观的方式，人们可以通过美到达善。由于静观美学对美的理解是对自我能力的确证，审美形式正是这一确证的方式，但是，对自我能力确证之后，人类应再追求一种什么呢？正是在这一点上，静观美学的道德观是缺失的，审美形式对人类的确证，成为美所追求的最终目标。这一目标除了使人们肆无忌惮地追求自我力量的无限膨胀之外，并没有什么道德或伦理的价值。人们不可能通过这种静观美学反观自身并收敛对绝对主体自由的永无止境的追求，反而使自我成为一个不负责任的主体："假如传统美学没有任何伦理的介入，那么，它就是道德中立的；从根本上讲，某些环境哲学家将传统自我美学作为'美'与

---

① ［美］阿诺德·伯林特：《美学与环境——一个主题的多重变奏》，程相占、宋艳霞译，河南大学出版社 2013 年版，第 6 页。

② ［加］艾伦·卡尔松：《当代环境美学与环境保护论的要求》，载曾繁仁、［美］阿诺德·伯林特主编：《全球视野中的生态美学与环境美学》，长春出版社 2011 年版，第 34 页。

'责任'之间连接的纽带这一事实也就不成立了。"①

静观美学以人与审美对象的距离为特点，以审美无利害态度为立足点。这一种审美的态度，不仅不能推动生态文明的伦理要求，在某种程度上，静观美学对主体态度的强调，强化了人类的主体能力，是形成生态危机的原因之一。因此，生态文明要求美学改变这种静观的态度，要求人类在审美现象中体验到自然对他的影响和作用，在审美过程中感悟到他的生活。这就要求美学不再仅仅是一种静观的态度，而是一种对生活的参与；不再是一种理论上的探讨，而是一种生活实践。"对森林与景观的自然审美欣赏，要求欣赏者具体地参与、融入其中，甚至是全身心投入与奋斗。"② 那种认为人类可以独立于森林之外，或者认为通过静观森林的风景画就能欣赏森林的人们，认为不进入森林就能与之真正地融合，实际上，他们所获得的并不是森林本身的美，而是森林对他们自身形式感的确证。从这一角度来讲，只有将我们全部的身心带入森林，与之真正地融合在一起，才能感到森林作为森林自身的美。

正是由于上述原因，美学学科要顺应生态文明的基本要求，构建一种新的美学形态和新的美学理论。

第四节　文学艺术作品及其批评对美学的要求

面对着生态危机，敏锐的艺术家首先开始了对生态文明的呼吁，作为以文学艺术为主要研究对象的美学学科，需要对这些作品进行回应；同样

---

① ［加］艾伦・卡尔松：《当代环境美学与环境保护论的要求》，载曾繁仁、［美］阿诺德・伯林特主编：《全球视野中的生态美学与环境美学》，长春出版社 2011 年版，第 34 页。

② Holmes Rolston. *Aesthetic Experience in Forests*. Journal of Aesthetics and Art Criticism, 1998
（56），p.162.

地，在批评界，一些批评家开始用生态的视野，对传统的文化艺术作品进行新的解读，对生态文学艺术作品进行生态的诠释，并形成了一种独特的批评思潮——生态批评。如何解读这些文学艺术作品与批评实践，将这些解读上升为人类的审美体验，建构为生态文明时代的世界观，指导人们的行为？除此之外，在中外文学艺术史中，有许多作品的，创作者本身并没有明确的生态诉求，但是，这些作品对人与自然和谐关系的倡导，对推动生态伦理有着重要的作用。如何解读这些作品？使其生态理念发挥价值？这都对当前的美学学科构成了新的挑战。

一、生态文明视野中文学艺术作品的变化

认识论文学艺术创作强调主体的解放与自由，文学艺术作为塑造人类自由感的重要方式。这种对主体或自由的追求正是导致生态危机的原因。因此，在生态文明视野中，有一部分作家注意到文学艺术对主体自由的强调与生态危机之间的关系，在其作品中描写生态危机对人类整体的危害。其中，蕾切尔·卡逊的生态报告文学《寂静的春天》，通过虚构的一个美国中部城镇的情况，对美国现代化农业滥用杀虫剂造成的直接危害进行了揭示与批判，指出了"每三个家庭中就有两个遭受恶性病的打击"的现实，表达了作家对现代工业文明的无情鞭挞。在这本书的影响下，随着生态环境持续恶化，许多作家也开始了生态文学创作，比较有名的作品包括生态散文《瓦尔登湖》《鲸殇》《海殇后的沉思》等作品；生态小说《带子的鲈鱼》《弗兰肯斯坦》《俄罗斯森林》等，生态剧本《可可西里冰河》等。这些作品，对当代生态问题的严重性进行了直观的解读与揭示，表达了作家对环境、生态问题的关注与追问。

上述这些文学作品，构成了当前蔚为大观的生态文学思潮："生态文学是以生态整体主义为思想基础、以生态系统整体利益为最高价值的考察，表现自然与人之关系，探寻生态危机之社会根源的文学。生态责任、

文明批判、生态理想和生态预警是其突出特点。"① 其主要特点就是通过一系列的人物形象、故事情节表达对生态问题的看法，呼吁人们接受生态理念。以《寂静的春天》为例，在《寂静的春天》所虚构的美国的中部小镇中，滥用杀虫剂形成了对生态环境的巨大破坏。一个充满着自然气息的村庄，在农民移居之后成为一个没有鸟、虫、鱼的死寂的村庄，原因正在于DDT等杀虫剂的过度使用。《寂静的春天》艺术地向世人展示了自然界的美丽和神奇的同时，还以大量的事实和科学依据，揭示了生态环境破坏后对人类健康的损害，抨击了用科学技术征服、统治自然的生活方式、发展模式和价值观念，"质疑了我们这个技术社会对自然的基本态度"②，"警告人们缺乏远见地用科技征服自然很可能会毁掉人类生存所有必需的资源，给人类带来毁灭性的灾难。"③"在美国和整个世界掀起了一个永不消退的环境意识浪潮。"④

与之相应的，在艺术领域，也发生了一起影响深远的生态艺术运动。⑤ 这一运动倡导面向自然进行创作，在作品中倡导对人类行为的反思和对自然的尊重。在现代艺术史中，生态艺术首先肇始于一些画家对博物馆艺术的反思。在他们看来，某些先锋派艺术家如杜尚，尽管在观念上打破了艺术的形式美感，进行现成品艺术的创作，但是，这些先锋派艺术家的创作目的，与传统的追求形式美感的艺术家仍有共同之处：他们都以其艺术作品被博物馆和艺术展览馆收藏为目的。这种以收藏为目的的艺术品是为人服务的，仍属于静观美学的范畴之内，仍是一种人类中心主义。因

---

① 王诺：《欧美生态文学》，北京大学出版社 2003 年版，第 11 页。

② Mary A. McCay. *Rachel Carson*, New York, Twayne Publisher, 1993, p.80.

③ 美国艺术与文学院宣布卡逊入选该院院士时的评语。见 Philip Sterling, *Sea & Earth: the Life of Rachel Carson*, New York: Thomas Y. Crowell Company, 1970, p.193.

④ Carol B. Gartner, *Rachel Carson*, New York, Frederick Ungar Publishing, 1983, p.3.

⑤ 目前，国内学界对生态艺术的定义有广义与狭义之说。广义的生态艺术强调生态对于人类的意义，认为人类生态的生活、生存方式都属于生态艺术，将艺术等同于生活。狭义的生态艺术是指艺术的一个流派，这一流派的基本特点是面向自然进行创作，通过作品倡导生态理念。本文的生态艺术是指狭义的生态艺术。

此，一些艺术家转而追求创作一些不能被博物馆或艺术展览馆所收藏的艺术作品。典型的如罗伯特·史密森《螺旋形的防波堤》、克里斯托的《山谷帷幕》等，这些作品体型庞大，处于真实的自然环境之中，容易被自然环境改变，因此，不可能被博物馆所收藏。这些艺术作品也被称为大地艺术。尽管大地艺术直接以自然为创作对象，但其理念上，仍然在强调通过人类的行为改造自然，其方向仍是在强化人类主体的意志。但这一流派的艺术创作方向将人们的眼光从有限艺术博物馆转到无限的大自然之中，开启了艺术创作的新方向。对生态艺术的产生有着重要的启示意义。其后，许多艺术家直觉到人类与自然新的关系，并在其艺术创作之中，强化自然的地位，探索人与自然的新关系。在这种探索中，人们发现，博物馆仍是开拓人类生态意识的主要阵地。推广生态理念，关键是改变创作态度，改变创作主题，关注人与自然的关系，而不仅仅是改变作品展示的地方。这一创作态度的转变影响了许多艺术家，产生了许多以人与自然关系作为创作主题的新的艺术流派。这些流派统称为"生态艺术"，其中以德国生态艺术画家瓦西里·雷攀拓①最为著名。在生态艺术的发展过程中，他是第一位明确地标榜其作品是"生态艺术"并发表生态艺术宣言的画家。作为在德国居住的一名希腊人，既耳濡目染了西方文明起源时期的艺术，又生活在德国文化中心海德堡，见证了艺术的发展方向；即有着哲学博士学位，又保持着艺术家的敏锐天赋；雷攀拓的生态艺术画作，被制作成明信片发行了，已引起了世界性的关注。

瓦西里·雷攀拓的生态艺术，在形式与传播方式上都回到了传统艺术的领域，即仍是以艺术展览为主，除此之外，借助当代文化工业的信息技术，通过大规模复制印刷，保持着一定程度的关注度。由于瓦西里·雷攀拓拒绝商业广告和商业运作手段，使其艺术作品仍隶属于高端的纯艺术领域。其作品的特色包括：（一）以自然环境为主要创作对象。

---

① 瓦西里·雷攀拓（1949—　）：德国生态画家，生于希腊小镇帕德克瑞斯，著名哲学家伽达默尔的博士，是当代德国生态艺术的代表人物。

目前，瓦西里·雷攀拓的艺术生涯，已经历了三个时期：棕色时期、绿色时期和白色时期。在这一个时期中，他的作品都以描绘自然中的景色为主，极少出现人物形象。（二）强化通过自然景物表达生态环境本身的美。与传统风景画不同，雷攀拓拒绝传统风景画封闭式、形式化或抽象化的描绘自然的方式，而是通过室内与室外景物或颜色之间的衔接与联系，通过开放式的画面，指明人类生活与自然环境之间的相互依存关系。（三）对人文精神的反思。西方传统画家对风景的描绘方式是描绘一个固定视点的景象，要求读者适应作者的固定视角，反对读者的自由联想和语言诠释。但是，雷攀拓的风景则是通过景色中的人文与景物之间的联系，尤其是通过公开自己的日记或构思过程，通过对景色的语言诠释，强化对人文精神的反思。瓦西里·雷攀拓的许多作品所描绘的，正是打破人类主体思维后的自然秩序的生成。（四）对生态理念的歌颂。雷攀拓通过将生态绘画与其文学的结合，向我们提出了生态理念的具体内涵。指出生态一词，来源于古希腊，其原义在古希腊就是房子。而我们生存于其中的地球，也像房子一样庇护我们。我们现实的房子中的一切，都来源于地球对我们的馈赠。目前，"生态艺术的语言是新的、现代性的，它不仅发展了几个世纪的艺术传统，也包含了 20 世纪的艺术感觉。"①

生态文学与生态艺术作为一种新的文学艺术样式，集中呈现了这个时代的生态问题。简言之，生态文学艺术作品对美学的要求，有以下几个方面：

其一，生态文学艺术作品将我们时代的生态危机以直觉和形象的方式反映出来，这就需要对这一问题进行回应，反思生态危机形成的原因。而形成生态危机的根本原因也与美学研究的方向有关。人类中心主义美学强调将人从自然中分离出来并强调这种分离基础上所形成的人类的主体自由感，这种美学也是形成生态危机的原因之一。因此，如何以生态文明为前提，使人们重新感觉到美或进入一种新的自由，这不仅是对传统美学的超

---

① 瓦西里·雷攀拓的《作为自然女儿的生态艺术》，2015 年 10 月 24 日山东大学"生态美学与生态批评的空间"国际研讨会上的演讲。

越，也是对现实问题的回应，更是对人类未来走向的一种新的定位。其二，生态文学艺术作品对生态危机的形象刻画，使生态问题以一种直觉的方式进入读者的视野，引起了人们对这一问题的关注。但是，生态文学艺术作品这种直觉的方式还流于表面，如何将读者直觉到的生态问题上升为他的世界观并进而影响着他的伦理或行为选择？这就需要将生态文学艺术作品的问题上升到一定的理论高度并进行学理性的探讨，这也需要美学理论的回应。生态美学的形成，正是对上述问题的具体回应。

二、文学或艺术批评对美学学科的要求

专门以生态为主题进行文学艺术作品的创作，是随着生态危机而产生的一个创作方向。但自然作为人类生存的母体，对大自然的讴歌，一直是文学艺术的永恒主题。它伴随着人类文化的产生而产生，并随着人类文化的发展而成长。这些作品，对生态问题也有着重要的启示意义。从这一角度来讲，生态文明作为一种新的文明样态，"理解和解释的问题与应用的问题密不可分地联系在一起"，[①] 它为重新审视人类的文化提供了一种新的视角或态度。通过这一视角或态度，人类原有的文学艺术作品呈现出一种新的解读方式。这就要求文学或艺术回应当前急迫的生态问题，通过对文学或艺术作品的解读，推动生态伦理。

传统的文学艺术批评很少从生态的视角中解读文学艺术作品，这就导致了两个方面的问题：一是削弱了生态文学艺术对生态文明的建构力量，使得生态文学艺术对生态问题的反思难以得到系统的理解与深化，从而影响了生态文学艺术创作的繁荣。二是传统的文学艺术乃至于文化中的生态智慧难以得到有效的梳理，使其难以对生态文明建构产生实质性的影响。因此，随着生态文学与艺术的繁荣，随着生态危机的恶化，文学艺术批评

---

① ［德］伽达默尔：《诠释学》，载洪汉鼎编：《理解与解释——诠释学经典文选》，东方出版社 2001 年版，第 487 页。

也开始以生态的视野指导自己的批评，并逐渐形成一种新的文学批评思潮——生态批评。生态批评最早发源于美国。1978 年，鲁克尔特在《衣阿华评论》当年的冬季号上，发表题为《文学与生态学：一次生态批评实验》，首次使用了"生态批评"一词，明确提倡"将文学与生态学结合起来"，并倡导批评家"必须具有生态学视野"，认为文艺理论家要"构建出一个生态的诗学体系"。这种诉求在 20 世纪 70 年代末期终于有了回应，其时，美国的文学研究者将生态视角引入文学研究领域，并尝试生态思维方式，这种文学批评方法最终被定名为"生态批评"。①

　　生态批评包括以下几个方面的基本特点：首先，生态批评的对象，不仅仅是当前以生态为主题的生态文学艺术作品，它包括人类历史上所有文学艺术作品。"生态批评既可以是对生态文学的批评，也可以是从生态视角对所有文学的批评。"② 因此，生态批评不仅仅是一种新型文学理论或方法论，而是一种批评思潮和批评运动。这一思潮或运动将文学批评与现实问题相结合，通过批评的手段，利用文学艺术所提供的思想或文化资源，引导人们去反思生态危机的形成以及人类发展的方向。因此，生态批评运动并不是传统学术意义的学科之间的整合，而是在人与自然整体关系的前提下，寻求学科发展的路径。其次，生态批评的基本立足点是生态哲学或生态整体主义。也就是说，生态批评通过对文学艺术作品的批评诠释，揭示了文学作品中所蕴含的生态思想，揭示了文学作品所反映出来的生态危机及其思想文化根源，探索了文学的生态审美方式及其艺术表现手法。可以说，生态批评通过重新解读文学艺术作品，发掘作品中存在的生态智慧和生态意识，批判作品中存在的人类中心主义思想。再次，生态批评落脚点是生态伦理。生态批评通过对作品生态意识的剖析，向我们指出了我们面临的现实问题。"生态批评的根本任务不仅要唤醒人类的生态保护意识，

---

① 李晓明、吴承笃：《当前国内文艺与文学的生态批评研究述评》，《河南社会科学》2006 年第 4 期，第 144 页，有改动。

② 王诺：《欧美生态批评》，学林出版社 2008 年版，第 67 页。

而且要重新铸就一种生态文明时代的生态人文精神，从而建立一个人与自然和谐相处、物种平等、生态平衡的社会，以实现可持续发展。"[1]

目前，生态批评已经形成一股宏大的文学批评思潮，如何评价这一新的文学批评思潮，判断其基本走向，使其批评成果不仅仅是一种批评形式，也能上升为一种新的哲学理念，上升为人类的感觉层次。这些都为当前的美学研究提出了新的任务。

生态整体主义是生态批评的立足点，但是，什么是生态整体主义？生态批评作为一种批评思潮，其核心就在于它总是发掘文学艺术作品中的生态理念，对于生态整体主义，生态批评有一个基本的前提，那就是认为人类文化世界与物质世界相互关联，相互影响，其中，文化世界会影响物质世界，同时也会受到物质世界的影响。所以，生态批评的主题，本质上就是强调自然与文化的关系，尤其强调自然与语言文学作品的相互联系。"作为一种批评立场，它一只脚立于文学，另一只脚立于大地；作为一种理论话语，它协调着人类与非人类。"[2] 也就是说，生态整体主义不仅仅是一种批评立场或理论话语，它更是一种人类与非人类之间的协调关系。在这种协调关系，反对人类中心主义立场仅仅是一种前提，这种关系还包括建立一种多元关系，正如生态批评的奠基人劳伦司·库伯（Laurence Coupe）所说："完整的后现代主义式的对人类主体特权的剥夺。"[3] 而在剥夺了人类的主体特权之后，生态整体主义的建构策略则是"在后现代主义的临时性（Provisionality）和多元主义（Pluralism）中寻找希望，将生态学对于有机生命的创造性和生态多样性的强调置于其中。"[4] 对生态整体主义所持

---

① 党圣元：《新世纪中国生态批评与生态美学的发展及其问题域》，《中国社会科学院研究生院学报》2010 年第 3 期，第 118 页。

② Glotfelty C. Fromm H. *The Ecocriticism Reader: Landmarks in Literary Ecology*. Athens: University of Georgia Press, 1996, pp.18-19.

③ Kerridge R. Sammells N. *Writing the Environment: Ecocriticism and Literature*. London and New York: Zed Books Ltd, 1995, p.28.

④ Coupe L. *The Green Studies Reader: From Romanticism to Ecocriticism*. London and New York: Routledge, 2000, p.7.

的这种多元态度，仅仅从生态批评的角度，还难以明确地建构起来，这些就需要用哲学的观点与理念，分析生态整体主义的形成脉络和理论要求，这些都需要美学学科提供基本的知识结构。

生态批评所着重建构的，除了生态整体主义之外，还要求构建一种新的人类感觉模式，或新的感觉体系。在这一体系中，个体与社会和所有自然物之间达到一种新的动态的平衡、和谐的关系，使得人们从自我的内心深处产生一种愿意与自然对话的直觉，这种直觉通过人类的身体的节奏和身体的语言而自发地采取行动。也就是说，由于生态批评有着明确的伦理诉求，它不仅仅停留在一种文学思潮或文学运动的层次，它最终的目的仍是以批评为手段，重新构建人类的意识领域，将生态的基本原则内化为人类新的感觉能力，使人们在这种新的感觉能力的基础上采取生态的生存态度。如何将生态批评所建构的感觉能力有效地形成一种新的世界观体系，也是生态美学的任务之一。

批评的任务还包括对当下现实创作的指导。生态问题需要生态文学与艺术，因为它对生态问题的呼吁直接作用于人类的感觉或直觉系统，使人类不假思索地信奉生态伦理并采取生态行动。生态文学与艺术不同于一般的哲学理念，它是以文学或艺术的方式引进生态概念，在引进的过程中保持着文学或艺术本身的特点：生态文学与艺术保留着艺术形象，通过艺术形象将人类对生态问题的哲学思考转换成生动的、充满艺术感性魅力的文学艺术话语。也就是说，生态文学与艺术正是用审美的方式与自然生态进行对话，并赋予这一对话生态的伦理责任。如何更好地完成这一责任，需要生态美学理论的回应。

总之，对现实问题感觉敏锐的文学艺术实践已对生态问题发表了自己的看法，这就要求美学作出回应，而生态美学的形成与发展，正是这一回应的最终体现。

第二章　生态美学的研究对象
及其方法论要求

2010年，在施普林格出版社推出的《现象学美学手册》一书中，由美国学者特德·托德瓦因撰写的"生态美学"词条被收录于该手册，尽管在这一词条中，生态美学还等同于环境美学，它却标志着生态美学逐渐被理论界所认可的现实。但是，对于生态美学的研究对象，由于生态与美学两个词分别具有歧义，导致生态美学研究尽管表面上轰轰烈烈，但一些基本的理论前提与研究方法并未得到全面的清理与界定，这也是许多学者对生态美学进行质疑的原因所在。目前，对于生态美学的定义，国际上有两种基本的定义方式：环境美学与生态美学，由于环境美学与生态美学分别基于不同的哲学基础，面临不同的时代问题，其研究对象也产生了一定程度的分歧。

第一节　环境美学的研究对象

人们对生态问题的感知是由自身生存环境遭到破坏开始，将环境问题纳入美学研究对象，是美学应对生态危机的首要选择。因此，生态美学首先以环境美学的方式被人们所认识。环境美学产生于20世纪60年代的西方发达国家。在这一时期，西方发达国家先后完成了工业化过程。由于工业化对人们生存环境的破坏，人们认为应反思这种破坏，倡导一种新的环境理念，才有可能实现人与自然的和谐以及人类的长久发展。其基本思路如下：由于我们所居住的环境遭到破坏，我们应持续反思环境被破坏的原因并改进我们的环境居住理念，其中，美学的反思最为急迫，因为美学所建立的审美体验有效地提升了环境的意义，这一意义使得环境得到健全的保护。这一观念被称为环境美学。

总体上来讲，环境美学作为人类应对生态危机的最初方式，强调生态危机对人类的威胁，强调人类与自然和谐相处。但是，在环境美学的发展史中，不同的环境美学家从不同的哲学背景与现实问题进入环境美学，并为解决生态危机提出了不同药方。大致来讲，环境美学家认为环境美学的研究对象可分为两个部分：人对自然的审美态度和自然之美。前者也被称为环境审美学派（the aesthetic appreciation of environment），后者则被称为自然美学派（the aesthetics of nature）[1]。二者都认为环境美学的研究对象应是人与自然的审美关系，不同的是，二者对这一审美关系的认识不同：前者认为这一审美关系的主要动力来自于人类的审美态度，后者则认为这一审美关系的主要动力来自于自然本身所具有的美。

一、人对自然的审美态度

环境审美学派认为：美学是研究人类审美经验的学说，当人们感知自然的方式和由此产生的对自然的审美经验出现问题时，就会加剧生态危机。解决生态危机的方式之一就是要改变人们感知自然的方式。而要改变

[1] 环境审美学派与自然美学的分歧，来自于2000年北美美学年会，主要论辩双方为卡尔松与伯林特。环境美学认为最为核心的问题是自然审美问题，但如何研究自然审美问题，有两种思路，一种思路认为：最恰当的自然审美欣赏方式，是将自然视为人们的生态环境，强调自然作为环境的意义。这一思路也被称为环境审美，其中最重要的是人类的审美态度。另一种思路则认为：最恰当的自然审美欣赏方式，应是将环境视为一种自然生态，强调从自然生态的视角看待环境，后者也被称为自然美学。

这一方式，就必须从人的居住环境入手，通过提升和激发人们对于居住环境的审美经验，并将这种审美经验放到自然审美之中，使人类"完整地感受到世界，并使用全方位的感知"，[①] 形成人类新的审美方式。

环境审美学派所构建的这种全方位的感知，本质上是通过将人类对自身居住的环境的经验推广到整个自然之中，使人们不仅能意识到环境中的事物，也能意识到环境对事物的影响，更能意识到环境如何构成了人类的意识，即环境对人类意识的影响，意识到自我意识的构成过程并进而意识到这种构成中的意识如何影响了环境。这是一种扩张的意识，但也是一种不断增加自身识别力的意识，这同时也是一种处于整体中的意识，而不是一种固定化的意识，是整体活动的有机社会中的一部分，而不是外于整体社会的旁观者。这就要求人们智慧地、积极地投入自己全部的生活经验。持这一定义方式的代表人物为芬兰环境美学家约·瑟帕玛和加拿大美学家艾伦·卡尔松。他们认为：现代环境美学是从 20 世纪 60 年代开始的，它是环境运动及人们对这一运动进行思考的产物，"对生态的强调把当今的环境美学从早先有 100 年历史的德国版本中区分了出来。"[②] 另外，美国现象学哲学家阿诺德·伯林特也认为应用环境美学来定义美学的生态转向。卡尔松认为环境美学是 20 世纪后半叶出现的三个主要美学领域之一，"它以对整个世界的欣赏这一哲学命题为关注点，因为这个世界不仅仅是由个别事物组成的，同时也包含着环境本身。这个领域最初的思考的主要是自然环境，围绕恰当的自然审美欣赏这一问题提出了一系列不同的观点。"[③]

卡尔松认为，环境审美学派可分为两种立场，一种是"非认知论立场"，这一立场认为我们对自然的感知与审美来自于许多非认知性的因素，

---

① Arnold Berleant, *The Aestheics of Environment,* Philadelphia: Temple University Press, 1992, p.24.

② [芬] 约·瑟帕玛：《环境之美》，武小西、张宜译，湖南科技出版社 2006 年版，第 221 页。

③ [加] 艾伦·卡尔松：《当代环境美学与环境保护论的要求》，载曾繁仁、[美] 阿诺德·伯林特主编：《全球视野中的生态美学与环境美学》，长春出版社 2011 年版，第 39 页。

例如唤醒、感染、惶恐、融合、好奇等情绪及情感相关的状态与反应。典型的如美学家诺埃尔·卡罗尔提出的唤醒概念："当我们面对自然敞开自己的心扉时就能够被自然唤醒，从而实现对自然的审美欣赏。这一唤醒模式并不需要依靠与审美欣赏客体相关的任何特殊的知识的激发，较少具有认知性而较多出于人的本能。"① 另一种是非认知论立场，其代表人物为加拿大哲学家斯坦·古德少维奇的自然欣赏的神秘模式，即认为我们对自然的欣赏来自于自然带给我们的神秘感，"自然本身对于欣赏主体来说是不同性质的、遥远的、有距离的和不可知的。……自然审美欣赏的唯一途径只有神秘感，即一种欣赏未知事物的状态。"② 卡尔松认为，在环境美学家中最为成功的是阿诺德·伯林特的融合美学。伯林特认为上述两种非认知的环境美学理论仍将主体与客体分离开来，并以一个审美的主体去欣赏自然，其对美学的观念还停留在无利害关系或审美距离的层次。他认为，这一传统的二分模式早已过时、应被抛弃。伯林特认为："自然世界的无界限性并不仅仅作为环境围绕着我们，我们自己就是其中的一员。"③ 也就是说，他认为，人类不仅无法感知自然的界限，从根本上讲，人类无法使自身与自然世界分离。人类只能处于某个特定的环境之中，但任何环境都是自然的一部分，因此，任何环境都无法外在于自然，这就决定了人们只能从自然之中感知自然，人类这种处于自然之中的存在方式，决定了人类不可能从外部注视环境，不可能产生客观的环境感，而只能身处于环境之中，与环境一起生成、一起变化。因此，我们对环境的恰当审美是应

---

① Carroll, O*n Being Moves by Natur*e, in Kemal and Gaskell, Landscape, *Natural Beauty and the Arts*. 转引自［加］艾伦·卡尔松：《当代环境美学与环境保护论的要求》，载曾繁仁、［美］阿诺德·伯林特主编：《全球视野中的生态美学与环境美学》，长春出版社 2011 年版，第 39—40 页。

② Stan Godlovitch,"Icebreakers: Environmenttalism and Nature Aesthetics", *Journal of Applies Philosophy 11*（1994），pp.16–17. 转引自［加］艾伦·卡尔松：《当代环境美学与环境保护论的要求》，载曾繁仁、［美］阿诺德·伯林特主编：《全球视野中的生态美学与环境美学》，长春出版社 2011 年版，第 40 页。

③ Arnord Berleant, *The Aesthetics of Environment,* Philadelphia: Temple University Press,1992, p.169.

将环境视为一个融感官、感知与地方为一体的完整整体："它引导欣赏者将自身全身心地投入到自然环境之中，以逐渐摆脱二分法并最终将自身与自然世界之间的距离缩减——缩减得越小越好。"①

另一种环境审美学派的理论家则持一种"认知论立场"。这些美学家都认为：自然审美欣赏的核心应以知识以及与欣赏客体相关的信息为基础。代表人物为环境美学家斋藤百合子："自然必须用它自身的术语被欣赏。"② 也就是说，这一派环境美学家都认为：欣赏者必须对自然进入自身视野的方式有一个基本的了解，并判断哪些信息对审美欣赏是必要的，哪些有可能扭曲人们的欣赏。比如自然与虚构的概念，再比如一些地方性的、民俗及历史传统的经验，它们都有可能是自然信息的一种有效的补充。当人们欣赏自然时，也应注意到这些不同的知识与信息。认识论立场延续着认识论哲学以认知、主体为核心的认知模式，认为：尽管人们欣赏艺术作品的经验对欣赏自然的经验有一定的相似之处，但二者并没有必然的联系。反之，人们对艺术的审美欣赏模式并不能用来欣赏自然，所以，应创建属于自然自己的独特的审美欣赏模式："如果说恰当而审美地欣赏艺术需要我们具备关于艺术形式、作品风格归类以及艺术传统等多方面的专业知识的话，那么，恰当而审美地欣赏自然，也要求我们具备一些与不同自然环境、生态系统及这些环境的组成部分相关的自然科学知识。"③

总之，环境审美派的研究方式，除阿诺德·伯林特之外④，大都倾向

① ［加］艾伦·卡尔松：《当代环境美学与环境保护论的要求》，载曾繁仁、［美］阿诺德·伯林特主编：《全球视野中的生态美学与环境美学》，长春出版社 2011 年版，第 40 页。

② Yurko Saito,"Appreciating Nature on Its Own Term", *Enviromrntal Ethics 20*（1998）,pp.135-149.

③ Allen Carlson, "Aesthetics Appreciation of the Natural Environmrnt", in R.G. Botzler and S.J. Arms trong, eds, *Environonmental Ethic*s: Divergence and Convergence, Second Edition（Boston: McGraw_Hill, 1998）p.128. 转引自［加］艾伦·卡尔松：《当代环境美学与环境保护论的要求》，载曾繁仁、［美］阿诺德·伯林特主编：《全球视野中的生态美学与环境美学》，长春出版社 2011 年版，第 44 页。

④ 阿诺德·伯林特尽管也把自己的美学称为环境美学，但这仅仅是一种术语上的选择，按照曾繁仁先生的定义，他的思想，更多地应归属于生态美学，我们将在以后的论述中逐渐证明这一点。

于将人类与他所居住的环境分开，并要求人类以某种特殊的态度去欣赏环境与自然并形成自己的审美经验。也就是说，环境美学对生态问题的回应，以人的审美态度作为环境审美的基础，人的审美态度决定了环境的审美价值与审美方向，在这里，我们可以看出，环境审美派本质上仍是一种人类中心主义。我们以瑟帕玛为例，他强调"环境美学的核心领域是审美对象问题"①，因此，美学对生态问题的关注应是想办法使环境成为审美对象，而"使环境成为审美对象的通常基于受众的选择。他选择考察对象的方式和考察对象，并界定其时空范围"②。正因如此，受众面对自然时的态度，直接决定了自然环境有没有可能成为一个审美的对象："审美对象看起来意味着这样一个事实：这事物至少在一定的程度上适合审美欣赏。"③在这里，我们还可以看到传统主客二分方法对环境审美学派的影响，仍能感受到人类态度对自然审美的决定性作用。这一作用使得大部分环境美学家并没有完全跳出传统美学的理论前提或基本观念。尽管当前的环境美学极大地超越了传统美学，并部分地促进了人们对自然的审美态度，而正如我们在第一章所提到的，生态危机的产生，与传统美学"人定胜天"的主体自由观有着密切的联系，这也就决定了环境美学对生态问题的回应是不彻底的。环境美学将人与环境两分的方式也不可能完全促进人与自然真正融合的生态理念。在某种程度上，环境审美学派的基本理念，仍在强调人类要以扩张自我的态度面对自然。

二、自然之美

在环境美学理论家中，还有一部分美学理论家认为：生态美学的研究对象并不是人对自然的审美态度，而是自然美的问题。这派理论也被称为

---

① ［芬］约·瑟帕玛：《环境之美》，武小西、张宜译，湖南科技出版社2006年版，第36页。

② ［芬］约·瑟帕玛：《环境之美》，武小西、张宜译，湖南科技出版社2006年版，第41页。

③ ［芬］约·瑟帕玛：《环境之美》，武小西、张宜译，湖南科技出版社2006年版，第44页。

自然美学。其基本理念在于：环境美学的问题，并不在于人们以审美的态度面对自然的问题，而是自然是以什么样的方式进入人的视野的问题。在自然美学看来，传统美学有一个重大的理论失误，那就是忽视自然美问题。传统美学是以艺术为中心的体系。它认为艺术是人类形成审美经验的基础。通过艺术活动，人类形成了欣赏美的能力。自从柏拉图发出"美是难的"这一慨叹之后，人们对美的认识，逐渐向艺术领域聚拢。亚里士多德的诗学，逐渐研究艺术的规律，而文艺复兴更是将美与文艺之间的关系进一步联系起来，美是由人类所创造的，而艺术正是人类创造的集中体现。研究美，应该主要研究人类的创造物。其后的美学理论，不管是以经验为核心的经验主义美学，还是以概念范畴为核心的理性主义美学，分歧主要体现在美应奠基于人的经验还是理性之上，本质上还是将人的能力作为美学的基础。而康德对人的判断力的论断，为人类的能力作为美的基础的研究方向提供了学理上的论证。席勒的趣味美学、黑格尔的艺术哲学、黑格尔之后的非理性主义、心理学美学等，本质上都认为审美是人类的一种能力。这一能力来自于人的创造性想象，这一创造性想象集中体现为人类的艺术作品。而艺术作品所提供的内容与形式慢慢形成了人的审美能力，从而使人们能对自然进行审美。如杜夫海纳所说："有关审美对象的思考一直偏重于艺术。这种思考只有在艺术方面才能得到充分的发挥，因为艺术充分发挥趣味并引起最纯粹的审美知觉。"[1]

由于人类的审美能力来自于艺术对人类的熏陶与感染，那么，在自然美问题上，传统美学就暴露了一个根本性的矛盾：自然并不是全美的，或者说，自然美是分等级的，某些自然景物是美的，而另一些则是丑的。这表现在四个方面：

一是自然景色必须以艺术的方式从周围的景色中孤立出来，像画框一样形成一个孤立的自然风景画，这一自然才有可能形成一个美的自然景

---

[1] ［法］杜夫海纳：《美学与哲学》，孙非译，中国社会科学出版社1985年版，第33页。

色。那些不能被孤立的或者说不能从整体自然中分离的自然景色不可能形成美的对象。这与人们欣赏艺术作品的形式有关，也就是说，传统自然美学的欣赏传统强调如画性景观："只有当所谓的'大自然的作品'接近艺术品的时候，才更具有吸引力。……如画性理念就促成了这样一种审美欣赏模式，即主体通过将自然分解成一幅幅的画卷、景致来欣赏体验自然。这些风景是从主体的视角和位置出发并为满足主体欣赏的目的而生成的，体现的是艺术——尤其是风景画——所阐明的审美理想。"[1] 在传统美学的审美经验中，自然物都是以艺术的方式进入人们的视野，在艺术欣赏中，人们已经形成了欣赏自然美的习惯与能力。

二是形式主义美学。在传统美学中，由于艺术欣赏的核心在于欣赏艺术的形式，艺术也被视为是一种"有意味的形式"，即艺术是一种形式，这一形式有着深刻的意味或意义，当艺术家把各种形式安排和组合起来时，就是希望这一形式能被赋予不同的意义并能打动它的读者。这些打动人的组合与安排就称为"有意味的形式"。以这一能力为基础，人们对自然的欣赏，也应是对自然所具有的形式美感的欣赏。也就是说，在传统美学的欣赏习惯中，人们对自然美的欣赏，就是形式主义地对待景观：首先将自然景观分解为一系列声音、色彩、线条或形态等形式元素；其次按照形式美法则，对自然景色进行审美判断。自然景色整体的存在意义，都被人们有意识地分解为单个的审美元素本身。"从这个角度来看，传统自然美学可以说是如画性传统与形式主义的双重传统。"[2] 但是，是谁在赋予形式以意义呢？在这里，传统美学显示出主体形而上学思维习惯。

三是静观美学，即人们欣赏自然美的器官只有视、听两种器官，这也与艺术欣赏习惯有关。由于自然景物只有被孤立或片段化后才能进入艺术

---

[1]　[加] 艾伦·卡尔松：《当代环境美学与环境保护论的要求》，载曾繁仁、[美] 阿诺德·伯林特主编：《全球视野中的生态美学与环境美学》，长春出版社 2011 年版，第 26 页。

[2]　[加] 艾伦·卡尔松：《当代环境美学与环境保护论的要求》，载曾繁仁、[美] 阿诺德·伯林特主编：《全球视野中的生态美学与环境美学》，长春出版社 2011 年版，第 29 页。

作品，艺术作品的主要欣赏方式就是视觉与听觉两种器官，由此人们认为：尽管审美的知觉有许多种，但是，由视觉和听觉感知到的审美对象具有更高的等级，是一种纯粹的美，别的知觉方式都只能是这两种器官的辅助。这一审美知觉最为典型的表述是就"审美无利害"。但是，在真实的自然审美过程中，人们发现，微风吹来时身体的凉爽感和花的香气，都会带来一种审美的感知。在自然中，我们不仅看、听，而且还用到触觉、嗅觉甚至味觉。① 这就形成了传统美学理论对身体综合感知能力的忽视。

四是自然景色在审美价值上的等级区分。这也与以艺术为中心的审美体系有关。在现实的艺术鉴赏活动中，人们根据自身的审美喜好与经验，对艺术作品进行审美判断，艺术作品因此具有审美的等级，某些作品是美的，而另一些则是丑的。将这一审美经验应用于自然景色，也会对一些景色进行审美的判断，比如人迹罕至的荒野、不合乎形式感的事物，统统都被视为是丑的。

传统美学以艺术体系为核心，用艺术体系所形成的审美能力判断自然美，这一思维方式，本身就是对自然的粗暴干涉，在某种程度上，也是环境问题的来源之一。因为它始终将主体的意志凌驾于自然之上。我们以审美判断能力为例："许多批评家说，埃尔·格列柯是一个比罗曼·洛克威尔更伟大的画家，但是能说西尔格提的大草原在审美上比新泽西的不毛之地更有价值吗？"② 正因如此，环境美学家认为：环境美学的研究对象，就是对自然美的再认识。在他们看来，环境美学所研究的，正是如何使自然呈现为美的过程。由于自然构成了人类生存于其中的生态环境，人们不可能以一种分离的方式看待自然，不能用自我的形式感知自然，不能对自然美进行等级区分，更不能将自然中的事物进行孤立化。自然是一个整体的

---

① Cf. Allen Carlson, *Aesthetics and the Environment: The Appreciation of Nature, Art and Architecture,* London and New York: Routledge, 2000, p.xvii.

② Davis Ehrenfeld, *The Arrogance of Humanism,* New York: Oxford University Press, 1981, p.206.

存在，在这个整体的存在系统中，每种事物都有其存在的价值。从这一角度来讲，大自然的所有存在物，在整体上都是美的，即自然全美。环境美学的研究对象，就是在美学学科的整体范畴中论证每一个自然物的审美价值。"在所有的事物中，自然物最能够抵制我们从概念、功利和目的的角度所赋予它们的各种联系，从而最倾向于呈现其自身，正是在这种意义上，我们说自然物具有全面的审美价值。"①

自然全美的观念认为自然是美的，人类对自身的感知应以自然全美为原则。著名生态理论家马什认为："自然本身是和谐的，而人类则是和谐自然的重要打扰者。"② 而地理学家罗坟塔尔则认为："人类是可怕的，自然是崇高的。"③ 也有人将自然全美概念称为"肯定美学"或"自然中心主义"④。这一观念完全否定了人类存在的正当性，尤其是否定人类艺术活动的合理性。这从另一方面导致了环境美学的局限。从某种程度上讲，人类的艺术活动，对于唤醒人类的生态意识起着一个根本的作用。我们将在后面的章节中论述。

第二节　生态美学的研究对象

由上文环境美学的基本问题与研究对象可以看出，由于生态危机首先

---

① 彭锋：《完美的自然——当代环境美学的哲学基础》，北京大学出版社 2005 年版，第 28 页。
② 曾繁仁：《论生态美学与环境美学的关系》，载曾繁仁、[美] 阿诺德·伯林特主编：《全球视野中的生态美学与环境美学》，长春出版社 2011 年版，第 11 页。
③ 曾繁仁：《论生态美学与环境美学的关系》，载曾繁仁、[美] 阿诺德·伯林特主编：《全球视野中的生态美学与环境美学》，长春出版社 2011 年版，第 11 页。
④ 曾繁仁先生将这一倾向视为"生态中心主义"，但这一流派的重点是指人类应忘我地生存在自然之中，只有忘我，自然才能全美，因此，为避免与下文的生态美学产生歧义，本文将这一倾向称为自然中心主义。

发端于工业化较早的国家与地区，即西方发达国家，环境美学正是对这一现实问题的回应。随着生态危机的变化方式，上述环境美学也表现出它的局限性。

一、环境美学的局限性

目前，生态问题呈现出一些新的特色，一是全球化使得生态问题不再表现为局部的环境问题，而是一个全球性问题。地球上所有的国家，都主动或被动地卷入现代化或工业化的浪潮。这一浪潮在改善了人们生存条件的同时，也将生态问题或多或少地带入地球上所有的国家。可以说，全球化前所未有地将地球上所有的国家联系起来，形成一个世界性的问题。二是发达国家以全球化为前提，利用社会分工，进行经济结构调整。在这一过程中，发达国家利用先发优势，将一些污染严重、经济附加值低的经济活动让渡给一些发展中国家，从而使自己在享受较高生活条件的同时，也避免了自己本地的环境污染，从而成功地将生态问题转嫁给他国、他人。而一些发展中国家为了改善本国的生活条件，心甘情愿地加快工业化，相对忽视环境或生态问题，这就导致了生态问题呈现出一种特殊的现状：相比于发展中国家，发达国家享受着相对较高的生活条件，其经济水平高，人均能源消耗高，但生态环境却明显好于发展中国家。这一问题暴露了当前生态问题的现实，即使在发达国家，生态问题也并没有得到有效的解决，而是被转移到了相对落后的国家。发达国家普遍地把传统的旧经济转移到第三世界，并有意识地推动第三世界的工业化进程。这一进程将一些高污染企业转移到发展中国家的同时，也把危害人体健康的工业废料倾倒在第三世界的土地上。生态主义者把这种将生态危机转嫁的行为称为"生态帝国主义"。也正因如此，随着生态问题的加剧，世界上也兴起了反全球化的呼声。

正是由于生态危机所呈现出的新特点，环境美学也逐渐暴露出它的局限性。上述两种环境美学的研究对象，其中，以"人对自然的审美态度"作为研究对象，本质上是一种"人类中心主义"；而以"自然之美"作为研究对象，本质上陷入了"自然中心主义"。这表现为如下几个方面：

首先，在某种程度上，环境美学为转嫁生态危机提供了理论支持。环境美学注意到环境与人类生存的密切关系，但是，由于环境美学将生态问题等同于环境问题，从而使其只关注人类的生存环境。通过环境的词源学分析，我们可以看出环境美学的思维取向：英语的环境"Environment"一词是一个合成词，其字根是"ivon"，其前缀"env"的意思是在……之中，因此，"Environment"一词除指环境之外，也指包围、围绕、围绕物，在这一词中，我们还可以感觉到，环境就是指那些围绕着人类的外部空间或事物等。因此，对于环境美学家来讲，"环境可被视为这样一个场所：观察者在其中活动，选择他的场所和喜好的地点。"① 由于环境首先就表现为围绕着我的直观的外部事物，因此，我所要做的，首先就是保证我的环境。而这一思维方式，正是发达国家将生态危机向发展中国家转移的理论基础。也就是说，环境美学并不可能完全解决人类的生态问题，它只是变相地将这一问题无限地后移，将这一问题转换成另一时间和空间上的问题。

其次，由于环境是围绕着我的事物，这就使得环境美学所做的第一件事，就是要把我与环境区分开来，同时将我置于环境的中心。在这一区分的过程中，环境与人不仅是二分的，也是对立的。这实际上已将人置于一个与他完全相异的另一事物之中。其中，环境是围绕着人类的它者，人与环境并非一体的。也就是说，环境美学所倡导的，并非人与环境的整体同一，而仍是通过人的视野定位环境。同时，能把人与环境进行二分的能力，仍然来自于把"我"与环境相区分的主体能力，这一能力仍是一种人类中心主义。甚至于"环境"这个词也暗示着一种人类的观点：环境所指向的正是一种人类在中心、其他所有事物都围绕着他的一种图景。我们在

---

① ［芬］约·瑟帕玛：《环境之美》，武小西、张宜译，湖南科学技术出版社2006年版，第23页。

上文已经论述了人类中心主义正是生态危机的根源之一。

在环境美学中，"人类中心主义倾向"与"自然中心主义倾向"，本质上都是以"中心—非中心"的二分式思维思考生态问题，而"中心—非中心"的思维方式，正是认识论思维的典型表现，这都表明了环境美学并没有克服认识论思维的局限。在某种程度上，环境美学仍然使用了那些导致生态危机产生的一些思维模式。这就使得环境美学并不是一种彻底的生态主义。

再次，由于环境美学产生的历史较早，这一时期，人们仅仅意识到环境问题的危害，并产生初步应对环境问题的思考方式。但是，这一时期，人们对环境问题的思考并不深入，许多思维模式还无法摆脱人类中心主义的影响，尤其是无法摆脱认识论的影响。一方面，是因为这一时期认识论思维还占据着主流的思维模式；另一方面，则是因为西方哲学的思维是一种线性的、扬弃的思维模式，这一模式本身就依赖于对主体能力的无限信任。随着生态危机的全球性扩张，当生态危机影响到一些非西方思维模式的地区，这一地区古老的哲学理念就会与西方思维产生对比与融合，并显示出强大的生命力。而环境美学的问题在于：由于它以"中心—非中心"方式进行思维，它本能地将这些非西方思维资源视为一种非中心性思维资源，难以将这些资源整合成一种更具生命力的生态智慧。比如上文中卡尔松将伯林特的环境美学视为一种非认知性立场，实际上，伯林特的美学尽管也叫作环境美学，但其许多观念，已经进入了生态美学的视野之中，环境美学始终无法真正地将其纳入自己的理论，我们将在下文论述这一点。

二、生态美学的研究对象

生态美学正是在上述环境美学的基础上，克服环境美学的局限，在生态危机全球化的进程中，结合东西方思维模式而形成的一种新的美学理念。生态美学并不是一个新的学科，甚至也不是一个审美范畴，而是一种审美视角或审美立场。作为生态美学的重要代表人物，曾繁仁先生也认为生态美学是"美学学科在当前生态文明新时代的新发展、新视角、新延伸、新立场。"①简而言之，生态美学与环境美学都面对着生态危机的现实，都有着保护自然环境的共同立场，都关注生态问题，都倡导"生态伦理原则"，都重视人类的长远发展，都强调美学问题与生态的结合，并都认为，建构适应生态问题的人类新的审美感知能力，不仅是美学突破自身学科局限的方向，也是解决生态问题的重要手段之一。

目前，对于环境美学与生态美学的关系，学术界共分为四种倾向：第一种倾向认为二者是两个完全不同的领域，否认二者的关系。第二种倾向则认为两者本质上都是一种美学理论，典型的如徐恒醇的《生态美学》，其所论述的生活环境、生态环境与城市景观，尽管也被称为生态美学，但严格来讲，应属于环境美学领域。第三种倾向从自身美学理论出发，分别认为环境美学或生态美学优于对方，代表人物如前国际美学学会副会长约尔·艾滋恩，他认为生态美学优于环境美学，原因在于环境美学仍然有着人类中心主义倾向；国内生态美学的代表人物曾繁仁先生认为：生态比环境具有更积极的意义。第四种倾向则是承认二者的区别，但是想办法将对方分别纳入自身的理论体系之中。典型的如环境美学家卡尔松，将柏林特的生态美学思想纳入自身的环境美学理论体系之中。②本书赞成第三种倾向，认为环境美学与生态美学有一定的联系与区别，但是由于生态一词和环境一词分别拥有不同的来源和内涵，并代表着不同的思维模式，生态美学理论更优于环境美学。二者的不同来自于如下几个方面：

第一，环境美学与生态美学产生于生态危机发展的不同阶段。前者产生于生态危机的初期，认识论思维还盘踞在思维的主流位置。因此，环境美学对认识论思维的反思并不充分，对生态危机的剖析还缺少思维的武器，它所提出的解决生态危机的方式仍有可能继续形成新的生态危机。而

① 曾繁仁：《生态存在论美学论稿》，吉林人民出版社 2009 年版，第 137 页。

② 参见廖建荣：《环境美学与生态美学》，《郑州大学学报》（哲学社会科学版）2012 年第 1 期，第 5 页，有改动。

生态美学产生于生态危机的全球化、扩张化过程，其时，生态危机以各种方式侵入人类生存环境的方方面面，尤其是一些非西方思维方式的国家。在被动地卷入生态危机的过程之后，由于这些国家高度发达的本土文化，为反思生态危机提供了一些新的理论或思维的资源，从而为生态美学的发展提供了新的契机。以中国生态美学的发展为例，可以说，于20世纪80年代中期崛起的生态美学有明显的东方色彩，是东方文化与思维方式对世界美学的新贡献。

第二，环境美学与生态美学对生态危机的认识与反思处于不同的阶段。环境美学与生态美学都认为生态危机的形成，与过度的人类活动、与人类对自身能力的过分信任有关，也就是说，二者都认为人类中心主义是形成生态危机的基础，但二者对人类中心主义的反思则并不相同。环境美学对人类中心主义的反思以浅层生态学为基础，而生态美学则以深层生态学为基础。一般来讲，浅层生态学将生态危机的根源归结为广义的"技术"问题，认为在不变革现代社会的基本结构、不改变现有的生产模式和消费模式、不改变人们的思维方式的条件下，可以"依靠现有的社会机制和技术进步来改变环境的现状。"① 在上文的论述中，我们可以看到，在美学领域，环境美学正是通过对人的审美态度的界定与提升，对自然审美对象的重新界定，达到对环境进行审美的目的。在这里，我们也可以看出，环境美学所依靠的，依然是一种美学上的技术路线，从而必然使它带有浅层生态学的根本局限，在人与自然的关系上，环境美学仍以人类中心主义为立场。这与深层生态学的基本理念是不同的。深层生态学之所以说它是深层的，原因在于它试图克服浅层生态学的根本性局限，解决浅层生态学的根本问题。与浅层生态运动的看法不同的是，深层生态学认为，生态危机的根源并不是一个技术的问题，而是现代社会的生存危机和文化危机，这种生存与文化危机的根源在于我们人类现有的社会机制、行为模式与价值

---

① 雷毅：《深层生态学：一种激进的环境主义》，《自然辩证法研究》1999年第2期，第51页。

观。只有对人的价值观和形成这种价值观的社会、物质基础进行深层次的改造，即把人和社会融于自然，使人、社会、自然重新成为一个整体，才有可能解决人类生态危机和生存危机。以深层生态学为基础的生态美学，由于"深层生态学始于统一体而非西方哲学中占支配地位的二元论"[1]，因此，深层生态学可以在东西方思维的融合中，彻底地反思生态危机的根本原因。从这一角度来讲，西方现代生态哲学与生态美学是对传统"人类中心主义"的哲学突破，是吸收东方思想的成果。

　　第三，在生态与环境问题上，生态美学与环境美学对美学以什么样的方式介入生态问题的立场不同。由于环境美学奠基于生态问题的技术层面，在美学领域，环境美学认为改革人类的审美能力，比如审美的态度，审美的立场、强化自然全美等问题，可以有效地改进传统美学的缺点。因此，环境美学反对人们将在艺术欣赏中获得的审美能力或审美习惯直接应用于自然审美，认为环境美学应构建新的审美态度。由于自然与艺术不同，人们在欣赏自然和艺术时应采取不同的审美模式，对自然的审美欣赏要采用融入模式，而对艺术的欣赏则采用分离模式。但环境美学的思维方式，比如区分环境与人类、中心与非中心、对审美对象的等级划分等，表明环境美学仍然在使用区分而非整体的立场，这种过于强调区分的立场，本质上仍是认识论思维方式的余韵。也就是说，环境美学本质上接受浅层生态学以技术改革为方向的思维模式，认为开发出使人欣赏自然的审美模式就可以改变环境。在这里，我们可以发现，浅层生态学仍然在强调人类的技术，而技术的本质在于：它是由人类的能力所创造的，这种能力以追求人类的无限自由为导向，是对人类能力的依赖，在某种程度上正是一种人类中心主义。而以深层生态学为基础的生态美学则强调反思技术的人类中心主义倾向，包括上文所说的审美技术。而生态美学的生态"ecology"一词，词的前半部分"eco"来自希腊语"oikos"，意即"房子"或者"栖

---

[1] 雷毅：《深层生态学思想研究》，清华大学出版社 2001 年版，第 27 页。

居"；后半部分"logy"来自"logos"，表示"知识"或"科学"。也就是说，"Ecology"的本义是研究人类栖居的学问。而人类的栖居，既包含人类构建住所的能力，也包括对人之所以能构建住所的能力的反思。栖居是一种人处于……之中的方式，这种处于……之中的思维方式，是一种生态整体主义，即不再区分人与自然，而是将万事万物看作为生命整体的一部分。在这里，环境与人类都不是一个实体，而是一个正在生成和变化的概念。这种"在之中"的关系，决定了人与环境都不是一个现成的东西（主体）置身于另一个现成的东西（客体）之中，而是人是容身于世界之中、寄寓于世界之中。在这一过程中，世界借这种容身"在此"的人类在者向人展示自己……世界万物不是作为外在于人的现成之物展示出来。而是说，在人认识世界万物之前，人早已与世界万物融合在一起，并沉浸在他所活动于其中的世界万物之中。正是在这种"在……之中"的关系中，"生态的观念正是这样一种观念：每个个体都被视为互相'内在地关联着'的个体，每个个体都由它与其他个体的关系以及它对这一关系的反映而被内在地构成。"[①] 在这里，我们可以看到，环境美学的主客体之分，在生态美学看来，并不是一种真正的生态的观念。

第四，生态美学与环境美学对美学学科的研究对象也有着不同的认识：环境美学认为美学的研究对象是审美主客体之间的交流。比如我国学者李欣复就认为，环境美学的研究应始于审美主客体的交流："其个性特质就在是以研究时空环境在主客体审美交流活动中的地位作用和美的发生构成与价值中的身份角色为主要内容、任务和标志，"[②] 它与普通美学及其他美学学科的不同在于：它要研究主体如何对自然环境进行审美。在环境美学家那里，自然是一个审美的客体，而人类是一个审美的主体，环境美学所研究的就是环境视野中审美主客体的关系问题。可以说，环境美学的

---

① Griffin, David R.ed.*Spirituality and Society: Postmodern Visions,* State University of New York Press, 1988, p.150.

② 李欣复：《论环境美学》，《人文杂志》1993 年第 1 期，第 104 页。

研究前提，是作为一个实体而存在的审美的主客体，是将主体与客体区分出来。而区分的方式，只具有有限的真理性。因为主体与客体的概念及其二者的关系，奠基于二者共同存在于其中的世界。生态美学则认为，美学研究不仅要研究实体，更要研究关系，并研究形成这一关系的前提，即实体区分之前的整体状态。在整体存在的前提下探讨人类的审美经验，并通过人类的审美经验构建人类的生态自我，使其行为符合生态的根本要求。从这一角度来讲，生态美学已经回到了主客体区分前的整体状态，已经将人视为生态系统的一个组成部分，并能在这一基础上探讨人与自然的审美关系。在这里，生态美学是"一种人与自然和社会达到动态平衡、和谐一致的处于生态审美状态的崭新的生态存在论美学观"。① 因此，在这一美学观中，并不存在一个实体的审美主客体，只有生态系统中的人类个体。生态美学所探讨的，正是这样一种人类个体与自然的关系。

第五，生态美学与环境美学对美有着不同的理解，环境美学将美视为主体的一种态度或一种行为，在这里，环境美学并没有完全摆脱认识论美学对美的理解。朱光潜先生曾将人类的认识态度分为三种：科学的、功利的和审美的态度。美学所研究的是最后一种审美态度。环境美学也在这一区分中定义美，并认为环境美学所研究的正是审美态度问题。比如卡尔松就认为环境美学要研究审美态度："为了获得一个完善的自然审美欣赏，欣赏主体必须抛弃任何一种特殊的立场与视角。"② 卡尔松所提出的环境保护论的基本要求：非中心主义、聚焦环境、严肃认真、客观性、道德融合等③，无一不同人的态度有关。也就是说，环境美学认为，通过人类有意识地训练自身的态度，人类就可以有效地清除环境的威胁。而生态美学对美的理解则是认为美是人类一种特殊的在世生存经验。在这一经验中，人类获得

① 曾繁仁：《生态存在论美学论稿》，吉林人民出版社2009年版，第79—80页。
② ［加］艾伦·卡尔松：《当代环境美学与环境保护论的要求》，载曾繁仁、［美］阿诺德·伯林特主编：《全球视野中的生态美学与环境美学》，长春出版社2011年版，第35页。
③ ［加］艾伦·卡尔松：《当代环境美学与环境保护论的要求》，载曾繁仁、［美］阿诺德·伯林特主编：《全球视野中的生态美学与环境美学》，长春出版社2011年版，第35—38页。

了一种不同于日常生活的存在感觉。这一感觉有着自己特殊的内涵，比如感觉到惊异、感觉到自我强烈的存在感并进而感觉到一种前所未有的快感，这一以经验对人类有着莫大的吸引力，以至于人类忍不住会说："它太美了！"因此，尽管生态美学也认为美所研究的是人类的一种快感，但它同时认为这一快感的本质是人类的一种存在经验或在世经验，而非仅仅是人类的一种态度。生态美学的研究对象，就是这样一种审美经验。

通过以上论述，我们可以看到：生态美学的研究对象，就是在生态整体主义前提下人类的审美经验。生态美学所探讨的，就是人类生态审美经验的来源、本质及其在生态系统中的作用。正是在这个意义上，笔者认为，当下许多学者将生态美学视为一种环境审美，认为生态美学的研究对象是对环境的审美态度，也就是说，根据生态学、生态哲学改造审美主体的思维方式和审美方式，从而使审美主体在进行环境审美时，能够"主客交融"，而非"主客对立"或"主客二元"，即能够将自身与环境融为一体。本文认为，这种环境审美方式，本质上并没有完全脱离认识论美学的藩篱，其对审美主体的强调使其带有过多的主体论色彩。这种主体论色彩会使人们在审美时过多地将自身与其所处于其中的环境相区分，过多地关注自我的审美态度。从某种程度上，这种对自我的关注不可能形成真正的生态审美经验，因为审美主体将自己从自然中区分出来之时，就已经将自我视为处于自然之外的存在者。这种处于自然之外的身份本身就不是一种真正的生态的态度。它仍是一种俯视自然的、主客对立的态度，有着自身的局限性。

第三节　生态美学对方法论的要求

从上文的论述可知，生态美学产生的前提是生态危机，其理论构建的基础是生态整体主义，其最终所要达到的目标，则是人类的生态伦理原则。生态美学的研究起点、研究路向等，都标示着生态美学有着自身独特的问题视野。这种独特的问题视野，要求生态美学要有自身独特的方法论。生态美学对方法论的要求，体现在如下几个方面。

一、如何反思生态危机

生态美学的首要任务是对生态危机的反思。生态美学对生态危机的反思可分为两个方面：一方面，生态美学遵从生态的理念，这就需要从生态的概念上对生态危机的来源与性质进行界定与反思。这一反思首先从形成生态危机直接原因开始，通过对这些直接原因的剖析，挖掘形成生态危机的最终原因。另一方面，生态美学仍是一种美学理论，其对生态危机的反思，具有明显的美学特色。当前，哲学、科学、伦理学等学科，都从不同角度对生态问题进行了回应、对生态危机的形成进行了不同程度的剖析，但生态美学回应生态问题的方式具有明显的美学特色。这一特色表现在两个层面：第一，生态美学是美学学科的发展。"所谓生态美学就是生态学与美学的一种有机的结合，是运用生态学的理论和方法研究美学，将生态学的重要观点吸收到美学之中，从而形成一种崭新的美学理论形态。"[①] 作为美学学科的发展，生态美学需要将生态理论与美学理论相结合，使美学学科回应生态的具体问题。因此，生态美学需要一种新的哲学基础，反思形成生态危机的原因。第二，生态美学是一种美学理论。众所周知，自从美学学科被创立以来，它就一直强调与人类感性之间的联系。尽管当今的美学定义有许多种，但是，美学的研究对象，一直有着自己的特色。首先，它与人类的感觉有关。美学研究的这种感觉，很难上升到明晰的概念，而是一种直觉的经验。其次，美学所研究的感觉，对人类来讲，是一种肯定性的经验。人们通过这种经验，感受到生活的意义，并在这一意义

---

① 曾繁仁：《生态存在论美学论稿》，吉林人民出版社 2009 年版，第 79—80 页。

中获得对自我的肯定。从这一角度来讲，生态危机的形成，与美学追求肯定性经验的过程有着或多或少的联系。因此，反思人类历史上追求美或快感的方式，反思这些快感对生态危机的作用，是生态美学关注的重要问题。再次，美学作为一种肯定性经验，而生态危机的出现，已经威胁到人类的生存，从而导致人类原来的肯定性经验在当前生态恶化的现实中很难形成。可以说，美学作为一种与感觉和直觉有关的学说，相对于别的理论，它对现实问题的反应更为敏锐；同时它对那些否定人类生存的外部环境的变化也更为关切。这也就决定了美学对生态危机的反思更为迫切。

生态危机最为直接的来源，是在认识论哲学视野下所形成的科技理性。这种科技理性，以认识自然、利用自然为导向，在人定胜天的追求中片面放大人类自身的意志和欲望，忽视自然的承载能力。在生态美学看来，在认识论哲学将世界分为主体和客体并用主体的思维能力为客体立法的时候，就已经埋下了生态危机的根源。在认识论主客二分的过程中，认识论实际上又认为：正是人，才有能力进行主客二分。认识论奠基于"主体的形而上学"。可以说，西方近代认识论正是以主体的形而上学作为其思考人与自然关系的最终依据。因此，生态美学需要一种新的哲学立场，反思认识论在生态危机中的作用。从这一角度来讲，生态美学首先就是一种反思意识和批判意识，是一种哲学范式的转变，"现代社会需要一种宗教和哲学范式的根本转变。"[①] 同时，作为一种美学理论，生态美学也迫切需要从这种新的哲学范式中论证美的本质、人类肯定性经验的来源及其作用等。

二、如何形成生态整体主义

目前，生态美学已经意识到：要制止科技理性的泛滥，最关键的问题是对科技理性赖以成长的认识论思维方式进行清理。在生态美学看来，上

---

① 雷毅：《深层生态学思想研究》，清华大学出版社 2001 年版，第 121 页。

述科学理性泛滥的思维之源就在于二元论思维模式，其本质在于割裂了人与自然本质上是共属一体、不可分割的。认识论这种主客二分思维的本质在于，它将人类与自然分别视为一个现成存在的实体。在这种实体概念中，人类作为主体的能力不需论证。这种不需证明的主体能力，一方面导致人们对自我能力的盲目自信，使人类产生人定胜天的勇气；另一方面，又刺激了人类的欲望，使人们无止境地向自然索取。因此，从思维的角度来讲，认识论主客二分的思维模式正是形成生态危机的直接原因。

我们在上文已经论述了生态美学与环境美学的区分，生态美学是在生态整体主义基础上人类的审美经验。因此，厘清生态整体主义的意义，不仅是生态美学的研究前提，对当前生态研究的基本理论也有着重要的现实意义。

自从人类社会产生以来，人类就致力于把自己与外在世界进行区分。认识论思维实际上只是这一趋势的集中化，它奠基于人类社会整体的发展方向之中。生态学告诉我们：人类并不是地球的中心。反之，地球构成了人类生存的依靠。人类的身体、人类的意识，都是地球给予的，因此，地球构成了人类生存的基础。我们必须像尊重人类一样尊重地球。而生态整体主义的要义，就是要构建一个生态大我。生态大我包含两个层面的内容：一是在自我的意识领域将人类视为生态系统中的一部分，将其他所有生命都视为生态系统中与自己有重大关联的存在物。二是在生态系统中产生对于人类自身的悲悯，因为人类毕竟具有同别的自然物不一样的精神属性。前者的本质是将自我视为自然中的一部分，后者的本质则是确立自我在生态构建中的责任；前者需放低人的主体地位，后者则需确立人的责任意识。而责任的本质，在某种程度上又依赖于人的主体性。也就是说，生态危机为人类的思维构建了一个两难问题：它既需要人回归于生态系统，又需要通过人的意识有意识地把自我放回到这一生态系统中。生态问题的实质，都来自于这样一种矛盾：人已逸出自然，所有的自然都需要人在自我意识中建构出来；而自我意识在建构自然的过程中必定要确认自我的存在，即把自我从生态系统中分离出来，而这一分离的行为已经导致了人不再是生态系统中天然的一部分。"生态美学必须基于这样的观念：人类作为一种有机生物，是大自然的一部分；但与此同时，作为有教养与有理性的物种，人类有自己的自律意识，从而必须为自己的行为负责。"① 如何构建这种既自我泯灭又自我确认的生态大我？这就需要一种新的哲学视野与方法意识。

三、如何重新构建人与自然的关系

生态整体主义的核心在于重新构建人与自然的关系，即重新确定人类在自然界的位置。人类不是自然界的征服者和统治者，不是自然界的主人，而是大自然家庭中的一员。② 历史上，人类曾经构建过两种人与自然的关系：自然的神化和人的神化。前者是指人类匍匐在自然的威力面前，将自然看作决定自身命运的无上之神阶段。后者则是指人类高扬自身的主体能力，全然不顾自然的可承受性和人类的可持续性发展阶段，其直接表现就是科技理性泛滥。在生态视野中，自然的神化和主体的神化都不可持续。在自然的神化中，自然构成了压迫人类生存的异己力量，这一力量使人类在自然的威力中感受到自我的否定，从而使人类的生活和美无缘。后者在虚幻的主体意识的膨胀中将自然变成人类证明自身的工具，并直接导致了生态恶化的后果。这同样也不可能构建持续的人与自然的和谐关系。

生态美学需要在自然的神化和主体的神化之外构建人与自然的第三种关系，即人与自然的平等共处、和谐发展关系。而要构建这一关系，不仅

---

① 李庆本：《关于国外生态美学研究中的几个问题》，载曾繁仁、[美] 阿诺德·伯林特主编：《全球视野中的生态美学与环境美学》，长春出版社 2011 年版，第 122 页。

② 参见 [美] 奥尔多·利奥波德：《沙乡年鉴》，侯文蕙译，吉林人民出版社 2000 年版，第 194 页，有改动。

需要哲学理念上的变化，还需要人类自身感觉上的变化。即生态美学不仅要求去除"人类中心主义"的影响，要求人们认可万物的平等地位，更要求人们重新探讨人与自然之间的关系。这一关系必须以上文所述的"生态整体主义"为基本的出发点，并同时能被人类所接受。要做到这些，需要人们有一个相对明确而合理的方法意识。

　　要构建人与自然之间的生态关系包含两个方面：一方面，人与自然之间只能是一种和谐关系，而非独立于自然之外并与自然平等的关系。这是因为：从生态系统本身来讲，人只是自然生态系统的一个组成部分，人是生存于自然之中，被自然所包围，被自然提供的资源所支持。在这个过程中，自然是一个整体，人是整体中的一部分，不可能独立于自然之外。"人与世界的交融是被给予的，不是通过认识之后达成的。"① 因此，"我们要警惕它们（人与环境——引者加）滑向二元论和客体化的危险，比如将人类理解成被放进（placed in）环境之中，而不是与环境共生（continuous with）"②"自然之外无他物。"任何把人类视为主体的理论，都没有意识到生态思维的本质，也不可能构建人与自然之间的生态关系。另一方面，在这种新的人与自然的关系中，人类所形成的各种能力，包括反思自身的能力、构建人与自然关系的能力等，从根源上都来自于自然。"作为人类，我们不仅仅完全被包裹在一个环境联合体之中，而且，我们是这个环境联合体不可分割的一部分。因此，我们必须用与以前根本不同的方式来思考环境，特别是来思考人的生活。"③ 人类不可能站立于自然之外，用一个透明的、无先见的方式去接近自然。自然已经为人类接近自然的方式提供了前提并设置了根本的限制。这就为生态思维提供了诸多的难点，由于人们只能以自身现存的视野去接近并理解自然，但任何人类现存的视野在最终

---

① 彭锋：《完美的自然》，北京大学出版社 2005 年版，第 75 页。

② ［美］阿诺德·伯林特：《环境美学》，张敏、周雨译，湖南科技出版社 2006 年版，第 11 页。

③ ［美］阿诺德·伯林特：《都市生活美学》，载曾繁仁、［美］阿诺德·伯林特主编：《全球视野中的生态美学与环境美学》，长春出版社 2011 年版，第 15 页。

根源上又来自于自然的塑造。自然与人类对自然的理解之间，构成了一个个无穷的"诠释学循环"，那么，如何破解这一循环，从而为人与自然之间新的关系构建一个新的突破点？这不仅需要美学的智慧，也需要在中西思维之间不停地比较和反思。

四、如何构建人类新的审美能力

人与自然之间的新关系对构建人类新的审美能力提出了挑战。正如上文中我们所提到的那样，传统美学的静观模式、如画性体验，是基于主客二分的哲学思维方式。这种思维方式奠基于主体形而上学，追求着主体无限自由，是形成生态危机的重要原因之一。要在生态整体主义的基础上构建人与自然的新关系，需要改变人类的感觉。这一变化的方向，就是在生态视野中重新构建人类新的审美能力，以使人们能够产生生态的审美经验。这种新的审美能力，需要满足如下几个基本条件。

首先，新的审美能力要保证了人们面对自然的谦卑态度。众所周知，人类对功利的过度追求，正是形成生态危机的原因之一。从这一角度来讲，人类所有的审美活动，都具有一定的非功利性，对生态危机都有一定的救赎功能："游戏和艺术具有否定性，不同于功利地对待自然的倾向，可以给人类自由。人类生存为了获得自由，但人不能强迫自然无节制地为人服务。人愈是关注着美学形式和游戏冲动，就愈是应该谦卑地对待自然。"[1] 但是，以认识论为基础的审美活动，追求的是主体的自由。其最终目标仍是认识自然、使自然为人类主体的自由服务。而新的审美能力就是要改变审美活动的最终目标，使人类意识到自然非"人为"的存在样式，意识到"人作为自然中的一员"。

其次，新的审美能力必须能在生态整体主义的前提下确证人的存在。

---

[1] 〔美〕赫伯特·马尔库塞：《审美之维》，广西师范大学出版社 2001 年版，第 84 页。

在上文中，我们已经论述了历史上美学的研究对象与研究方式，总体上讲，美学研究的是人类的一种肯定性经验。历史上，美学家也从不同角度对这一肯定性经验作出了不同的解释。作为一种肯定性经验，它为在生态关系中丧失自我的人类奠定了存在感的基础。没有这一基础，人类就有可能成为一个沉默的生态系统的一部分，消泯于生态环链的整体存在之中。"自然的美是一种愉快——仅仅是一种愉快——为了保护它而作出禁令似乎不那么紧急。但是这种心态会随着我们感觉到在我们脚下，天空在我们头上，我们在地球上的家里而改变。……这是生态的美学，并且生态是关键中的关键，一种在家里的、在它自己的世界里的自我。我把我自己所居住的那处风景定义为我的家。这种'兴趣'导致我关心它的完整、稳定和美丽。"①

目前，在生态美学的研究过程中，由于人们对生态整体主义的关注，在某种程度上已经导致了生态时代对人的放逐，这也是目前对生态美学质疑最多的地方。由于生态美学进行理论反思的基础是"人"的现代性，现代性是生态美学反思的重要理论维度。而现代性的标志，正是对人的肯定，尤其赞成人对自由的追求。但是，生态美学的基本原则是整体思维模式和生态中心原则，这种整体思维与生态原则"对'人'具有潜在地放逐。"② 如何在生态中心原则下找到人的位置，构建生态中心原则下的新的人性，是生态美学的一个重要任务。反之，如果"作为生态美学产生的理论基点以及发展内因的'人'"，在生态美学的哲学美学原则中找不到自身相应的位置，那么，"这种'人'的模糊性和不确定性势必会影响到生态美学学科的建构。"③ 因此，人们不仅需探讨生态视野中生态审美经验的本

---

① [美] 阿诺德·伯林特主编：《环境与艺术：环境美学的多维视角》，刘悦笛等译，重庆出版社 2007 年版，第 167—168 页。

② 王成：《对生态美学视域中"人"的几点追问》，《贵州师范大学学报》（社会科学版）2006 年第 4 期，第 96 页。

③ 王成：《对生态美学视域中"人"的几点追问》，《贵州师范大学学报》（社会科学版）2006 年第 4 期，第 96 页。

质，也需探讨人的生态审美经验如何面对自然。这就需要对人类的审美经验进行理论的剖析。在这一方面，传统美学已经暴露出诸多的盲点与不足，因此，如何在生态整体主义前提下使人们肯定自身的存在？如何在生态整体主义前提下全面发展人类的感觉？使人们既能在自我意识领域构建自我，又能在自我意识领域构建生态整体主义？这也需要一种新的哲学视野与方法意识。

上述四个方面的问题，既涉及生态美学的前提问题，也涉及生态美学的理论建构问题，更涉及在生态文明视域中人如何存在的问题。这些问题，构成了生态问题对美学的重大挑战。而目前生态美学的方法论建构，对这些问题并没有一个系统性的描述与解答。国内较早关注这一问题的学者是广西民族大学的袁鼎生教授。他提出在整生范式的基础上，利用系统的方法、超循环的方法构建生态审美场。但袁教授主要集中于构建生态美学的具体路径，对于如何构建上述生态美学的方法论基础和方法论本身，都较少涉及；同时，袁教授更多地利用生态科学的方法构建生态美学，而科学的观念，正如上文所述，本身尚存在着人类中心主义的倾向。因此，袁教授对生态方法论的建构，仍有进行彻底反思的必要性。上述这些问题，都构成了本文探讨生态美学方法论的起点。

第三章　作为方法的现象学哲学

第一节　现象学运动的起源及其基本原则

一、现象学运动的起源

现象学哲学是在对认识论反思的过程中产生的。至今，现象学已经有整整一百年的历史。其创始人埃德蒙德·胡塞尔在1900—1901年发表的两卷本《逻辑研究》中，第一次提到了现象学这个熟悉而生僻的字眼。说它熟悉，是因为现象学这一名称早已出现在大名鼎鼎的黑格尔的《精神现象学》中；说它陌生，则是因为胡塞尔本人赋予了现象学不同的意义。其后，在胡塞尔1911年发表的《作为严格科学的哲学》和1913年出版的《纯粹现象学及现象学哲学的观念》中，进一步对现象学的概念进行了完善。作为布伦塔诺的学生，胡塞尔在其意向性理论的基础上发现：前此人类的哲学有一个共同缺陷，它们都缺少对哲学理念的彻底说明，都存在着一些不证自明的前提。胡塞尔由此认为这些哲学都不是科学的哲学。因此，胡塞尔呼吁哲学应作为严格的科学。"这种严格科学的哲学要求有一种哲学上的彻底精神，这就是诉之于一切知识的根源或'起源'。而这种根源就在于'事实'之中，就在于通常的现象之中。因此，他（胡塞尔——引者

注）提出了'转向事物'的口号。"①

在这一口号中，此前人类的所有哲学思想，尤其是认识论哲学，都在"转向事实本身"的过程中受到检视。而胡塞尔所倡导的现象学观念，汇成了一次轰轰烈烈的现象学运动。这一运动的影响是如此地深刻，以至于20世纪后期西方所有的哲学思潮都或多或少地受到了现象学的影响："从本质方面来讲，我们这个世纪，现象学承担的正是哲学的角色。事实上，当尼采把形而上学引向终结并实现了它的所有可能性——甚至颠倒过来的可能性——之后，现象学以一种比其他任何理论更加彻底的首创精神开创了一个新的开端。"② 我们可举出一大批现象学哲学家的名字，莱纳赫、舍勒、盖格尔、海德格尔、英伽登、帕托契卡等。还有一些人，则致力于超越现象学，如德里达、勒维纳斯、亨利等人。另有一些人，在其他哲学思想的基础上，利用现象学所提供的语境与方法，开辟了新的学术领域，比如伽达默尔的哲学诠释学、利科尔的综合诠释学与哈贝马斯的交往理论等等。他们都属于广义的现象学运动的一部分。海德格尔对现象学的评价："现象学……在各种不同的领域中……主要以潜移默化的方式——决定着这个时代的精神。"③ 可以说，"在这30年德国精神生活中，没有一个创造性的成就不与现象学有或多或少的关系。"④ 在德国之外，现象学精神不仅影响了萨特、梅洛-庞蒂等人的思想，也影响了德里达、福柯、拉康等人。

由于不同的现象学哲学家对胡塞尔所开辟的现象学运动有着不同的理解，并专注于不同的问题，正如《现象学运动》的作者施皮格伯格所说："'什么是现象学？'……这个问题是无法回答的。"⑤ 胡塞尔本人也认为，

---

① [美]赫伯特·施皮格伯格：《现象学运动》，商务印书馆2011年版，译者序，p.iii。
② [法]让-吕克·马里翁：《还原与给予》，方向红译，上海译文出版社2009年版，第1页。
③ [德]海德格尔：《面向思的事情》，陈小文、孙周兴译，商务印书馆1996年版，第84页。
④ 《编者引论：现象学运动的意义》，载倪梁康主编：《面向实事本身——现象学经典文选》，东方出版社2000年版，第2页。
⑤ [美]赫伯特·施皮格伯格：《现象学运动》，商务印书馆2011年版，第6页。

"（现象学家——引者加）也没有一个共同的体系，把他们联合起来的是这样一种共同的信念，即只有返回到直接的直观这个最初的来源，回到由最初的来源引出的对本质结构的洞察，我们才能运用伟大的哲学传统及其概念和问题。"[①] 正因如此，我们需对本文所使用的现象学定义进一步明确。

顾名思义，现象学即有关于现象的学说，而什么是现象呢？"对我们在最广泛意义上'显现出来'的那些相应的主观体验。因而这些体验都叫作'现象'。它们的最一般的本质特征在于，它们是'关于某物的意识'、'关于某物的现象'。"[②] 目前，人们在四种意义上使用现象学概念：一是最广义的现象学概念，即符合胡塞尔"本质直观"的基本标准，但并没有参加现象学运动的所有人。从这一角度来讲，西方当代所有的哲学家，都是最广义现象学运动的参与者。二是广义的现象学，即 1913 年"宣言"中所陈述的那种现象学，即符合胡塞尔所述的那种以追求科学哲学为目标的哲学家。三是严格意义上的现象学，它除去培养直观的体验对于本质的直观研究之外，特别注意意识的显现，即注意具有任何性质的物体在主观经验中显现的方式。四是最严格意义上的现象学（即胡塞尔本人的现象学），它在上述严格意义的现象学的基础上，又使用了被称为"现象学还原"的特殊方法，并且在这种方法的基础上特别注意事物在意识中显现并由意识所构成的那种方式。[③] 可以看出，现象学这四种分法，是一种由广义到狭义的界定方式。其中，最核心的不同，就是如何分析事物在人的意识中显现的问题。从这一角度来讲，现象学本质上是关于事物如何在我们头脑或意识中显现的问题。现象学将这一显现称为"实事"，"从根本上说，只要我们把事物的显现方式作为单独

---

① ［德］胡塞尔：《哲学与现象学研究年鉴》第一卷（1913），转引自［美］赫伯特·施皮格伯格：《现象学运动》，商务印书馆 2011 年版，译者序，p.iv。

② ［德］胡塞尔：《现象学》，倪梁康译，载倪染康主编：《面向实事本身——现象学经典文选》，东方出版社 2000 年版，第 85 页。

③ ［美］赫伯特·施皮格伯格：《现象学运动》，商务印书馆 2011 年版，译者序，p.v 有改动。

的问题来研究，而将存在问题或是暂时地或是永久地'放在括弧里'，现象学就产生了。"①

本文所使用的现象学概念，是指上文中第二种概念——广义的现象学。它不仅包括胡塞尔的现象学运动，也包括那些以胡塞尔哲学追求为目标，采用现象学基本方法进行哲学研究和思维的广义的现象学家，即那些被动或主动卷入现象学运动的哲学家的思想。从某种意义上讲，生态运动也是现象学运动的一部分，是现象学面对现实生态问题的一种解答。

二、现象学运动的基本原则

从上文的论述可知，现象学起源于对科学哲学的追求。也就是说，现象学发现了一些哲学是不科学的，它有着一些不能被证明的前提。在胡塞尔看来，这一不科学性首先就体现在认识论思维之中。认识论哲学中有许多不证自明的前提，认识论哲学将世界分为主体和客体，并用主体的"思"来接近客体，但是，世界为什么能被分为主体和客体？认识论并没有说明这一区分的基础，因此，认识论哲学有一个根本性前提，那就是"主体形而上学"。主体将世界进行主客二分的能力是认识论哲学的前提和基础。正是在这一基础上，认识论所认识到的事物并不是本然的事物本身，而是在"主体形而上学"基础上所形成的事物。在现象学看来，这种先入之见使得认识论哲学是一种不科学的哲学。

胡塞尔认为，哲学应是一种科学的哲学，哲学理论不应该存在着那些不证自明的东西。因此，现象学所寻找的，就是这样一种科学的哲学视野。在这一哲学视野中，事物能本然地显现。所谓本然显现，就是让事物是其所是地显现在人类的意识领域。对这一显现，人类应不带任何先入之见地直观事物显现的方式。所以，现象学也被称为有关于事物显现的学

---

① ［法］保罗·利科：《精神》杂志第 XXI 期，第 821 页，转引自［美］赫伯特·施皮格伯格：《现象学运动》，商务印书馆 2011 年版，译者序，p.v.

问。"现象学本身要求成为对象被给予意识的种种方式的科学。"① 现象学所要探讨的，就是事物如何在人的意识中显现出来；而现象学要做的，就是客观地描述事物在人的意识中显现的过程。

在描述事物在人的意识中的显现过程时，胡塞尔发现：事物之所以能在人的意识之中显现，就是因为意识具有意向性。至此，现象学有了两个方面的任务：一是论证意识为什么会有意向性并寻找意向性产生的根源；二是探索事物在人的意识中显现的方式。在现象学运动的过程中，这两个任务交叉出现在不同的哲学家那里，不同的哲学家有不同的侧重点。海德格尔的存在论、伽达默尔的哲学诠释学强化第一个方面，而梅洛-庞蒂的身体现象学、英伽登的现象学则侧重于第二个方面。还有一部分受现象学影响的哲学家，如德里达则强调对现象学出发点的解构。但是，尽管现象学运动中存在着许多不同的流派，但是，对于胡塞尔所开辟的这个运动，它们仍遵循着下述几个基本原则：

(一) 科学哲学的追求

现象学以追求科学的哲学为目标。在现象学看来，科学由确定的人类经验组成。在科学中，所有的原理和结论都必须有严密的论证，但是，由于哲学在其发展的任何一个时期，都没有能力满足这种科学哲学的要求，甚至于哲学从未要求过自己要成为严格科学。更有甚者，到目前为止，哲学所探讨的那些问题的意义尚没有得到科学的澄清。从这一角度上讲，"哲学还不是一门科学，它作为科学尚未开始。"②

现象学认为，科学的哲学应具有如下几个方面的特点：第一，它反对任何不证自明的预设。在胡塞尔看来，人类的哲学可分为自然主义哲学、历史主义哲学和世界观哲学。自然主义者认为"以科学的方式，也就是以对

---

① Georgia Warnke. *Gadamer Hermeneutics, Tradition and Reason*. London: Cambridge, Polity Press. 1987. p.36.
② [德] 胡塞尔：《哲学作为严格的科学》，商务印书馆 1999 年版，第 1—2 页。

每一个理性的人都具有约束力的方式去认识，什么是真正的真、真正的美和真正的善，应当如何根据普遍的本质来规定它，可以根据哪一种方法在个别的情况中获得它。"① 自然主义者相信：人们可以通过自然科学和自然科学的哲学大致达到这样一个目的。正因如此，所有的自然主义者都是观念主义者和客观主义者。因为，只要自然主义者进行理论活动，他就要客观地提出评价问题所遵循的基本价值设定，即自然主义者本身是独立于自然之外的。这种独立于自然之外的地位，使得自然主义者能够客观地观察自然和认识自然。因此，独立于自然之外，正是自然主义者的预设，这种预设本身是理性无法说明的。因此，自然主义"唯一理性的事情就是否认理性……这个悖谬就在于他将理性自然化。"② 同样的，历史主义者与世界观哲学都有着自己的预设，都建基于一个不可靠的基础上。而真正的科学的哲学，应该带有属于真正哲学科学之本质的极端态度，这种极端态度不接受任何现有的东西，不承认任何传统的东西作为它的开端，也不为任何伟大的名字所迷惑。毋宁说，这种极端的态度是在"对问题本质以及从它们中所产生的要求的自由献身中来试图获取开端。"③ 第二，所有的哲学观念、理论系统都应具有一个可靠性的基础。在现象学看来，人类的哲学，大都建基于一个不能说明的基础之上，是从一个特定的理念出发，而非从实事出发。因此，我们需要寻找真正的开端，而作为这种真正开端的哲学，应是关于起源和万物之本的科学。它必须是一门彻底的科学哲学，"从任何方面看都是彻底的。"④ 因此，现象学必须坚持一种纯粹自然的态度：面向实事本身。

（二）意向性理论

现象学以科学的态度面向实事本身，那什么是实事呢？现象学认为：

---

① ［德］胡塞尔：《哲学作为严格的科学》，商务印书馆 1999 年版，第 1—2 页。
② ［德］胡塞尔：《哲学作为严格的科学》，商务印书馆 1999 年版，第 9—10 页。
③ ［德］胡塞尔：《哲学作为严格的科学》，商务印书馆 1999 年版，第 69 页。
④ ［德］胡塞尔：《哲学作为严格的科学》，商务印书馆 1999 年版，第 69 页。

实事就是事物在人的意识中的显现。而实事为什么能显现在人的意识之中呢？这是因为人的意识具有意向性结构。胡塞尔继承了布伦塔诺的思想，认为：意识并不是一个实体，而是一个结构，任何意识都是有关于某物的意识，"意识始终是关于……的意识"，"意识是离开自我而作用他者的意识"，没有一种意识是无内容的、无关于某物的意识。所有的意识都可分为意向与意向对象。经验主义与理性主义都将意识中的某一部分——感知事物的经验或人类的理性——作为意识的开端，这是一种自然主义的态度，实际上都没有认识到意识的结构性，都是一种独断论。

在意识的结构中，如果我们继续追问事物在人的意识中显现的原因，就会发现："一般而言，每一实显性我思的本质是对某物的意识，然而按照先前所说，被变样的我思思维按其自身的方式也是意识，而且这一意识的对象与相应的未变样的我思思维的对象相同。因此，意识的普遍本质属性仍然保留在这个变样中。共同具有这些本质属性的一切体验也被称作'意向的经验'，就它们是对某物的意识而言，它们被说成是'意向地关涉于这个东西'"① 在这里，胡塞尔将意识的显现结构追溯到意识的意向性。反过来讲，意向性为事物在意识中的显现提供了前提和条件。

现象学对意识意向性的发现，是现象学运动发展的一个核心动力。从对认识论哲学的反思过程来看，意向性理论抛弃了主体客体的区分模式，认为事物如何在人的意识中显现才是哲学关注的根本问题。这一探讨的方向，是整体主义能够成立的基础。

（三）生活世界理论

人们的意识具有意向性能力，那么，这一能力来自于什么地方呢？这也是胡塞尔后期的哲学任务。后期的胡塞尔提出了"生活世界"理论。胡塞尔认为，人类的意识之所以有意向性能力，原因在于人们都生活在一个

---

① ［德］胡塞尔：《纯粹现象学通论》，［荷］舒曼编，李幼蒸译，商务印书馆1996年版，第105—106页。

生活世界之中，"世界存在着，总是预先就存在着，一种观点（不论是经验的观点还是其他的观点）的任何修正，是以已经存在着的世界为前提的，也就是说，是以当时毋庸置疑地存在着的有效东西的地平线——在其中有某种熟悉的东西和无疑是确定的东西；那种可能被贬低为无意义的东西是与此相矛盾的——为前提的，这个事实的不言而喻性先于一切科学思想和一切科学的提问。"① 生活世界构成了人类的境域性，人类只能生活在其中一个生活世界之中，这个生活世界构成人类个人视域的来源。现象学所要求的哲学作为严格的科学的理想，在最终层面上就回到了主体意向性能力得以形成的历史语境之中。在寻找这一最终奠基的过程中，胡塞尔的现象学发现，世界上的每一个人都生活在自己特定的"生活世界"之中，这一特定的生活世界给予了人们特定的视野。

但是，由于胡塞尔将哲学确立为一种严格的科学，这种科学的目标是寻找一切知识最终的奠基点，寻找意识的意向性能力之所以形成的终极性因素。胡塞尔最终发现：这种终极性因素存在于生活世界之中。但生活世界的提出同时也指明了："不存在一个生活世界，而存在众多生活世界"②。在这里，胡塞尔的科学哲学追求最终回到了人文学科成立的个体的生活条件。

在这一理论的启示下，海德格尔也继续在意向性理论的前提下关注"生活世界"问题。在他看来，主体也是被世界所构成的。用他自己的话来讲，即主体本身的意向性是一个行为结构，"作为行为的结构，意向性本身即是自我—行为的主体结构。它是内在于作为这一行动关系的行为特质的自我行动主体的存在方式之中的。"③ 由于海德格尔所关注事物的存在

---

① [德] 胡塞尔：《欧洲科学的危机与超越论的现象学》，王炳文译，商务印书馆 2002 年版，第 134 页。

② Georgia Warnke. *Gadamer Hermeneutics, Tradition and Reason*. Polity Press. London: Cambridge, 1987, p.37.

③ Martin Heiddegger. *The Basic Problem of Phenomenology*. Trans. by Albert Hofstadter. Indiana University 1982, p.61.

问题，正是在探讨意识意向性形成的原因中发现的。"生活世界"使人们获得了对事物存在的一种可靠感和前提。海德格尔将它称为"世界"，我们将在以后的论述中继续探讨这一问题。而伽达默尔的哲学诠释学，更在"生活世界"和海德格尔的"世界"理论中，探讨人类诠释能力的来源。现象学运动的其他人物，比如梅洛-庞蒂，从身体的感觉的形成过程，通过心理学的实证经验，也探索了意向性形成的过程。因此，我们说，意向性理论是整个现象学运动的基础。同时，对意向性不同方向的关注，直接启示了现象学运动的发展方向以及现象学不同流派的基本特征。

（四）"让事物是其所是"的本质直观方法

由于事物是在意识中的显现，那么，如何让人们认识事物在意识中的显现呢？在这里，胡塞尔提出"让事物是其所是"的基本原则。而如何才能让事物是其所是呢？胡塞尔认为：我们只有客观地描述事物在我们意识中的显现方式，我们才能毫无偏见地认识到事物的本来面目。同时，如果我们对事物在我们意识中显现的方式进行追本溯源，就可以本质直观到使事物在我们意识中显现的那个最终的原因，即达到一种绝对的自明性。

胡塞尔将这种客观描述的方法称为"本质直观"："它是个体直观的一个主要部分，即以一个个体的显出，一个个体的可见存在为基础。"[1]"这是作为本质把握之基础的个别直观。"[2]胡塞尔后来又将这种单个直观发展为本质直观。以他举的颜色直观现象为例，颜色即各种颜色的集合，颜色本身是一个抽象的概念，它本身无法显示，必须表现在各种事物上。我们只能直观到一个个具有颜色的事物，而不能直观到颜色本身。胡塞尔认为，当我们在一个事物上感知到具体的颜色时，那么，这次直观颜色的行

① ［德］胡塞尔：《纯粹现象学和现象学哲学的观念》，载［荷］舒曼编：《纯粹现象学通论》（第一卷），李幻蒸译，商务印书馆1996年版，第11页。

② ［德］胡塞尔：《纯粹现象学和现象学哲学的观念》，载［荷］舒曼编：《纯粹现象学通论》（第一卷），李幻蒸译，商务印书馆1996年版，第125页。

为，即我们的意识在自己的意识领域构建颜色的行为，实际上就是一个本质直观。当我们对我们的感知行为进行观察时，我们就会感知到我们的意识构建过程。在这里，对意识构建过程的观察就是一个本质直观。"直观，直观意识伸展得有多远，相应地'观念直观'或'本质直观'便伸展得有多远。"① 胡塞尔将这种对本质的直观称为对"内在意识形态的纯粹描述本质论"。

"让事物是其所是"的本质直观，包括以下三个步骤：一是悬搁，即对事物是否存在进行悬搁，对自然之物和我们所形成的关于它的所有概念进行悬搁，转而分析由某一事物所引起的意识活动。现象学首先需要"一种彻底的态度改变，一种十分独特的普遍的悬搁"②。二是客观地描述我们意识显现事物的过程。"'现象学'这个词本身意味着一个方法概念。它不是从关乎事实的方面来描述哲学研究对象是'什么'，而是描述哲学研究的'如何'。"③ 因此，现象学的根本方法就是"要描述，不要分析，不要解释"④。三是通过分析我们意识显现的过程与方式，发现使这一意识显现的最终的本质。通过这样三个步骤，人类才能获得事物在人类意识中出现的本然状态。而通过本质直观所剩余的知识，才是一种让"事物是其所是"的客观的、本质的和科学的知识。这些知识才有可能作为人类所有知识的科学的奠基，完成哲学研究的终极任务。而只有现象学，才有可能完成这样一个终极性的任务。"现象学是先于所有可想象的先验现象的科学，并且，这些现象都具有综合的总体形态，只有在这些形态中，这些现象才是具体可能的——这里包括先验的个别主体以及由此相互交往的主体共同

---

① [德] 胡塞尔：《文章与报告（1911—1921）》，转引自倪梁康：《现象学及其效应——胡塞尔与当代德国哲学》，三联书店 1994 年版，第 79 页。

② [德] 胡塞尔：《欧洲科学的危机与超越论的现象学》，王炳文译，商务印书馆 2000 年版，第 179 页。

③ [德] 海德格尔：《存在与时间》，陈嘉映、王节庆译，生活·读书·新知三联书店 1999 年版，第 32 页。

④ M. Merlea Ponty, *Phenomenology of Perception*, translated from the French by Colin Smith, Routledge & Kegan Paul Ltd, 1962, pp.vi-ii.

体——现象学作为这样一门科学同时实际上也是关于所有可想象的存在之物的先天科学。"① 也由于本质直观的目的在于追溯到意识显现的终极原因，也有人将这一方法称为"现象学还原"。这种本质直观所要达到的效果就是："正如这个词（现象学——引者加）本身所暗示的那样，现象学是一种无先入之见的描述现象的方法态度，在方法上，放弃对于现象的心理—生理根源的说明或者放弃向预设原理的返回。"②

第二节　作为方法的现象学哲学

由现象学运动的起源及其基本原则可知：现象学运动的实质，在于它是一种哲学态度以及在此基础上所形成的方法。目前，人们已经公认，在 20 世纪的哲学运动中，有一个明确的哲学运动，就是现象学运动。同时，人们也公认，现象学运动之所以成为一个时代趋势，并不在于这个运动提供了什么样的哲学信条，而是这一运动"提供了一种做（Doing）哲学的新路径。"③ 因此，"我们这个世纪的现象学——正如它的名称所示——是一种研究显现的哲学方法。"④ "它首先是一种方法，一种改变我们与世界之间的关系的方法。"⑤ 现象学"最独特的核心就是它的方法。关于这一点在现象学家中间也很少有分歧"。⑥ 从哲学明晰性与科学性来讲，"这种方

① ［德］胡塞尔：《现象学的方法》，倪梁康译，上海译文出版社 1994 年版，第 184 页。

② ［德］汉斯—格奥尔格·伽达默尔：《康德与解释学转向》，载严平选编：《伽达默尔集》，邓安庆等译，远东出版社 1997 年版，第 313 页。

③ David Stewrt and Algis Miekunas, *Exploring Phenomenology: A guide to The Fielda and It's Literature*, Ohio University Press, 1974, p.10.

④ ［德］克劳斯·黑尔德：《真理之争——哲学的起源与未来》，《浙江学刊》1999 年第 1 期，第 12 页。

⑤ Pierre Thevenaz, *What is Phenomenology and Other Essay,* Chicago, 1962, p.90.

⑥ ［美］赫伯特·施皮格伯格：《现象学运动》，王炳文、张金言译，商务印书馆 1995 年版，第 918 页。

法恰恰是哲学问题本身所要求的。"① 将现象学作为一种方法，是现象学运动发展的根本原则："现象学的思想活力就在于它开启了不同于传统西方哲学的新方法。"② 也正因如此，"'现象学哲学'的领域，无论是在'现象学心理学'的领域，还是在'现象学美学'的领域，或是在'生活世界现象学'、'现象学人类学'、'现象学解释学'等等领域，'作为哲学的现象学'都没有能像'作为方法的现象学'那样产生出创造一个新时代的效应。"③ 也正因如此，本文所使用的现象学视野，正是这种作为方法的现象学。这种作为方法的现象学，具有如下几个方面的特点。

一、现象学为人类知识提供了一种彻底的反思态度

作为方法的现象学，意味着一种态度，一种彻底反思、反对任何预设、反对任何不证自明的前提的态度。现象学起源于对认识论的反思，通过对认识论前提的彻底追问，现象学发现，认识论是一种无根的哲学，认识论的核心在于它是一种主体的形而上学。认识论将世界进行主客二分，它暗含了一种前提：主体有能力进行主客二分，但主体为什么有进行主客二分的能力，认识论并不能加以说明。胡塞尔对自然主义、理性主义与世界观哲学的批评，正是认识论哲学的几个侧面。以对认识论的反思为基础，现象学开始了对所有人类思维元点的追溯。在它看来，不仅认识论思维，人类意识中产生的所有的思维方式，都会奠基于某一原点，因此，我们有必要追溯这一原点本身的合理性，追求一种纯粹的、明晰的或用胡塞尔本人的话来讲"科学的"事实，这构成了现象学运动与德里达的解构哲学的本质不同。在德里达看来，胡塞尔所开辟的这场现象学运动仍有其盲点与限度，即它仍是西方逻各斯主义传统的一部分，受制于西方逻各斯中

---

① 倪梁康主编：《面对实事本身——现象学经典文选》，东方出版社 2000 年版，第 266 页。

② 张祥龙：《从现象学到孔夫子》，商务印书馆 2001 年版，第 15 页。

③ 倪梁康：《现象学及其效应——胡塞尔与当代德国哲学》，三联书店 1994 年版，第 36 页。

心主义的追求。"自亚里士多德以降，至少到柏格森为止，'它'（形而上学）总是一再重复、一再假定，思想与言说必定意味着思考和言说某物，思想和言说一个实事和一个实事（Sache）。还有，不去思／言一个（原始）实事的行为根本就不是思／言，而是逻各斯（Logos）的丧失。"① 因此，尽管德里达的解构哲学也受到现象学运动的影响，在某种程度上也是现象学彻底反思态度的另一种表现方式。但由于德里达过于强调思想与言说之间的延异，认为思想／言说与实事并没有根本性的联系，导致解构主义哲学形成了一种彻底的虚无主义态度。因此，本文认为，现象学运动的态度尽管以反思为主，强化反思的彻底性，但其总体上仍是一种建构哲学，并没有解构思想／言说与实事之间关系的合理性。也正因如此，本文所强调的现象学方法仍以胡塞尔所开创的建构性的反思态度为主。

二、现象学构建了新的人与世界的关系

作为方法的现象学，意味着一种新的人与世界的关系。以事物在人的意识中显现作为标准，西方思想历史中共构成了三种人与世界的关系：古希腊时期、中世纪时期和现代认识论时期。在古希腊时期，人们认为事物会在个人视域中显现，这是一种朴素的观点。这一时期的基本问题是：事物在个人视域中的显现，构成了人类知识的前提，但人们依据这一显现所形成的知识是不是公共的知识？因此，这一时期人们所关注的问题是个人视域与公共视域的关系问题。在现实的世界中，存在个人的局部世界和其他世界。个人即生存于自己的局部世界，也必然与其他世界联系。局部世界是其他世界中的一部分，决定了局部世界与其他世界相联系。由局部世界所决定的个人视域必然要超出自身的个体视域，关注其他视域。因为个人视域与其他视域者都来自于、同属于一个包罗万象的指明联系——它们

---

① ［德］伽达默尔、［法］德里达等：《德法之争：伽达默尔与德里达的对话》，孙周兴、孙善春编译，同济大学出版社 2004 年版，第 63—64 页。

共处其中的这同一个世界。所谓哲学思维，便是要研究个人视域如何向其他视域和共同世界敞开、个人视域如何代表了公共视域。中世纪时期，人们认为人与世界的关系就是人与上帝的关系。这一时期，人们信奉着一个公共视域：神学视域。所有的人都被视为上帝的子民，以敬畏之心对待所有的外在事物，包括外在的自然。这一时期的问题在于个人视域得不到尊重。在认识论时期，尽管人们推倒了上帝，却保留了神学视域的基础，即认为所有的人是主体，都拥有主体相同或统一的视域。认识论哲学正是对这个统一视域的论证。而这个统一的视域，首先就由具有创造性的艺术家形成："只有随着中世纪走到尽头和人文主义的到来，这种情况才发生改变。在这里，在《旧约全书》和《新约全书》的上帝创造者的旁边，走出了创造性的艺术家——一个'上帝的替身'、另一种上帝。"① 艺术家是具有创造力的天才的代表人物。天才所具有的创造力不需论证。天才概念集中代表了认识论对主体视域的理解：主体所拥有的力量是先验的、不需论证的。也就是说，认识论所强调的主体概念，本质上就是认为：事物在人的意识中的显现方式是统一的，而人的意识意向性的形成也是不需论证的。

现象学将人类视域重新拉回到每个人的生活世界，认为个人视域形成于他的生活世界之中，事物在人的意识中的显现也会因其视域的不同而呈现一种不同的显现方式。因此，不存在一个统一的主体的视域。现象学对个人视域的认识，一方面为反思认识论的统一视域提供了一种哲学思想的出发点，另一方面为每个人独特的视域和存在方式提供了证明。在这里，不同的文化传统、不同的生活经历，都会拥有不同的显现方式。这也为中国文化融入世界提供了前提。

对个人视域的论证，是现象学运动中各流派之间争论的焦点。其中，胡塞尔发现了个人视域的存在；英伽登认为个人视域应向一个公共视域靠

---

① ［德］伽达默尔：《言辞与图像中的艺术作品——"如此的真实！如此的充满存在！"》，孙丽君译，载孙丽君：《伽达默尔的诠释学美学思想研究》"附录"，人民出版社 2013 年版，第 331 页。

近；海德格尔则认为视域可分为"天、地、神、人"四种，"天、地、神、人"的四方游戏是各种视域的融合的本质；伽达默尔则认为个人视域是我们人类存在的根本前提和人类所有知识的基础；梅洛-庞蒂从身体与心理的关系，证明了个人视域的身体性与复杂性。但总体上来讲，现象学运动对个人视域的发现，为人类知识的建构提供了一个新的起点。而个人视域作为人类建构知识的起点，也构成了现象学方法区别于别的哲学方法的根本特征。

三、现象学为人类思维提供了一个新的方向

众所周知，时至今日，尽管西方哲学不停地反思他们之前的哲学思想，并强调重建一个新的哲学体系，比如认识论对神学思维的反思，就是要用主体取代神本位；尼采的哲学更是以"重新估价一切有价值的东西"为追求；结构主义也起源于对形式价值的重新评估……但是，这些反思，其本质上都是在二元论思维模式中的反思，即他们都将世界分为对立的两个部分：理性与非理性、神与人、主体与客体、形式与内容等。这是一种类型学的思维模式："……所有这些类型学都表明，它们本有一种有限的真理价值，但是一旦它们想把握一切现象的总体，想成为完整的，它们立即损害了这种真理价值。这样一种想包罗万象地'扩建'类型学的做法，从本质根据来说只表示这种类型学的自我毁灭，即丧失它的独断的真核。"[①] 所以，"类型学的思考方式其实只是从一种极端的唯名论观点来看才是合法的，但是甚至威伯惨淡经营的彻底唯名论也有它的局限性。"[②] 这种类型学的思维模式，本质上只区分了同一个前提下的两种对立的现象，而没有进入这两种对立的现象之所以成立的前提，并对这一前提本身进行

---

① ［德］伽达默尔：《诠释学》，选自《理解与解释——诠释学经典文选》，洪汉鼎，东方出版社 2001 年版，第 482 页。

② ［德］伽达默尔：《诠释学》，选自《理解与解释——诠释学经典文选》，洪汉鼎，东方出版社 2001 年版，第 482 页。

反思。从这一角度上，它们是不彻底的，只具有局部的真理性。这些哲学所谓的新的开端也并不成立，它们只是对现有哲学思维的反动。

现象学方法所构建的思维模式，不仅是对前些哲学流派具体思想的超越，更是对上述这种类型学思维模式本身的超越。这种超越，来自于它对哲学开端的不同理解和态度。在它看来，所谓哲学的开端，一定可以追溯到一个最终的动因，如海德格尔所说："从哲学开端以来，并有凭借于这一开端，存在者之存在就把自身显示为根据（本原、原因、原理）"，据此根据，"存在者作为如此这般的存在者……才成为在其生成、消亡和持存中的某种可知的东西，某种被处理和被制作的东西。"① 从现象学运动的发展过程来看，不同的现象学流派都认为它们找到了一种新的哲学开端。比如，海德格尔认为哲学应关注存在的基本问题，导致其哲学思想从胡塞尔现象学向"存在"的一种突然的转向，其动力就在于海德格尔对哲学开端的理解不同于胡塞尔；相应地，伽达默尔的哲学诠释学对海德格尔的超越，也来自于对人类知识开端的不同理解，即认为个人视域是人类获得知识的前提与方法；梅洛-庞蒂对身体现象学的构建，则来自于身体对构建知识的作用机制的研究，认为身体构成了所有人类知识的起点。现象学流派这种对哲学开端的不同理解，不断地为人类知识的产生与发展过程赋予了新的含义并构造出不同的理论大厦。相应地，作为方法的现象学，不停地对人类思想提出要求：重视开端，甚至于要回到开端。

现象学这种严格的科学哲学的理想，不仅迫使我们重新审视人类所有的知识体系的盲点，同时也为新的奠基于科学基础上的人类知识体系提供了一个新的开端，"它首先从根本上意味着人性的改造，意味着一种新的人性的诞生，意味着一种与自然态度的世界生活彻底的超越论的生活，最终意味着'人类本身的最伟大的实存的转变'。"② 现象学所构建的人与世

① ［德］海德格尔：《面向思的事情》，陈小文、孙周兴译，商务印书馆 1999 年版，第 68—69 页。

② 朱刚：《开端与未来——从现象学到解构》，商务印书馆 2012 年版，第 56 页。

界的关系，为哲学和人类思想的发展提供了一种新的思想的开端，也为重新构建人与世界的关系提供了新的动力。

四、现象学为中西思想的对话提供了一种包容性前提

作为方法的现象学为中西哲学思想的对话提供了一个包容性的前提。众所周知，中西哲学一直以不同的方向关注着人类的思想和知识。由于二者起源于不同的地理、生产与生活环境，二者几乎沿着完全不同的方向建构自身的思维方式与思想体系，二者之间也很难产生卓有成效的对话和实质性的融合。

自现象学产生以来，中西哲学之间融合具有了一个新的发展态势。这一新的态势与现象学的方法存在着重要的联系，表现在如下三个方面：

一是在现象学视野中论证中西哲学的不同，论证他们基于不同的起点，并具有不同的发展路线："如果我们把现象学解释学的'居中'特点称之为解释学特征的话，那么，就可以把过度的解释称之为强解释学特征，而解释不及则可以称之为弱解释学特征。这两者虽然就解释程度的强弱而言存在着差别，但就它们都偏离了现象学解释学的'居中'态度、都认为真理存在于其中的一方来说，却又是相似的。过度和不及，都不是现象学的态度。"[1] 如果说，文本与解释者作为解释的两极，理想的解释是一种"居中"的行为。所谓居中，就是现象学所追求的科学哲学，能在文本与解释者的个人视域之间达到一种平衡。其中，如果文本的力量过强，则被称为强解释学特征；反之，如果解释者个人的力量过强，则被称为弱解释学特征。以这一居中态度为标准，中国的哲学具有强解释学特征，存在着解释过度的情况。因为中国哲学的解释却常常偏向了文本一方，把自己的理解与解释归之于作者和文本，并以肯定文本为主要方向。在解释的过

---

① 严春友：《现象学视野下的中西哲学的解释学特征》，《河北学刊》2004 年第 5 期，第33 页。

程中，读者以对文本的解释为目标，将读者思想融合到文本之中。因此，中国的解释学符合上文所说的强解释学特征。与中国哲学相反的是，传统西方哲学则走向了另一个方向，即弱解释学方向，存在着解释不到位的状况。也就是说，西方哲学的解释方向强调解释者个人的力量，相对忽视文本的力量，符合上文所说的弱解释学特征。它表现为哲学发展过程中具有强烈的批判性。在哲学史中，哲学文本表现为一个思想体系，西方哲学发展的历史正是一个体系推翻另一个体系、否定另一个体系的活动。在这种否定中，进行批判的哲学家认为只有"我"的理解才是唯一正确的，应对前人的文本与思想进行批判与否定。因此，这些哲学家所重视的并不是对前人思想或文本的解释，而是自己的理解和自己的体系。其对思想的理解是以我为主，文本是从属性的。以上文解释思想的强弱进行判断的话，西方哲学家的思想活动偏向了自己这一边，"我"的思想要强于文本所携带的思想。它们对文本的解释能力是偏弱的。这并不是一种"居中"的解释，而是一种弱解释学。在这里，中西哲学的发展路线，是它们不同的"现象学态度"的表现方式。

二是在现象学视野论证中西哲学存在的合理性。由于现象学以意识意向性作为知识产生的前提，而每个人的意识意向性都建构于不同的生活世界，都有其存在的合理性。正如我们在上文中所提到的那样，在现象学的视野中，个人视域是知识产生的基础，这同样适用于不同的哲学思潮与文化共同体。因此，中西哲学之间的不同，本质上来自源于中西所拥有的不同的地理环境、现实问题和文化背景，易言之，来自于中西文化所拥有的不同"个人视域"。过分纠结于二者的不同，不是真正的现象学"回到事情本身"的态度。"从现象学的视域看，中西哲学所表现出的强解释和弱解释都有偏颇，都还没有'回到'事情本身，因而是不足取的。"①

三是现象学为中西哲学的融合提供了前提与基础。目前，对于哲学未

---

① 严春友：《现象学视野下的中西哲学的解释学特征》，《河北学刊》2004年第5期，第35页。

来的发展，大部分学者都有一个共同的预测，那就是中西哲学的碰撞与融合，尤其是随着全球性或世界性问题的增加，解决这些问题也需要全球性公共或人类命运共同体的视域，这使得人们从不同的角度探讨共同问题的机会越来越多。现象学所论证的个人视域与公共视域的关系，为全球性问题公共视域的产生提供了一个前提与方法。以现象学方法为基础，中西哲学之间的关系不再是竞争和分裂的关系，而是对话与合作的关系。在这里，海德格尔的存在论与中国哲学之间的关系证明了这一方向的可行性。海德格尔对我国古代老庄哲学的兴趣固然有着哲学思想的原因，但是，在他本人的思想发展过程中，他确实受到过道家哲学的影响，或与这一哲学思想产生过内在的共鸣感。因此，海德格尔的理想之一，就是希望用老庄哲学重新审视西方哲学传统。在海德格尔看来，这种重新审视能为现代技术所造成的人类困境寻求一种解脱之路。这一问题，张祥龙先生已经做了详细的解释。

　　总之，现象学的视野不仅为我们重新解释中西哲学提供了一种新的开端，也为中西哲学的碰撞与融合提供了新的可能，为一些全球性问题的解决提供了不同的路径与方向。从这一角度来讲，如果说哲学是人类的守夜人，哲学促使人们反思自己的问题，使人们在面临危险时不只有一个视野，可以借用不同的方法。那么，作为方法的现象学则论证了这些不同视野的合法性，并为人类通过不同视野解决现实问题的可能性论证了条件与路径。

第四章　现象学视野对生态美学的意义

第一节　现象学视野与生态问题

现象学作为一种方法，其实质正在于对现实中各种问题提供了思考的出发点，这同样也包括生态问题。生态哲学作为一种新的时代问题，需要一种强烈的反思精神。这一反思精神要求我们不仅能够反思人类哲学史的起源与发展，同时也能反思人类哲学思想的局限与问题，并能回答新的时代性问题。从整个西方 20 世纪哲学的发展来看，能够具有这种彻底的反思精神的哲学思潮当属现象学。这是因为，现象学起源于当代的精神危机，并从不同角度回应了这一危机。从胡塞尔到海德格尔，从梅洛-庞蒂到列维纳斯，整个现象学运动一直以自己特有的方式关注着人类思维的盲点及其对人类生存和命运的影响。现象学的这种特点，适应了生态哲学所要求的强烈的反思意识要求，为其达成目标提供了恰当的思想资源。而由于现象学反思的需要，其对生态问题的回应，不仅是现象学运动自身发展的内在需求，也是现象学解决现实问题的外在需要。

一、现象学与深层生态学理论

深层生态学的创立者为挪威哲学家阿伦·奈斯。奈斯认为：哲学应追求思想的彻度性，尤其在生态问题上，哲学应由浅层生态学转向深层生态学。在他看来，浅层生态学处理生态危机的方法是：（一）它强化技术的概念，比如通过技术来净化空气和水，缓和其污染的程度；（二）它强化法律和规定，希望用法律许可规定把污染限制在许可范围；（三）它强化环境的概念，认为环境只与个人的生活范围有关。可以看出，浅层生态学理论仍然强化人类的技术、规则和个人的环境，不可能解决全球性生态危机。与这种浅层生态学理论相反，深层生态学从整体生物圈的角度来评价污染。它关注所有物种和全球性生态系统的良性发展，而不是把注意力集中于某个人一己的生存环境。

深层生态学的追求，受到许多哲学流派的影响，比如部分原始宗教仪式和信仰、东方佛教、希腊晚期怀疑论、斯宾诺莎、达尔文、华兹华斯、19 世纪浪漫主义运动、现象学、海德格尔、怀特海等人的哲学。从深层生态学的发展来看，现象学只是深层生态学发展过程的一种理论资源。但是，如果我们仔细分析深层生态学的要求，就会发现，它与现象学的精神有着密切的关系。在某种程度上，深层生态学所构建的人与自然的新关系及其环境伦理，只有通过现象学对整体主义新的阐释才有可能达到。

深层生态学要求"原则上的生物圈平等主义"。这种平等主义必须将地球视为一个整体的系统，将人视为生态整体的一个环节。在这里，我们可以看到，深层生态学思维与现象学思维具有一种相似的模式：深层生态学把地球视为由一个整体的要素组成，是由各种实在构成的联结在一起的"无缝之网"。其中，人和其他生物都是这个无缝之网中内在关系场中的一个结点，是它不同的表现形式。因此，如果我们把个体视为一种可脱离各种关系之网而彼此分离的实在，那我们就打破了实在的连续性，破坏了这个网的整体性。可以说，深层生态学上述中心原则，在某种程度上正是现象学将"生活世界"理论应用于生态问题。浅层生态学将自我与环境相分离，将人与自然相分离的方式，并不足以解决日益严重的生态问题。反之，浅层生态学高扬人类技术、区分人与环境的做法在某种程度上正是形成生态危机的思维方式。浅层生态学所使用的思维方法，在某种程度上正是形成生态危机的根源。而要彻底地反思生态危机，就需要对人与自然的关系进行重新定位。现象学生活世界理论为这一新的定位提供了思想基础，启发了深层生态学对人与自然关系的思考。对于深层生态学来讲，在存在领域中，并没有严格的本体论划分。也就是说，世界根本不可能分为各自独立存在的主体与客体，人类世界与非人类世界之间也不可能存在一个明确的分界线。人们时刻处于整体之中，这种整体是由各种各样的关系组成。关系思维强调一物与另一物的依存性，认为这一物与那一物之间并不存在严格的界线。"只要我们看到了界线，我们就没有深层生态意识。"①

　　同时，深层生态学要求一种新的环境伦理，即奈斯所谓的生态智慧，深层生态学的基本原则是每一种生命形式都拥有正当生存和发展的权利。也就是说，在现实中，人们要生存，必然需要杀死其他生命，这一过程正是生态基本原则的体现。不是说我们为了尊重生命或生态原则就不去杀死别的生命，而是说，我们自己也拥有正当生存的权利。因此，深层生态学的一个基本原则就是：如果我们没有充足理由，我们就没有权力毁灭其他生命。反之，当我们为了生存的正当理由去毁灭其他生物时，并不代表着我们的行为是非生态的。这一行为仍是符合生态原则的。在这一原则中，如果人们为了商业、贪欲等非正当的理由去毁灭生命时，那么他的行为则是非生态的。同时，随着人类的成熟，人类能够与其他生命产生共情，知道他们之所需并与他们同甘共苦。也就是说，深层生态学最终所依赖的动力，来自于"人类的成熟"。奈斯认为人类需经历本我到社会自我再到生态自我的转变，才有可能认识到自然对自我的构建性，才能在自我的意识领域中构建并真正认同生态的基本原则。而要达到这样一种境界，只有促进人性的全面发展，使个人产生对于他者的认同感，并在认同他者的同时

---

① Fox, Warwick, 1984, *Deep Ecology:A New Philosophy of Our Time? In The Ecologist*, 14,(5/6) pp.194-200. 转引自雷毅：《20 世纪生态运动理论：从浅层走向深层》，《国外社会科学》1999 年第 6 期，第 29 页。

深化对自然的认识。在这种深化的认识中，人们可以意识到自我的完善与提升，意识到自我生命的质量。

在这里，我们看到，奈斯深层生态学与现象学思维有不太一致的地方。在他看来，自我实现、自我完善仍是实现深层生态伦理原则的根本动力。但是，我们不禁会问，深层生态学以什么样的基础构建这种生态自我呢？因为自我始终生存于一个特定的世界之中，自我提升自己的动力、自我思维的走向等都奠基于一个特定的世界，离开了这个世界，自我就是一个无源之水、无本之木。也正因如此，"环境伦理学之父"罗尔斯顿认为：深层生态学者本质上都是激进的环境主义者。他们将生态学原则上升到了形而上学的高度，使其几乎成为一种宗教。但一旦一个理论上升到宗教，就会激起人们的警惕或让人生疑："环境伦理学一定要弄得这么'深'，才能算得上完备吗？"①深层生态学将自我实现作为实现环境伦理的基本动力，本质上进入现象学所批判的实体思维之中，将自我视为一种可以离开自然的实体，否认事物在人的意识中显现的现象学准则。这些对现象学基本原则的背离，构成了深层生态学最根本的理论盲点——"自我实现"是一个目的论概念，它存在于那些具有明确自我意识的存在物身上，而那些无意识的存在物有没有自我的概念？如果没有这种概念，这些事物如何能够自我实现呢？如果这些无意识的生物不能自我实现，那么，以自我实现为目的和追求的深层生态学是不是正在对千差万别的自然物进行分类甚至分级呢？这种分类与分级的做法还能不能保证深层生态学所提倡的万物平等理论？能不能赋予自然物平等的权利与价值并保证生态原则的推行呢？在这里，我们可以看到，"深层生态学也无法提出理论自洽与实践可行的理论体系。"②

---

① ［美］霍尔姆斯·罗尔斯顿：《环境伦理学的类型》，刘耳译，《哲学译丛》1999 年第 4 期，第 19 页。

② 郁乐、孙道进：《试论自然观与自然的价值问题》，《自然辩证法研究》2014 年第 9 期，第 114—115 页。

二、生态现象学理论

明确将现象学理论应用于生态问题的，是现象学运动的最新流派——生态现象学。生态现象学的代表人物主要集中在美国。美国生态现象学家考哈可的著作《灰烬与星辰》（1984）、埃文德的著作《自然的异化》（1985）是将现象学应用到生态领域的最早尝试，而大卫·阿伯拉姆斯的《感觉的魔力》（1996）则被视为"目前为止最有成效的生态现象学著作"（U. 梅勒语）。自 20 世纪 80 年代以来，西方一些具有现象学背景的学者，开始关注人与自然的问题，并把现象学和生态学结合起来，追问形成生态危机的伦理学前提和认识论根源，试图重新定位人与自然之间的联系。在这一思潮中，产生了蔚为壮观的生态现象学，至今仍发挥着重大的哲学影响。"生态现象学是这样一种尝试：它试图用现象学来丰富迄今为止主要是用分析的方法而达致的生态哲学。"① 生态现象学不仅是现象学作为一种哲学方法在生态问题上的具体应用，是现象学方法的实践形态，也是现象学哲学的最新发展，是现象学基本理念与具体问题的结合。这种结合，也体现了现象学作为一种方法所具有的与时俱进的理论品格，展示了其应用于现实问题的广阔前景。

（一）生态现象学的基本原则

如上文所述，现象学是让事物是其所是地显现的学问，那么，"'生态现象学'也就可以理解为：让自然之生态事实客观地呈现出来的理论。"② 生态现象学的首要问题就是让生态事实如其所是地呈现出来。因此，生态现象学要做的第一件事就是对生态问题进行现象学还原，厘清生态问题形成的原因。在这一过程中，与浅层生态学将生态问题归结为环境问题不

---

① ［德］U. 梅勒：《生态现象学》，柯小刚译，《世界哲学》2004 年第 4 期，第 82 页。

② 赵玲、王现伟：《国外生态现象学研究述评》，《科学技术哲学研究》2013 年第 2 期，第 25 页。

同，生态现象学秉承着彻底的反思精神，反思生态问题出现的本质根源。与环境哲学家将人与环境的问题归结为人类的感觉是被人为创造的艺术所规约的认识不同，生态现象学在现象学所构建的生态整体主义框架中反思生态问题的起因。

从以上的论述可以看出，现象学所追求的哲学态度，是一种反对任何预设和不证自明的科学态度。在这里，现象学的科学态度不同于我们平时的科学理性。后者的科学是指自然科学，而现象学的科学则是指一种追根溯源的态度。因此，现象学与生态问题的结合，首先意味着反思或清理各种哲学对生态危机的论断。而现象学所做的这种清理与反思，同时也遵守着现象学的基本原则：整体主义原则。现象学认为：人类所生存于其中的生活世界是人类生存于世的基本前提，人类所有的思想观念、思维方式等，都奠基于这样一个生活世界。从这一角度出发，生态现象学认为：人类所生存于其中的自然，构成了人类所有问题的出发点。因此，人类只有将自身视为这个自然整体的一部分，才有可能形成真正的生态意识。从这一角度出发，那些把人类从自然中分离出来，通过分析人类概念、思想或观念的形成过程探讨生态危机的形成原因，都不是真正的生态主义，也不可能反思到生态危机的真正成因。因此，生态哲学的出发点在于，它认识到自然与人类的关系危机并不仅仅是一个科学—技术的问题，也不仅仅是一个经济—政治的问题，而是一个如何理解人、如何理解自然、如何理解人与自然关系这种全局性的问题。

生态现象学如何论证这种"自然的统领全局"呢？目前，在生态现象学看来，西方哲学面对这一问题时有两种路径：一是分析的生态哲学路径，二是现象学的生态哲学路径。前者通过分析人类所使用的语言，探讨如何形成一种生态的思维方式；后者则通过如其所是的描述，探讨人的意识显现的真相，通过这种描述寻找到人类意识与自然的关系。面对生态危机，分析的生态哲学试图改变人们对自然的态度，通过环境审美，使人们意识到自我与环境之间的关系。而现象学的生态哲学，则试图让人们意识到人类生存于自然之中的本质，意识到自然对于人类的意义，产生改变自我与自然交往方式的动力。因此，分析的生态哲学强化概念分析和规范论证，以此克服人类中心论，克服自然的唯工具论，克服人类将自我价值凌驾于自然价值的伦理设定。而现象学的生态哲学则试图使人们回忆自我的来源，描述自然对自我的决定性作用，从而勾勒出一种新的人与自然的关系。

在现象学的生态哲学看来，上述那种通过工具或技术解决生态危机的方法，并不能解决生态问题，因为"对自然的纯粹工具——计算性的处理方式是对我们的经验可能性的一种扭曲，也是对我们的体验世界的一种贫化。"① 从这一角度来讲，生态现象学仍是现象学运动的一个组成部分。它所坚守的，仍是现象学基本原则——"让事物是其所是"的描述方法。而正如我们在上文所提到的那样，现象学描述法的最大优势，正在于它排除了任何的先入之见，不承认任何的不证自明，拥有对所有人类知识进行彻底反思的勇气。也正因如此，生态现象学对生态危机的反思，没有囿于人类现存知识的框架，而是以一种追求开端的态度，突破人类现有知识的桎梏，勇于面对现实问题。在这一态度中，现象学通过对生态问题的关注，反思到人类文明的开端与各文明所存在的思维盲点。

（二）生态现象学的基本理论

在现象学"让事物是其所是"精神的指导之下，生态现象学首先描述了人与自然之间构建关系的途径。简要来讲，生态现象学的基本问题，包含三个基本层面，而这三个基本层面，都是现象学基本原则在生态问题上的体现。

第一，生态现象学的基础是生态整体主义。现象学发现，人们都生活于一个特定的生活世界之中。生态现象学继承了现象学这一基本前提认为，我们生存于其中的自然，构成了我们所有人生活世界的最终来源。

---

① ［德］U. 梅勒:《生态现象学》，柯小刚译，《世界哲学》2004 年第 4 期，第 87 页。

生态现象学所得出的这一结论，正是对胡塞尔"生活世界"所进行的彻底反思。在生态现象学看来，胡塞尔所发现的生活世界有一个歧义，这个歧义表现在如下几个方面：对于胡塞尔来讲，生活世界有两种含义，一是生活世界是一个文化世界，它是一个我们每天生活于其中的日常生活世界，包括科学、历史、语言等人类所有的传承物，来源于人类的历史所构造的所有文化语境；二是生活世界是一个纯粹感性经验的世界。即生活世界就是一个结构，这来自于胡塞尔科学哲学的追求。胡塞尔认为哲学的追求应是一种没有前见的科学哲学。但是，由于胡塞尔同时要求科学哲学能找到一种最终的奠基，即他已默认生活世界所塑造的意识具有追溯到这种奠基的能力。胡塞尔将这种能力用"意识意向性"进行表达。这种对终极奠基的要求在某种程度上又取消了生活世界的历史性，"它是一个在思想上拆除了所有高级行为层面及其构造成果、拆除了所有目的、价值和知识层面上的东西之后的产物。在这种拆除之后还遗留下来的东西便是一个感性知觉的世界，感受快乐和不快的世界，感性—身体需要的世界。"① 生态现象学向我们指出了胡塞尔生活世界的歧义性，认为胡塞尔生活世界的歧义性来自于他对生活世界的割裂，也就是说，将历史的生活世界与科学的抽象的生活世界的割裂。实际上，在生态现象学看来，我们只有一个生活世界，那就是在自然基础上所形成的日常的生活世界，科学的、抽象的生活世界与历史的生活世界都来奠基于自然，产生于自然所形成的具体情境之中。

第二，生态现象学认为意识意向性是解决生态危机的核心。在将生态整体主义作为生态问题的基础之后，生态现象学同时指出：要解决生态问题，仍然需要回到人的意识领域，在人的意识意向性的基本观念中解决生态危机。在这一点上，生态现象学表现出强烈的人本倾向。面对生态危机，由于现象学是以反对自然主义开始它的哲学道路，因此，现象学和生

———
① ［德］U. 梅勒：《生态现象学》，柯小刚译，《世界哲学》2004 年第 4 期，第 89 页。

态哲学的结合，必须设置一条路径，使现象学重新走向自然主义。这就要求生态现象学在现象学与自然主义之间寻求一种新的友善的联系。要建立这种联系，生态现象学又回到了现象学运动的根本概念"意识意向性"之中。

众所周知，生态问题的产生，与人类追求主体自由的活动有着密切的关系。如何看待人类活动？从人类的发展过程来看，人类的历史就是一个从自然中逸出的历史。人类要发展，必然面临着如何征服自然的问题，这必然与自然的自在发展发生矛盾。因此，面对生态危机，有一部分学者要求人类回到人兽不分的荒蛮状态，这里面最为典型的就是中国古代的老庄哲学，它对人类的要求就是"心斋"、"坐忘"，回到那种物我不分的混沌状态。也就是说，庄子哲学尽管也在人类意识中探讨生态问题，但是，庄子哲学反对这种用人类意识探讨的方式，认为最好的生态意识是没有意识，即"万物齐一"。与这种完全否弃人类意识的方法相反，生态现象学对生态问题的解决，则始终坚守通过人的意识、对意识意向性进行严格的明证性分析的方法。对于生态现象学来讲，它的目标是要开拓一条现象学的道路，通过现象学方法，描述人与自然之间的经验类型，并通过描述人与自然之间的经验方式，构建自然的本质以及自然在人类存在中的作用，并进而建立生态友好的理性概念。在这里，由于生态现象学从经验描述建立自己的理论起点，坚持在意识意向性的前提下构建自然的观念，坚持在生活世界的基础上探讨自然在人类存在中的作用，表明生态现象学仍是现象学运动的一部分，是现象学原则在生态问题上的应用。

正是由于生态现象学谋求在人的意识领域解决生态问题，从而使生态现象学的基本理论产生了一个悖论：一方面，生态现象学指出了自然是人的意识来源，因此，人类必须意识到自然对自我意识的构建作用；另一方面，生态现象学又强化生态问题必须在人的意识之内解决，因而人还必须高扬自我的能动性，才能在意识中意识到自己的被构成性。因此，从本质上讲，生态现象学对人的意识的构建，是一种意识到自我有限性的意识。这种自我有限性的意识，本质上需要人们对自我的构建过程有一个清醒的认识。从这一角度讲，生态现象学的这种追求，集中体现了当前生态问题的两难性。

第二节　现象学视野与美学

作为一种方法的现象学，对当代人类的思维与知识结构产生了重大的影响。它不仅影响了哲学整体的研究动向，也作为一种新的思维方式为人类所有的学科提供一种新思考角度。如果说，康德在人文学科中完成了哥白尼式的革命，那么，现象学运动则改变了当代哲学的整体背景："胡塞尔的哲学彻底改变了大陆哲学，这不仅是因为他的哲学获得了支配地位，而是因为任何哲学现在都企图顺应现象学方法，并且用这种方法表达自己。它现在是高雅批评的绝对必要条件。"[1] 对于美学来讲，现象学对美学的影响体现在两个方面：从美学学科的外部来讲，现象学为美学研究提供了新的立场与要求；从美学内部来讲，现象学改变了传统美学的发问方式，形成了一种新的美学观。

一、现象学为美学研究提供了新的立场与要求

自现象学产生以来，现象学方法就对美学研究的立场及其在哲学中的作用产生了重要的影响。在哲学家与文学理论家看来，由于现象学为美学研究的关键性变革提供了方法和立场，现象学蕴含着新的美学研究的可能

---

[1]　［美］赫伯特·施皮格伯格：《现象学运动》，商务印书馆 2011 年版，"第一版序言"，第 XXII 页。

性。这种可能性表现在如下几个方面：

首先，在现象学运动的过程中，美学一直是各现象学流派非常关注的内容。胡塞尔、海德格尔、盖格、英伽登、杜夫海纳、伽达默尔、梅洛-庞蒂等人都在关注美学问题。在这里，我们可以举出许多以现象学方法为基础所形成的美学著作，如盖格《艺术的意味》、英伽登的《文学的艺术作品》、杜夫海纳的《审美经验现象学》、海德格尔《荷尔德林诗的阐释》、伽达默尔的《美的现实性及其他论文》……可以说，现象学运动中的每一位哲学家都会关注美学问题，作为方法的现象学为美学研究引进了一种崭新的风格。因此，现象学能给那些根本不属于哲学的学科——如文学批评——带来启发。

其次，在现象学方法的参照下，美学研究呈现出一种全新的格局。从美学角度来讲，现象学对本质直观的追求使得美学研究不再是一种纯理性的研究。现象学并不设定某种特定的第一原理；相反，它反对所有不证自明的假设；同时，现象学也反对归纳，认为归纳并不一定代表普遍的真理。现象学强调通过直观获得普遍性本质。这种既要直观个别例子，又要观察普遍性本质的基本法则，"恰好处于自上而下的美学方法与自下而上的美学方法之间。"① 所以，以现象学方法为基本原则，美学学科的研究内容、研究方法与此前美学研究相比有了巨大的变化。

西方哲学史对美与艺术的理论探讨千姿百态，但是，从现象学方法的角度来看，我们可以发现它们有共同的理论出发点、思维方式和理论盲点。同时，我们也可以看出，整个 20 世纪在美学领域所取得的突破，比如审美关系问题、艺术本质问题、审美价值问题等，都与现象学方法有着或多或少的联系。由于现象学所研究的现象并不是事物，而是人们的意识经验，因此，利用现象学的方法，人们重构了自己的感知和想象。而艺术或审美的经验正属于感知与想象的领域，因此，"作为经验主要部分的艺

---

① ［德］盖格：《艺术的意味》，艾彦译，华夏出版社 1999 年版，第 17 页。

术和作为理解经验方法的现象学之间的亲密接触才会发生。"①

再次，现象学哲学作为学术背景，改变了美学与别的学科之间的关系。哲学的研究对象大致可以分为真、善、美领域；这三个领域之间尽管也存在着某些交集，但总体上隶属于三个不同范畴。对于美在这三个领域之间的作用，传统哲学一直有两种研究倾向：第一种认为这三个领域是哲学研究的三个方面，典型的代表如朱光潜的看法，他认为对一棵松树的看法有三种：一是植物学家即科学研究或求真的看法；二是商人即一种功利态度或求善的看法；三是诗人即一种情感需求或求美的看法。这三个看法平行地存在于现实世界人们的态度之中。第二种认为一种总体世界观的哲学可将上述三种领域联系起来。这里最为典型的就是康德的美学思想，认为审美判断力是一种无目的的目的性和无功利的功利性，也就是说，美是真与善的纽带。这两种看法都以自我与外物的区分为基础，也就是说，传统美学研究正奠基于这种自我与外物区分的意识。以这种区分意识为基础，世界被分为外在于我与内在于我。

在现象学方法的指导下，我们可以看出，美学尽管也从属于哲学的总体范畴，但美学与哲学其他领域的关系不再是一种平行关系，而是一种奠基与非奠基的关系。由于现象学认为我们所生存于其中的世界是一个整体的世界，这个世界在人的意识意向性中显现出来，因此，世界就不可能分为几个不同的领域，而人类对这个世界的探讨也不可能离开了意识意向性的基本原则。传统哲学的真、善、美只有在意识意向性的整体显现中才有意义。因此，对于意识的显现来讲，由于事物在意识中的显现处于不同的阶段。在对这些阶段进行描述的过程之中，为使事物如其所是地显现出来，哲学要对这些阶段的显现进行总体评价与定位，这时才出现了真、善、美的问题。

---

① Sad Tawfik. *The Mothodological Foudations of Phenol Nenological Aesthetics*. ed. A-T Ty-mieniecka, Analecta Hussserliana. *The Yearbook of Phenomenological Research*. Vol. XXXVII, New Queries in Aesthetics and Metaphysics, Kluwermic Publishers, 1991, p.109.

伴随着现象学对科学哲学的追求，真、善、美这三个方面显示出对于科学哲学的不同作用。现象学要求忠实地描述事物在人的意识中显现的过程，并通过这个过程，构造人类能力的来源——生活世界对人的构造性。意识到生活世界对人的意识的构造性，这一方向便是真；能否充实地意识到生活世界对人的意识的构造性，这一方向便是善；使人们产生对真与善追求的动力，这一方向便是美。

尽管不同的现象学家对生活世界的理解不同，有的重视生活世界的先在性，要求现象学能构建出人类能力的来源与起点，这一方向以海德格尔的存在论为代表；有的重视意识构建现象的过程，要求现象学找出意识意向性运行的基本规律，这一方向以梅洛-庞蒂为代表。但对于真、善、美这三个方面来讲，现象学家都认为美将人们从日常的生活经验中拉离出来，关注现象学的基本问题。从生活世界的角度来讲，审美活动是一种惊异的经验，这一经验是意识进行现象学还原的起点。"美并非只是对称均匀，而是显露本身。它和'照射'的理念有关（照射这个词在德语中的意思是'照射'和'显露'），'照射'意味着照向某物并因此使得光落在上面的某物显露出来。美具有光的存在方式。"① 从意识构建事物的过程来讲，美是一种冲力，它使人们开始关注事物在人意识中的显现过程，只有关注这一过程，才能产生真正的现象学态度；而真则是产生了现象学态度之后，人们所形成的对于构建人类意识的那些基本元素的回溯所形成的具体知识；善则是指人们在意识意向性显现事物过程中对显现质量的评价，即人们的意识对事物的显现有没有彻底，还有没有别的指明联系，胡塞尔称为充实性。自胡塞尔的现象学产生以来，人们已经接受了现象学的基本观念——意识是关于某物的意识。但是，由于意识是在生活世界基础上形成的，这就决定了每个人的意识都具有自己的独特性，也就是说，意识与意识对象之间总是受到意识者个人生活世界的影响。这就需要人们对

---

① Hans-Georg Gadamer, *Truth and Method,* Garrett Barden and John Cumming, New York: Sheed and Ward Ltd, 1975, p.439.

自我意识的意向过程或意向能力有一个明确的自我警醒，即我的意识要关涉到所有的指明联系。如果我们不去关注影响我们意识的那些所有指明联系，那么，我们这一次意识所形成的显现本身就是不科学的、不彻底的。因此，对于所有的意识来讲，现象学就给它们一个任务，即要求这些意识能反省自我意识所形成的所有的指明联系。因此，在这里，"关于某物的意识"并不是一个静态的意识，而是一个动态的意识，即不停地反省所有指明联系的意识。而作为一个动态的意识，必然要求一个运动的方向。意识的充实性，正是这样一个方向。也就是说，意识的充实性是这样一个概念：它要不懈地追求意识所有的指明联系，直到回溯到这样一个指明联系。在这里，意识再也不可能再向前追溯，所有的意识都会追溯到这样一个点。在到达这个点之前，所有的意识都要求向这个点回溯。达到了这个点，意识才具有了真正的充实性。在这里，充实性概念实际上为意识行为提供了一个方向，或者提供了一种伦理准则。充实性，正是现象学对善的要求。因此，从现象学对真、善、美的区分来看，美是一种奠基性经验，它使人们产生了真正的现象学态度，为意识回溯意识得以产生的所有指明联系提供了一种冲力，是整个现象学还原的基础，是现象学方法进入整体世界的第一个环节，也可以说，它是整个现象学哲学得以成立的前提。

二、现象学改变了美学研究的具体内容

现象学作为一种新的思维方式，使美学的具体研究内容发生了重大的改变。它对传统美学的研究内容进行了彻底的反思，产生了一种新的基于现象学的美学观。这种新的美学观，包括如下几个方面的内容：

（一）美学的研究对象：审美经验

自从美作为一个现象进入人类的研究视野以来，人们对美学的研究对象主要有两种认识，一是认为美学的研究对象是"美本身"。这是一种非

常朴素的认识，主要发生在古希腊。在现实世界中，人们发现某些事物对人类来讲有着特殊的意义，这种特殊的意义决定了人们从情感上愿意接受它。古希腊毕达哥拉斯学派从这些事物形式上的和谐、苏格拉底从人的功利目的（有用即美）等角度论证这一现象的源起。这些研究，强调某些构成美的因素。这一研究方式一直持续到柏拉图。柏拉图改变了人们的探讨方式。他认为，上述人们对美的研究，都不是一种真正研究的态度。真正对美的研究，应是去追问什么是美本身。可以说，柏拉图奠定了西方美学的研究方向与目标。在他看来，在一些审美活动中，人们感觉到"美的"事物，这种感觉本身是不完满的，也是需要克服的，要研究美的来源，还需将这种感觉上溯到一种理性的状态。在这里，我们可以看到：柏拉图认为，在美的研究中，不能过于纠结美的现象本身，而应关注形成美的那些理念，所有美的现象，都首先来自于美的理念。由柏拉图所创立的美学研究方向直接启示了美学作为学科的产生。西方感性主义美学与理性主义美学正是在感性与理性的区分中寻找美学的研究对象与学科定位，认为美学的研究对象是一种混乱的感性。康德美学与黑格尔美学正是这一理论的代表与集大成者。黑格尔之后的部分美学，也是用感性反对理性，其对美学研究对象的认识仍是以理性与感性的区分为基础。

从理性与感性的区分探讨美学的研究对象，本质上仍然认为美是人类主体的一种能力。当然，古希腊柏拉图之前对审美现象的研究，与柏拉图之后的理性与感性的区分有着不同的意义。如果用英语来说明，前者对美的现象认识，实际上研究的是"beautiful"意义上的美，即人类认为某一事物是美的，而人类之所以将这一事物认为是美的，奠基于人与该事物所形成的一种关系。而由柏拉图所开创的"美本身"则将人对事物的抽象能力视为美的本质的来源，这是主体精神形成的基础。将美视为"混乱"的感性认识正是这种主体能力的表现，其集中的体现就是由鲍姆嘉通所创立的"Aesthetics"（感性学），即将美的原因归结为人类主体的一种能力。

从上述"Beautiful"和"Aesthetics"相区分的意义上来讲，现象学对美学研究对象的认识，应该更接近于古希腊"beautiful"的意义。在这一意义上，审美现象①是一种关系中的现象，即事物与人类发生了一种特定的关系。在这一关系中，人类产生了"它是美的"这样一种感觉，因此，在这一过程中，关系才是产生美的感觉的前提。因此，关注于美的感觉还是关注产生这种感觉的关系，昭示了不同的美学研究方向。古希腊对这一感觉的追溯是朴素的，产生了"它是美的"这样的感觉以后，古希腊的追问方向是这一感觉是什么，这与古希腊哲学作为人类儿童时期的思想有关。认识论继承由柏拉图所开创的理念，也在主体自身的能力上寻求产生"美的感觉"的原因。现象学对"它是美的"这一感觉的研究，则是关注"它"与产生美的感觉的人处于一种什么样的关系，并追问人类为什么会在这样的关系中产生这一感觉。在现象学那里，当人类通过意识的意向性显现事物的时候，什么样的显现或人与事物关系能使人类产生这样一种"它是美的"这样一种感觉。可以看出，现象学对美学研究对象的认识，尽管仍然受到认识论的影响，仍然认为美学的研究对象是一种感性的经验或一种直觉；但它并未像认识论一样，仅仅简单地将这一感性经验视为人类主体的一种能力，而是将这一感性经验重新拉回事物与人的关系之中，并在人的意识显现的过程中追问这一感性经验形成的原因与作用。

这样一种作用，在不同的现象学哲学家那里有不同的表述方式，比如，对于盖格尔来讲，美学就是现象学视野中的一种特殊的描述：这一描述与艺术作品的创作与阅读有关，它不仅描述艺术家如何创作艺术作品，也描述人们阅读艺术作品时所发生的事情。他认为，美学并不是使人们知道在艺术作品之中体验到了什么，而是让人知道艺术作品中是否存在着某种特殊的审美经验和特殊的审美价值。对海德格尔来讲，美就是一

---

① 在这里，汉语的审美二字，也不能很好地传达现象学对美学研究对象的认识。因为审美二字过于强调"审"的含义。仍有主客二分的影子。汉语"美的现象"更好地传达了现象学对美学研究对象的看法。但由于目前我国美学研究并没有区分审美现象与美的现象的区别，本文沿用我国美学学科约定俗成的表达方式："审美现象"、"审美经验"，特此说明。

种"诗意栖居"的方式；对于伽达默尔来讲，美就是一种惊异的诠释学经验；对于梅洛-庞蒂来讲，美就是意识意向在构建事物时的"一种原初秩序的显现"。但是，与认识论美学相比，现象学美学整体认为：美学的研究对象是人类意识在构建意识现象时的某个特殊经验，或者说，是意识显现时所拥有的某种特殊的意义。这一经验或意义不是一种主客二分的经验，而是一种以意识意向性为基础的对主客"统一体"的经验。从这一角度讲，现象学美学是对认识论美学的超越，而不仅仅是认识论美学的否定。

（二）现象学视野中审美经验的本质

由于现象学以意识意向性为基础，以描述事物在人的意识中显现的过程与方式为手段。在现象学运动的过程中，对意识意向性的研究，尤其是胡塞尔后期对"发生现象学"或者对生活世界的研究导致了对现象学运动的两种理解，并形成了现象学运动的两个方向：一是研究意识意向性得以形成的原因与动力，即意识形成的前提。这一方向关注意识具有意向性并能显示事物的原因，认为意识所具有的意向性是人类的一种独特的能力，而人类之所以拥有这一能力，来自于人类文化与社会的长久发展，这些长久发展所形成的文化传统使生活于其中的人形成了特定的意识意向性能力，具有某种特殊的意识意向的方向。属于这一方向的有胡塞尔后期、海德格尔、伽达默尔等人。其中集大成者为海德格尔后期与伽达默尔。二是研究意识意向性如何显示事物本身。这一方向关注意识如何显现事物，认为意识是一种心理现象，强化通过心理学的手段研究意识在显现事物过程中的作用与机制。属于这一方向的有胡塞尔前期、英伽登、杜夫海纳、梅洛-庞蒂等，其中最为有代表性的哲学家为梅洛-庞蒂；另有部分哲学家介于这两种倾向中间，比如保罗·利科尔等。研究如此众多哲学家的审美经验是一个非常宏大的课题，但不是本文的重点。本文仅以上述两个方向为例，探讨现象学运动对审美经验本质的描述。

现象学运动的第一个方向也被称为"发生现象学"或"构造现象学"，意即强化意识意向性产生的原因或构造的前提。这一方向的动力来自于胡塞尔晚期对最终奠基性的追求。在他看来，人类的意识之所以有意向性的能力，来自于"生活世界"对人的意识的构造。胡塞尔发现，"我们当中的每一个人都有它的生活世界。"① 我们在上文中已经介绍了生活世界的基本概念。

生活世界的特点在于：（一）它是我们每个人生存的前提。我们每个人都首先生活在自己的生活世界之中，或者说，只能生活在由生活世界所构成的个人世界之中，被生活世界所构造。人类的所有经验，都只能来自于他的生活世界。人类之所以有产生经验的能力，也来自于生活世界对人类意识能力的构造性。（二）它是超验的。由于我们人类生活在自己的生活世界之中，由生活世界所构成，我们难以客观地回溯这个生活世界。因为我们回溯生活世界的思维也是由生活世界所构成。"生活世界的超验性，一种普遍的超验性，并非传统形而上学或科学的客观超验性，而是给一切科学奠定基础的东西。"② 这种为一切科学奠定基础的超验的生活世界，先于所有的科学。（三）它是一个给定的世界："生活世界原则上是直观给定的世界。"③ 在人类个体生存以前，生活世界就已经存在于那里，我们人类只能被动地生活在一个特定的生活世界之中。不管在哪里，都存在着这个给定的生活世界。在这个世界里，我们与他者共同地属于这个世界，属于这种"作为在这种存在意义上预先给定的世界。"④

海德格尔将胡塞尔的生活世界转向了一个更大的范围——事物的存

---

① ［德］胡塞尔：《欧洲科学的危机与超越论的现象学》，王炳文译，商务印书馆2001年版，第304页。

② ［德］伽达默尔：《生活世界的科学》，载宋建平、夏镇平编：《哲学解释学》，上海译文出版社2004年版，第187页。

③ ［德］伽达默尔：《生活世界的科学》，载宋建平、夏镇平编：《哲学解释学》，上海译文出版社2004年版，第190页。

④ ［德］胡塞尔：《欧洲科学的危机与超越论的现象学》，王炳文译，商务印书馆2001年版，第132页。

在。在他看来，事物"竟然"存在，事物存在构成了所有生活世界的基础。这就是基础存在论的产生。在海德格尔看来，事物竟然存在的原因，来自于世界与大地的争持。海德格尔的世界，在某种程度上正是胡塞尔生活世界在事物存在上的应用。在海德格尔存在论的影响下，伽达默尔发现：生活世界就是人类的历史、文化。他将之称为"传统"或"效果历史"，"海德格尔的存在天命正与传统等同。'存在'按照海德格尔的说法，就是那种承载我们但我们又不能达到对之明确认识和说清的东西，在伽达默尔看来，这种东西就是效果历史。"① 由此可知，"发生现象学"强调对构造意识的前提或形成意识的条件进行理解。但是，由于生活世界的本质，它是人们理解的前提与基础。人们在现实中发生的理解，都是对某一事物本身的理解，而非对这一事物之所以存在的基础的理解。因此，对于这一方向来讲，如何理解生活世界对我们人类意识的规定性，构成了探讨审美经验本质的方向。

在第二个方向看来，这一方向主要探讨意识的意向性是如何显示事物的，因此，他们关注事物在意识中的显示方式。我们以梅洛-庞蒂为例，在他看来，现象学也是关于本质的研究，"在现象学看来，一切问题都在于确定本质。"② 包括知觉的本质和意识的本质。但是，梅洛-庞蒂同时认为，现象学是将本质重新放回存在。在现象学将本质重新放回存在的过程中，现象学发现了人与世界之间的关系，认为人是在自我世界的基础上才构成为他自己。因为他是一个被构成的存在者，因而他所形成的观念包括他自身都受到构成他的世界的影响。人类不可能是一个客观的实体，认识论将人设定为实体的方式并不是真正的哲学。正因如此，作为追求科学哲学的现象学，需要追溯到"生活世界"对意识的构

---

① 洪汉鼎：《伽达默尔和后期海德格尔》，载湖北大学哲学所编：《德国哲学论丛（1996—1997）》，中国人民大学出版社 1998 年版，第 9 页。

② Merlean-Ponty. *Phenomenology of Perception [M]* trans. Colin Smith, Routledge and Kengan Paul, 1962, p.vii.

造性。但是，作为意识显现世界的立足点，生活世界不仅包括了所有的文化传统，也包含了现象学所反对的认识论思维方式，"因为他（胡塞尔——引者注）始终把重返活的言语和活的历史，重返生活世界当作普遍构成的纯哲学任务之前的一个预备步骤"。[①] 这里就预留了一个问题，认识论思维是现象学思维的一个前提，那么，现象学如何产生反对认识论思维或"不科学的哲学"的理论立足点呢？也就是说，对于现象学来讲，最为重要的不是去论证生活世界本身是什么样的，而是厘清并清理人类意识中"不科学的哲学"及其对人们意识的影响。"重返事物本身，就是重返认识始终在谈论的在认识之前的这个世界。"[②] 而哲学的任务就是理解意识与自然之间机体的、心理的或社会的各种关系。也正因如此，梅洛-庞蒂开始清理人类意识与事物之间的阻碍。在他看来，这一阻碍主要来自于现代科学所编织的巨大的知觉障碍。因此，现象学的主要任务就是找到一种方法，以摆脱科学观念的束缚并促使人们回到人与世界的原初体验。

可以看出，梅洛-庞蒂的哲学，强调人与世界之间的前科学的朴素体验，即"哲学的意义是一种起源的意义"。[③] 而审美体验正是这样一种原初体验。在追溯这一原初体验的过程中，梅洛-庞蒂认为传统哲学忽视了身体在知觉中的作用。当人们去看某一事物时，实际上是通过人类的眼睛去看，但人类对事物的知觉使得信息直接进入人们的意识领域，身体的中介被快速忽略。但人类所有的知觉，都以一个身体的在场作为其前提条件。从另一个角度来看，知觉其实是身体的一个内部事件。而身体对知觉的中介，正是人类意识与事物之间的朴素的原初关系。正是以这一核心思想为基础，梅洛-庞蒂认为：审美经验的本质，就在于它是一种人的意识

---

① Merleau-Ponty. *Sighns*, Paris, Gallimard, 1960, p.138.

② Merlean-Ponty. *Phenomenology of Perception*[M] trans. Colin Smith, Routledge and Kengan Paul, 1962, p.ix.

③ ［法］梅洛-庞蒂：《眼与心——梅洛-庞蒂现象学美学文集》，刘韵涵译，中国社会科学出版社 1992 年版，第 120 页。

与事物之间的原初体验，这一原初体验直接表现在艺术中，"正是（画家）通过把他的身体借给世界，画家才把世界转变成了画。"① 而通过对这些原初体验的描绘，画家不仅看到了世界，也通过这种看见，看见了自身，看见了自己身体对事物的构成，"当母体内的一个仅仅潜在的可见者让自己变得既能够为我们也能够为他自己所见时，我们就说一个人在这一刻诞生了。"② 也正因如此，"画家的视觉乃是一种持续的诞生。"③

第三节　现象学视野与生态美学

在本书第二章中，我们已经论述了生态美学的研究对象，这一研究对象就是生态整体主义原则下人类的审美经验，生态美学的任务就是探讨这种生态审美经验的来源、本质及其在生态系统中的作用、推进方式等。在我们上文对现象学问题的回溯及其对美学的启示过程中，可以看出，生态美学的研究对象、研究目标以及研究方法，在现象学视野的观照之下，将会呈现出一种不同的理论品格，甚至于我们可以这样说，生态美学必然是现象学的。这不仅是因为生态美学的基本范畴是生态存在论审美观，它所遵循的主要研究方法也是生态现象学方法；也不仅是因为"存在论只有作为现象学才是可能的"④，还因为现象学哲学视野对人类思维方式的改革是生态美学产生的前提，现象学对认识论的反对正是生态美学产生的背景，现象学对人类在世存在方式的探讨是生态思维的本原，而现象学所提出对意识构成要素进行反思的方向，也正是生态思

---

① ［法］梅洛-庞蒂：《眼与心》，杨大春译，商务印书馆 2007 年版，第 35 页。

② ［法］梅洛-庞蒂：《眼与心》，杨大春译，商务印书馆 2007 年版，第 46 页。

③ ［法］梅洛-庞蒂：《眼与心》，杨大春译，商务印书馆 2007 年版，第 47 页。

④ ［德］海德格尔：《存在与时间》，陈嘉映、王节庆译，生活·读书·新知三联书店 2006 年版，第 42 页。

维发展的目标。

一、现象学作为生态美学产生的理论前提

生态美学是"一种人与自然和社会达到动态平衡、和谐一致的处于生态审美状态的崭新的生态存在论美学观"。① 正如我们在上文所提出的那样，这种美学观不可能在强调主客对立的二元论思维的基础上产生，而只能在现象学运动中所形成的"在世存在"的整体主义基础上形成。可以说，现象学为生态美学观的形成提供了一个基本的理论背景。

我们在上文中提到过，"生态并不是美学范畴，但是它可以成为审美的一种视角，当它成为审美的视角时，生态就成为美的重要前提了。"② 生态美学并不是传统意义的美学范畴，而是美学对生态危机的一种回应，是美学关注社会问题的一种表现形式。因此，对生态危机形成的原因以及走出生态危机的哲学思考，构成了生态美学的理论前提。

目前，对于生态危机形成的原因，人们已经形成了一个共识，那就是：认识论的"主客二分"是形成全球性生态危机的根本原因。由于主客二分的基础在于对主体能力的预设，形成了"主体形而上学"。这种对主体能力的盲目自信构成了人们对自然的过度干预和破坏，随着认识论哲学在世界范围的推行，形成了全球性的生态危机。正如我们在上文所说，工业革命是形成生态危机的直接原因，而认识论哲学正是形成工业革命的思维方式。因此，即生态美学的产生前提正是对生态危机的形成原因——即认识论哲学思维方式的反思，而现象学正是在对认识论思维方式反思的过程中产生的，也是对认识论思维最为彻底的反思。"现象学并非泛泛地反对科学，它反对的是将近代自然科学的二元论方法作为普遍真理的做法。……认知关系不是人和世界之间的全部和唯一关系。比认知更基础的

① 曾繁仁：《生态存在论美学论稿》，吉林人民出版社 2009 年版，第 79—80 页。
② 陈望衡：《环境美学》，武汉大学出版社 2007 年版，第 56 页。

事实是'存在',即人生活在世界中这个朴素直接的事实。这构成了包括现象在内的哲学和各种人文学科思考的真正对象和出发点。"①这种对认识论思维方式的反思,构成了生态美学的根本前提。

生态美学的研究对象,究其本质,是在生态整体主义前提下人与自然之间达到一种和谐共存的状态,"生态现象学家们希望的、根除与替换我们的环境危机的观念性的伦理的和形而上学原则又是什么呢?形而上学原则认为现象学立场在于重建思想与世界的共存,或者,更准确地说,现象学的描述立场始于——让我们回到——前分化的体验及精神与世界的统一中去。"②在这种前分化的体验及精神与世界的统一中,生态整体主义是前提,人与自然和谐共存是过程,而人类在这一过程中感受到的一种肯定性经验则是这一过程的结果。因此,生态整体主义是生态美学的前提。要达到生态整体主义,就需要在人的意识领域构建生态环链,并在这一构建的过程中将人类放置于生态环链的某个合适的位置。生态整体主义本质上是由人的意识构建而成。这是人类生存于世不同于一般存在物或生物的特殊性。这种特殊性还表现为:一方面,人是一种生物,是一种物,但人却能超越于一切物;另一方面,具有生命存在的人类又能通过自己的意识超越生命的局限。因此,人的物性与生命性使人性具有无穷的"二律背反"式的矛盾:人身上既有生物性,又具有永恒性;既时刻是其所是,又时刻是其所不是。人之所以拥有上述矛盾,原因在于人拥有意识,同时又能反观自己的意识,能"使自己的生命活动本身变成自己意志的和自己意识的对象"③。意识使得人类拥有不同于自然界所有生物的特殊性,这表现在如下两个方面:

其一,与无意识的自然物相比,人类拥有意识,相比于人类的意识,

---

① 王茜:《现象学生态美学与生态批评》,人民出版社 2014 年版,第 23 页。

② [美]伊恩·汤姆森:《现象学与环境哲学交汇下的本体论与伦理学》,曹苗译,《鄱阳湖学刊》2012 年第 5 期,第 109 页。

③ 《马克思恩格斯文集》第 1 卷,人民出版社 2009 年版,第 162 页。

自然的存在只能是一种自在状态，它只能被人类的意识所构成并在人类的意识中显现出来。反过来讲，对于人类的意识来讲，在终极的层面上，意识所形成的结果，也只有在自我的意识中被认同，对于人类的探求，自然永远回报以沉默。这就决定了，对于自然来讲，人类的意识有可能是一种自言自语、自我论证，人类只能通过在自我的意识中设定标准，来评价自我对自然的探索过程。这是人类的特殊存在状态。从这一角度来讲，认识论对主客统一、符合论真理观的设定，仍是一种意识内的事件，但同时也是人类发展过程中不可避免的一个过程。在主客统一或符合论真理观中，尽管自然作为客体，但人们的意识认为：自然这一客体为人类意识的探索提供了一种客观的标准。这一标准以一个透明的、无前见和无预设的主体为前提。认识论的主客二分，本质上仍是人类意识对人类存在状态的一种设定。那么，人类能设定主客二分的意识来自于何处呢？这也就是说，认识论不能够说明意识的最终来源，在最终的层面上，它并不能说明对认识论进行设定的意识本身的合法性。因此，意识的来源，在认识论哲学中，是一种无源之水，无本之木。认识论哲学所确立的人与自然的关系，本质上是一种分裂的而非整体的关系。在这种分裂的关系中，作为主体的人类，构成了自然物向人显现的基础。但是，人类主体的构成则成为一个不用证明的过程。借用生态的观点来看，认识论中的人类主体，分裂于自然的生态环链，甚至还成为这些生态环链在人的意识中显现的基础。也正因如此，认识论不可能进入生态整体主义。

现象学重新将事物拉回到意识的显现过程之中。现象学在意识的形成过程中探讨人与自然的关系，也在意识形成后构建事物的过程中探讨人与自然的关系。它不仅关注意识对事物的构建过程即意识意向性的能力问题，同时也关注意识本身的形成过程即人类意识得以形成的基础问题。在现象学的视野中，人与自然的关系包括两个方面：一方面，人在自我的意识中建构自然事物；另一方面，自然作为人类的原初生活世界，是构建人类意识的基本要素。由现象学所构建的这种意识与自然的关系，是对人类意识的一种新的认识。它不仅是现象学的基础，也是生态美学和生态整体主义的基础。

其二，与自然界中生存的别的生物相比 ①，人类这种有意识的生物拥有一种完备的表达意识的手段，那就是语言。人类语言系统与动物表达系统的不同之处在于：动物表达系统是一种本能，是一种先天习得，而非后天训练，动物获得的是表达自我的本能习惯。这一习惯只能成为一种本能进行遗传；相反，人类先天获得的是一种学习语言的能力，而非语言本身。由人类所创造的语言系统作为一种文化传承，构建为人类文化史的发展过程，进而形成为各个文化体独具特色的传统。这些传统，又生成为人们生活世界的一部分，为生活于其中的人类意识的形成提供了前提。因此，语言系统不仅仅是意识表达的工具，它更是构建意识的生活世界的一部分。人类与自然都要经过语言系统的定型、构造或规定，才有可能变成一种可被传达的存在。从本质上来讲，主客二分，自然与人类的区分，都是在被传达的过程中所形成的区分，因而是一种人为的区分。这种人为的区分，奠基于语言文化所形成的传统。而任何一种传统，在最终的层面上，都依赖于自然。因此，如何回到语言、回到传统、回到语言与传统产生的自然的整体存在状态？现象学哲学为回到这一整体存在状态提供了可能。

二、现象学为有限性经验作为一种肯定性经验奠定了基础

生态整体主义前提要求人们将人类定位于生态环链的一部分。作为生态环链的一部分，人类有自己的特殊性，但人类特殊性的前提是，他是生态环链的一个节点、一个环节或一个部分。这是生态视野对人的存在方式

---

① 目前，已有许多环境科学家指出，自然中生存的生物，除了人类之外，有许多别的生物也是有意识的，许多科学家通过对海豚、猩猩或家养宠物等动物的研究，指出这些生物有一定的意识。本文对这些研究持肯定态度，但认为人类的意识与动物的意识有着根本性不同。

的根本定位。这一定位与认识论的定位不同，认识论以主体形而上学为基础，认为主体是万物存在的前提。在认识论中，作为肯定性经验的美学来自于这样一个事实：主体认识外物，外物的某种形式符合主体的需求，从而佐证主体思维的正确，肯定主体的存在方式。因此，在认识论美学中，美学的肯定性经验来自于主体的自由感。但人类无节制的主体自由正是形成生态危机的根源。

在认识论的视野中，人类作为主体，主体的不自由感是人类的一种否定性经验。以认识论作为人类思维的前提，必然会导致更为严重的生态危机。因此，在生态美学中，人们必须寻找肯定性经验的另一种哲学思维方式。而现象学正是这样一种思维方式的前提。在现象学哲学中，由于人们必须生存于一个特定的"生活世界"之中，他的意识、他通过意识构建世界的方式，都会被这个"生活世界"提前规定，从这一角度来讲，人类的存在方式，就是海德格尔所谓的"此在"。"此在"的本质在于它是一种有限性的存在方式。海德格尔前期曾将这种有限性的来源归结为人类"向死而在"的过程之中，"他决定使人类的在世经验成为思考这个'有限'存在的起点。有限意味着什么？与之相反的就是永恒。有限必须有一个终点，有类的生命必须有一个终点，这一绝对的事实提升了每一个瞬间的价值。"① 这种向死而在，是人类生存于世的根本的境域性限制。海德格尔认为，这种先行到死的体验，这种向死而在的生存方式，是人们选择自己的人生道路的前提。在向死而在的过程中，当此在意识到自我的选择提升了自我生命的意义时，就感受到一种前所未有的对自我存在的证明，海德格尔将这一证明视为美的来源。

可以看出，前期的海德格尔，本质上并不是生态的。在某种程度上讲，他是反生态的，因为在他的"向死而在"的生存选择过程中，此在应对生存极限性挑战的方式，仍来自于他有面向"向死而在"的能力与态度。

---

① ［美］理查德·E.帕尔默:《美、同时性、实现、精神力量》，孙丽君译，《世界哲学》2006年第4期，第70页。

在这里，海德格尔实际上已经将"此在"有面向"向死而在"的能力作为一种预设。这种预设，与认识论对主体能力的预设仍有着异曲同工之处。海德格尔显然并没有说明人类为什么会有这种"向死而在"的态度并有能力在这一态度的支配下进行自我的选择。甚至于我们还可以看到，在前期海德格尔的潜在意识中，他仍然把人能自由地选择"向死而生"的态度视为美的来源。在这里，我们仍可发现海德格尔对主体自由能力的向往。这一向往，使得海德格尔前期的哲学思想仍有着认识论的余存。在这里，作为有限性的此在，有限性并没有作为一种肯定性的经验，它仍是一种需要被克服或超越的否定性经验。

在生态美学中，生态整体主义前提规定了：作为生态环链一部分的人类，只能是一种有限性的存在方式。而美学这一术语则表明：人类安于自我的有限性中并将这种有限性视为自身的命运，甚至于将这种有限性视为人类构建所有外在事物的基础。这种将自我有限性经验视为肯定性经验的过程，包括两个部分：一是认为有限性是自我生存的命定、前定，人类要与自我有限性和解，将这一有限性经验视为一种自我肯定性经验。二是在将有限性视为自我的肯定性经验之后，将自我有限性经验视为人类构建外在事物的基础或定向，即不仅将自我有限性视为一种肯定性经验，也将这种有限性视为人类向外拓展的基础，是人类积极探索世界的前提。在这里，在现象学运动影响下的哲学诠释学为有限性经验的肯定性和积极性作出一种全新的解释。

众所周知，哲学诠释学是现象学运动的一部分，哲学诠释学的本体论、方法论等，都是现象学基本原则与存在论、诠释学的结合。哲学诠释学认为：人类生存于世的前提，是人类的传统，哲学诠释学对传统的设定，来自于胡塞尔的"生活世界"和海德格尔的"世界"。哲学诠释学认为：人类都生存于一个特定的传统之中，都有着自己独特的个人视域或前见。在认识论中，这种个人视域和前见是个人有限性的来源，是需要被排除的异见。在胡塞尔的现象学探索中，胡塞尔对这种个人视域持两种

态度：一方面，他认为每个人都生存于特定的生活世界之中，都有个人独特的视域，个人视域构成了个人在自我意识中建构外物的基本前提；另一方面，胡塞尔又认为：要形成公共视域，必须克服个人视域。他对"科学哲学"的强调暗含着这样一个理论前提：哲学应以科学作为追求的方向和评价标准，也就是说，各种个人视域都应被克服各种个人视域所形成的知识必须有一个共同的奠基。前者论证了个人视域是个人生存的根本条件，后者则论证了作为个人生存根本条件的个人视域必须被克服。在这里，胡塞尔现象学产生了一个巨大的矛盾。这一矛盾也体现在海德格尔的追求之中：海德格尔前期的"此在现象学"，将"向死而在"视为此在有限性的来源，并将此在面对"向死而在"的选择视为此在生存意义或超越向死而在存在方式的根本方法："在这个存在者身上所能清理出来的各种性质都不是'看上去'如此这般的现成存在者的现成'属性'，而是对它说来总是去存在的种种可能方式……这个存在者的一切'如此之在'首先就是存在本身。"① 在《存在与时间》里，对于海德格尔来讲，时间是构成此在向死而在的原因，是此在有限性的源泉，构成了此在根本的限制。为了挣脱时间对此在的限制，此在通过理解"向死而在"的生存命运，并选择追求生命的意义来超越这一有限性。也可以这样说，向死而在是此在的一种被抛状态，对此状态，此在无能为力，此在只能通过尽量理解这一状态并进行选择。通过这种理解，使生命充满意义，并通过对生命意义的追求来超越时间的限制、克服生命的被抛状态。海德格尔在后期意识到，将此在的超越性奠基于此在对被抛状态的理解上，仍带有主体意识和不证自明。这一过程摈弃了此在不去理解被抛状态的可能性，并因此拒绝了在这一状态下的生存方式仍具有一定程度的意义。可以说，胡塞尔与海德格尔的前期，本质上追求的是对有限视域的超越性。他们并没有将有限性视为一种肯定性的经验，有限性不是一种美的经验。

———————

① ［德］海德格尔：《存在与时间》，陈嘉映，王庆节译，生活・读书・新知三联书店1999年版，第50页。

在这里，我们仍可以感受到主体论美学的余声。

当现象学运动发展到哲学诠释学阶段时，我们发现，有限性经验已经转化为一种肯定性经验。这得益于海德格尔后期的存在论转向与伽达默尔存在论与诠释意识的结合。海德格尔后期将此在重新放置于现存存在这样一个背景之中，在他看来，每个人只能生活在一个特定的世界之中，都有自己的存在天命。存在天命构成了此在生存的起点，也构成了诠释学哲学的起点。但是，如何理解存在天命对此在的规定性？海德格尔与伽达默尔选择了两种不同的态度：海德格尔认为存在天命构成了遮蔽，此在只有通过诗性的言说，才能去除这一遮蔽。反之，伽达默尔则认为，存在天命是此在生存于世的根基与前提，它为此在意识中理解外物并构建外物提供了前提与基础。离开了对存在天命的理解，意识根本无从知道自身被构建的过程，也无从了解自身视域的有限性。可以说，"存在天命观念曾使后期海德格尔对历史表现了一种悲观的黑暗图画（存在遗忘）。历史是遮蔽的而不是敞开的，整个哲学史被认为是一歧途，这歧途封闭了原始的和新的理解可能性。反之，当伽达默尔以效果历史来诠释存在天命时，他从乐观的人道主义立场出发，给出了一幅乐观的历史图像；历史是无限丰富的宝藏，人能从历史汲取认识并为其自我理解指定方向，'处于传统之中'表现了真理的源泉。"[①]

可以看出，在哲学诠释学的存在天命观中，有限性经验已经生成为肯定性经验。有限性不仅是人类生存于世的前提，也是人们在意识中构建外部事物的基础。只有人们意识到自身被存在天命所规定的有限性，人们才有可能形成效果历史意识，意识到开放自我视域的必要性。也正因为这种对意识现象的新的认识，哲学诠释学将胡塞尔所开创的现象学推进到一个新的层面。

由哲学诠释学所推进的现象学，集中展现了有限性经验如何构成为一

---

① 洪汉鼎：《伽达默尔和后期海德格尔》，载湖北大学哲学所编：《德国哲学论丛（1996—1997)》，中国人民大学出版社1998年版，第10页。

种肯定性经验的过程。作为生态美学来讲，由于生态美学的本质，是生态整体主义前提下人与自然的和谐。而这一和谐的基础，正是一种有限性经验，或者说，是对自我有限性的理解。生态美学要求人们将自我理解为生态环链的一环，由于生态环链的系统性特点，人类在生态环链的位置，受到许多因素的影响，这是一种有限的存在方式。在认识论美学中，这种有限性是人类主体不自由的表现，不具有美学意义。但是，在现象学看来，这种有限性正是人类生存于世的本质。当然，正如上文所述，在现象学运动中，也有许多哲学家仍旧希望超越这种有限性。在这些哲学家那里，有限性仍没有上升为一种肯定性经验。但是，由于现象学指出了生活世界对人的规定性，指出了有限性存在是人类生存的根本状态，从而指出认识论主体自由观的虚妄。尽管有的现象学哲学家仍有超越有限性的冲动，但伴随着现象学运动的发展，有限性是人存在的前提，理解这一前提，使有限性经验变成肯定性经验是整个现象学运动的方向。哲学诠释学对自我有限性作为一种肯定性经验的论述正是这一逻辑的具体表现。而哲学诠释学通过对艺术经验的论述，完整地诠释了"美的经验作为一种站立在家中的经验"的本质。[①] 这种对美的本质的理解，对生态美学有着根本的意义，生态美学的审美经验，本质上正是将有限性经验视为一种肯定性经验。

---

① 参见孙丽君：《伽达默尔的诠释学美学思想研究》，人民出版社 2013 年版，第 144 页。

第五章　现象学视野中生态危机形成的原因

在前面，我们已经探讨了认识论思维和生态危机的产生之间的关系。但是，在现象学看来，生态危机的产生并不仅仅是认识论哲学的问题，它是一个更为复杂的过程。自然作为人类生存的母体，人们不可能不知道破坏这一母体的代价，仅仅从认识论角度探讨生态危机的成因，就失去了对这一问题最终根源的关注并有可能失去修正的机会。从这一角度来讲，我们有必要探讨在现象学视野中生态危机形成的原因。

第一节　意识显现过程与生态危机的关系

现象学将人与事物的关系推进到人类的意识领域，认为人类意识对事物的显现是我们探索所有问题的基础。因此，探究形成生态危机的最终根源，也必须要从人类意识的角度出发，去看一下人类意识在显现事物的过程中所出现的东西及其为什么会导致生态危机。

在前面，我们已经探讨了认识论思维方式是导致生态危机的直接原因，现象学正是对认识论思维方式的反思和反动。这就预留了这样一个问题，认识论思维方式是如何形成的？在这个地方，尽管所有的哲学都有着对开端处重新言说的动力，"哲学，就其本性而言，就是对开端、对本原的追问。"① 但现象学对开端的追问明显比别的哲学流派表现出更为深刻的内容，对未来有着更为重要的启示。"从本质方面来讲，在我们这个世纪，现象学承担的正是哲学的角色。事实上，尼采把形而上学引向终结并实现了它的所有的可能性——甚至是颠倒过来的可能性——之后，现象学以一种比其他任何理论更加彻底的首创精神开创了一个新开端。"② 可以说，现象学对生态危机起源的思考，首先就来自于这种对开端的不同理解。

我们已经指出了科学、理性与生态危机之间的关系，生态危机本质上是一种科学的信任危机。那么，科学、理性的态度，本质上也是意识中的一种现象，这一现象又是如何形成的呢？可以说，厘清科学、理性的成因，是我们探讨生态危机的基础。这就需要我们向人类思想的源头回溯，探讨科学、理性取得霸权的过程。

一、个人视域的遗忘

现象学认为：生活世界构成了人类意识的前提。在古希腊时期，这一前提正是人们的一种朴素的信仰，是哲学思想探讨的中心。在古希腊哲学家看来，每个人都生活在自己的私人世界并拥有个人的私人视域，这是哲学思想探讨的前提，也是一种自然的观点。而哲学的反思，正是对这个私人世界和自然观点的反思。在此，赫拉克利特是这一反思的第一人。他认为：在人类通过意识把握事物的过程中，由于人类意识局限于自己的个人视域，因此，他对事物的把握只是基于自己个人视域中的把握，是一种偏颇的把握。真正地对事物的把握应该是一种人家都认可的把握，即应该存在一个公共的视域。这一共同的视域包含了所有的个人视域，即使我们在某一个阶段未形成公共视域，我们也应该设立一种导向：个人视域向公共视域的敞开。这种对公共视域的追求或个人视域向公共视域的敞开，就是

---

① 朱刚：《开端与未来——从现象学到解构》，商务印书馆 2012 年版，第 20 页。

② ［法］让-吕克·马里翁：《还原与给予》，方向红译，上海译文出版社 2009 年版，第 1 页。

哲学思想的任务。这一任务首先由赫拉克利特认可。其后的普罗泰戈拉则反对由赫拉克利特所设立的对哲学的理解。他认为：对于人类来讲，只存在他们的私人世界，而不存在一个超越于这种私人世界的共同世界。评价事物是否存在的标尺是人类，只有人才是万物的尺度。而人只能感知自己的私人世界，并不能感知一个公共的世界，因此，公共世界是不存在的。也就是说，普罗泰戈拉认为：由于每个人都只能生活于自己的个人世界，因此，人们只拥有一个个人视域，这个个人视域构成了万物的尺度。个人视域之间并没有形成公共视域的可能性。

普罗泰戈拉的绝对的相对主义，与赫拉克利特对公共视域的追求构成了两个相反方向的命题。二者对公共视域的态度，构成了其后哲学家对哲学本身的不同理解。其后的巴门尼德构成了上述争论的第一个合题。他认为：尽管人们都生活在各自的私人视域中，但由于人们生活在一个共同的世界之中，有共同关注的问题，因此，人们必然会追求一些共识。在追求这个共识的过程中，人们都具有向一个共同世界敞开自身的能力，这种能力就是精神（希腊文为：nous）。精神是思维的本质，而思维的本义就是"关注和观察某一件事"。

由于思维是关注和观察某一件事，沿着这一思路，人们产生了这样的一个疑问：思维的关注与观察能不能得到实事？对此怀疑再深一步，人类的思维与观察只是人们自己的主张，此主张是否是有关于事物的主张？这是一个值得怀疑的问题，此怀疑由爱利斯的皮浪开始。他认为：人们所得到的只是人们对某一问题的个人主张，此主张游离于实事本身之外，实事和人的主张之间永远是不可及的。因此，人类所能做的便是对于实事悬搁而只关注于各主张之间的合理与不合理，以便不再坚持某一个主张。这样，皮浪就进入了一种绝对的怀疑主义。

皮浪的这种怀疑主义仍然坚持着一定的哲学前设，那就是对实事不进行判断，而只关注人类自己基于私人视域提出的个人主张。在这样一种哲学目标中，皮浪的怀疑就成为哲学的一种假定。哲学就是一种怀疑精神，这种怀疑精神在认识论"我思故我在"的哲学设定中得到了最大限度的发展。"因为它完全否认这个基质对于我们的精神是可及的；实事的存在是在这个可及性的范围之外发生的。这个存在的遮蔽性将人的精神掷回到它仅仅所能及的区域中去：显示性的区域、显现。故而人的可能仅仅在于，不是在这个区域之外、在这个区域的彼岸，而是在这个区域的此岸，在它自己这里，在显现方式为之而显示的人的本己精神之中寻找基质。"①

　　怀疑主义本质上基于公共视域与个人视域之间的矛盾：在西方哲学的开端处，哲学所选取的立场是预设公共世界的存在，并由此认为公共视域的重要性大于个人视域。巴门尼德对精神的重视，本质上将精神的敞开视为接近公共视域的根本途径。而皮浪的怀疑主义，则将精神的本质设定为怀疑精神。其后的柏拉图和亚里士多德正是继承巴门尼德的观点而反对普罗泰戈拉的相对主义，他们都认为：虽然我们处于个人视域之中，但是，仍然存在着这样一个共同的世界，哲学所追求的，乃是这个共同的世界。而哲学之所以能追求这个共同的世界，则是因为精神的存在。因此，探讨精神及其对公共世界的建构过程，就成为哲学的主题。中世纪神学、认识论哲学正是这一思路的体现。

　　中世纪神学与认识论哲学，尽管看起来有着不同的哲学思路，甚至于在某些地方是针锋相对的，但从上述公共世界与私人世界的关系来看，二者本质上是相同的：二者都认为哲学所追求的应是一个公共视域；也正是因为这种相似的追求，二者也有一个相同的逻辑困境：二者对公共视域的设定都是一种不证自明的设定，即二者都不能证明公共视域是如何形成的。这样，公共视域在成为哲学理论前提的过程中，对公共视域本身的设定就成了一种无源之水、无本之木。这样，上帝、主体就成了公共视域之所以成立的理论基础。"在这里，在《旧约全书》和《新约全书》的上帝创造者

---

① ［德］克劳斯·黑尔德：《真理之争——哲学的起源与未来》，《浙江学刊》1999 年第 1 期，第 16 页。

的旁边，走出了创造性的艺术家——一个'上帝的替身'、另一种上帝。"①

因此，如果我们回到开端，就会发现：以公共世界与个人世界作为线索，西方哲学主动选择了一条追求公共世界的道路。在这一道路中，由思维、精神、怀疑精神再到主体精神，都是人们在追求公共世界的过程中对人类精神能力的一种发掘和拓展。而主体精神，正是形成生态危机的原因。以追求公共世界为目标，人们重视的是公共的视域。而公共的视域，则需要对人们的精神能力进行一种抽象的假定，即认为每个人本质上都具有相似的能力，这种能力不需论证、毋庸置疑，这正是康德先验理性精神的来源。也正是通过康德的哲学，怀疑的精神经过精巧的理论论证，成为人们探讨问题的出发点。认识论由此占据了哲学的主流。个人的生活世界、个人的视域成了一个被遮蔽的存在。这正是我们在上文中所提到的主体形而上学的形成过程，而主体形而上学，即将主体精神视为人类的本质，正是生态危机形成的直接原因。

从这一角度来讲，现象学对公共视域与个人视域的重新关注，使得人们开始反思被中世纪神学和认识论哲学所遮蔽的个人视域，为生态危机的形成原因追溯了一个新的哲学的开端。也就是说，表面上来讲，认识论思维方式是形成生态危机的直接原因，但认识论思维的形成，奠基于西方哲学在开端处的选择。而随着认识论哲学在世界范围的霸权，这种思维方式扩展至全世界，构成为世界性的思维方式，使生态问题扩展为一个全球性的问题。其中，语言正是认识论思维方式传播的根本，对这一问题，我们将在下一节考察。

二、个人视域的遗忘对生态问题的影响过程

西方哲学的开端对公共视域的选择及哲学史对公共视域的推进，使得个

---

① ［德］伽达默尔：《言辞与图像中的艺术作品——"如此的真实！如此的充满存在！"》，孙丽君译，载孙丽君：《伽达默尔的诠释学美学思想研究》"附录"，人民出版社 2013 年版，第 331 页。

人视域一直处于遗忘状态。可以说，生态问题，本质上正是个人视域被遗忘慢慢积累而形成的一次总体爆发，也是西方哲学发展过程的局限性在人与自然的关系中一次全面的彰显。

首先，现象学指出生活世界是人类生存的前提，而生活世界并不是一个抽象的世界，而是一个活生生的世界。存在着两个不同方向的生活世界：公共世界与个人世界。在上文的论述中，通过现象学的考察，我们可以看出，如果我们坚持现象学的基本前提——实事就是事物在人的意识中的显现，如果我们忠实地描述事物在人类意识中显现的过程，就可以发现：由人类所描述的事物，既包含着一个文化体的共性描述，也包含着个人的个性描述。但是，西方哲学通过精神、怀疑的精神或主体的精神等，对人类的意识进行了初步的定向，认为人类意识基于人类的某种共性。即不管人们拥有怎样不同的个人视域，这些个人视域都会服从哲学对人的意识的整体定性——它们都是精神的不同表现形式。

如果我们用现象学的生活世界理论去界定西方哲学对精神的探讨路径，就会发现生活世界本质上可以分为两种：一种为一个文化体的共同世界，即每一个文化体成员都受到其生活于其中的这个文化体的影响并关注这个文化体关注的共性问题。比如当洪水危及了这个文化体的整体生存时，以一己之力不可能战胜这样的危害，战胜洪水就构成了这个文化体的公共问题。人们需要形成共识，这种共同的处境及所需达到的共识就构成了这一文化体的公共视域。作为一种文化传承，形成了这一文化体的历史记忆而传承下来，构成下一代生存的前生活世界，构建为这个文化体的独特的文化特征。所有的私人视域，都会受到这个公共视域的影响，并在某种程度上被这个公共视域所决定。另一种则为活生生的个人视域或私人视域。这个私人视域受到公共视域的影响，但是，作为一种个人的成长经验和个人活生生的生活本身，私人视域也有着自己的独特性。这种独特性不仅体现为对公共视域的不同理解，也体现为在某种程度下，个人因某种原因对公共视域的质疑与挑战。当个人因特定的生活经历，比如出国，在面对另一个文化体时，意识到原有文化共同体的种种特点，从而产生了对原有文化体的重新思考。从视域产生的过程来看，私人视域不仅是存在的，对于个人来讲，私人视域是在他的生活经验过程中首先感受到的一种活生生的存在，而公共视域则是通过对个人视域的影响，才有可能进入个人视域并形成为人的活生生的生活经验。我们也可以借用胡塞尔本人对颜色的感知作为个人视域与公共视域关系的注解：花朵的红色首先作为一种活生生的体验被直观地把握到，它们都是直观中被直接给予的。但是，人们对这一颜色的定性，最终要通过"红"这一文化共同体的共同定义而被重新感知。这种"红"的定性是无法通过直观而被直接把握的。尽管"红"无法被直观地把握，但却构成了文化体界定红花的先验形式。① 也正因如此，生活在个人世界中的个人，"我们先天地知道，在这一文化领域（这一领域已经被提供'那位尚不知道几何学但可以被设想为几何学的发明者的哲学了'）中，事物、物体、前精确的时空性、模糊的形态学类型……以及想象变更的可能性等，都必定已经存在于那里了。"②

其次，个人视域的遗忘导致了人类思维的理性化或抽象化。西方哲学的开端，选择了以追求"理念"为方向的公共视域之路，从而必然忽视了个人活生生的私人世界或个人视域。这也正是西方理念化哲学观的由来。而这种对理念的追求，正是以强调生活世界的公共视域为基础的："科学是人类精神的成就，它在历史上而且对于每一个学习者来说都是以从周围的生活世界（这个世界是以对所有人都共同存在的东西被预先给定的）出发为前提的"③；但是，在现象以前，由于生活世界对人的规定性从未成为哲学的主题，人们从来没有探讨人类的思维、意识与自身生活世界的关

---

① ［德］胡塞尔：《逻辑研究》（第二卷），第一部分，倪梁康译，上海译文出版社 2006 年版，第 276 页，有改动。
② ［法］德里达：《胡塞尔〈几何学的起源〉引论》，方向红译，南京大学出版社 2004 年版，第 139 页。
③ ［德］胡塞尔：《欧洲科学的危机与超越论的现象学》，王炳文译，商务印书馆 2001 年版，第 147 页。

系。哲学所做的，也仅仅是抽象出某种特定的人类思维能力，作为所有思想的出发点，这也正是理念的本质。

对理念的追求，使得西方哲学发展出种种抽象的方式来规范理念本身，典型的如逻辑学，而缺少从理念基础的角度反思理念形成的原因及其盲点。也正是基于这一追求，认识论哲学才蔚为大观。在认识论哲学中，主体形而上学作为一种新的理念，构成了科学、理性等认识论的基础。而主体形而上学作为一种隐而不彰地支配着认识论的基础，使得人类只是基于自身的目的去支配自然，而从不反省自身目的的来源。这正是导致生态危机的深层次原因。

个人视域来自于人类生活于其中的世界，这一世界不仅是公共世界的一部分，也是个人全部在世存在经验的源泉。但是，对理念的追求，导致人们过度追求公共世界理论的抽象性，希望将个人的直接经验上升为抽象的理念经验。这种提升，导致人们不再视自身为一个活生生的存在，而是把自己想象为一个抽象的公共视域的载体，并把这个抽象的公共视域中所认可的真理视为自己人生的追求。尽管认识论美学也有非理性美学或感性美学，但从总体上讲，认识论美学即使探讨人类的非理性或感性，也是把它视为一种理性的补充。同时，在最根本的思维方式上，仍是通过主体的能力去界定非理性与感性的地位。而主体的能力，正如我们上文所说，来自于对人的能力的抽象，本质上完全忽视了生活世界对人类能力的规定性。

在对人类能力抽象化的过程中，世界被分为主体与客体，自然被视为一个纯粹的"物"、客体，是人类认识的对象，而非人类生存的基础和前提，科学成为人类追求的唯一对象。"'理性'是正确方法的关键，而理性的典范就是数学。当然，'理性'可以表示不同的东西。它可以指强加于不羁的大自然的秩序，可以指常识（如用合理性这个术语表示的那样），它还可以指逻辑上有效的论证，就像数学中的论证那样。"[①] 通过理性，人

----

① ［美］托马斯·L.汉金斯：《科学与启蒙运动》，任定成、张爱珍译，复旦大学出版社2000年版，第2页。

们在自然中过度地索取，忘记了人类的来源和生存之本，这正是生态危机爆发的根本原因。

再次，个人视域的遗忘也导致了身体的虚化。众所周知，认识论哲学有一个著名的"身—心"矛盾问题，即认为人类的存在方式可分为身体的存在与精神的存在。在这两种存在中，认识论哲学重视人类精神的存在方式，认为人类的精神是人类面对世界的基础，也是人与人之间产生差异的基础。

自西方哲学确立了以追求公共视域为目标的哲学开端，到现象学产生之前的西方诸哲学流派，在身—心问题的立场上，大体都在重心抑身。柏拉图认为："灵魂与神圣的、不朽的、理智的、统一的、不可分解的、永远保持自身一致的、单一的事物最相似，而身体与凡人的、可朽的、不统一的、无理智的、可分解的、从来都不可能保持自身一致的事物最相似。"[①] 著名的"柏拉图式恋爱"正是一种精神上的恋爱，它所反对的，也正是身体对精神的干预。在基督教的"道成肉身"、"去圣像化"活动中，尽管基督教的"三位一体"认为身体的存在是必要的，但与圣灵相比，它又不是最重要的。"因为随从肉体的人，体贴肉体的事；随从圣灵的人，体贴圣灵的事。体贴肉体的就是死；体贴圣灵的乃是生命平安。"[②] 我们又一次领略了西方思维对身体的贬损。这种对身体的贬损在认识论思维中发展为著名的"身—心"的分裂甚至对立："我对于肉体有一个分明的观念，即它只是一个有广延的东西而不能思维。"[③] 所以，"尽管整个精神似乎和整个肉体结合在一起，可是当一只脚或者一只胳膊或别的什么部分从我的肉体截去的时候，肯定从我的精神上并没有截去什么东西。"[④]

---

① [古希腊] 柏拉图：《斐多篇》，载《柏拉图全集》(第一卷)，王晓朝译，人民出版社2002年版，第84页。

② 《罗马书》(8)，载《圣经》中文和合本，中国基督教三自爱国运动委员会、中国基督教协会2011年版，第5—6页。

③ [法] 笛卡尔：《第一哲学沉思集》，庞景仁译，商务印书馆1986年版，第82页。

④ [法] 笛卡尔：《第一哲学沉思集》，庞景仁译，商务印书馆1986年版，第90页。

当然，也有一部分西方哲学家在"身—心"矛盾问题上强化身体的地位，有褒身抑心的倾向，典型的如尼采哲学，"要以肉体为准绳。……这就是人的肉体，一切有机生命发展的最遥远和最切近的过去靠了它又恢复了生机，变得有血有肉。……因为，肉体乃是比旧的'灵魂'更令人惊异的思想。"① 但是，尼采对身体的重视，并不是对人类身体存在本身的重视，而是哲学思想"重估一切价值"的要求：由于理性成为西方哲学思想的追求，要重估价值，就必须重新评估理性的价值。尼采对宗教、道德、理性、真理等形而上学体系所进行的颠覆，就是使用生理学的身体对抗基督教的灵魂，用非理性对抗理性，用酒神对抗日神。在这样一种哲学前提下，尼采希望用"生命的权力意志"作为哲学思想的本原：权力意志是非理性的，是酒神的冲动，是健康勇敢的超人——简言之，是行走于大地上的身体的意志。但是，尼采对身体的重视，并不是把身体置入其生存的具体世界之中，而是直接赋予身体一种能力或代表性的意义：身体拥有一种要对抗心灵的"权力意志"。在现象学看来，由尼采所赋予的身体的"权力意志"，在尼采哲学中并不能说明自身，它依然是尼采本人对身体所赋予的一种能力，这一能力奠基于尼采本人的赋予过程。那么，尼采本人如何拥有的这一赋予能力并进入这一赋予过程？尼采本人也并没有说明，因此，身体的"权力意志"仍然来自于尼采对自身赋予能力的预设。这种预设，本质上仍是尼采对自身能力的确证或对主体能力的确证，仍是上文所说的思维"理性化"或"抽象化"的表现形式，仍是主体形而上学的一种另类的表达。

身体的虚化，导致了人们在生存过程中，强调人类抽象的精神能力，而忘却了身体在某一个空间的自然的供养过程。这种对身体的遗忘，使得人们在面对自我时，将对身体的超越视为一种价值导向，片面追求精神能力的提升；表现在人与自然的关系上，则是遗忘了人类的下述存在方式：

---

① ［德］弗里德里希·尼采：《权力意志——重估一切价值的尝试》，张念东、凌素心译，商务印书馆1998年版，第152页。

人类生存的前提是身体处于自然之中，作为自然生态环链的一部分，接受自然对人类的馈赠，人类精神对身体的超越，本质上是以身体在自然中存在为前提的。

西方哲学对于身体虚化的处理方式，来自于人从纯生物中逸出的过程。在他们看来，人与动物的区别，来自于人能用自己的精神能力，把握世界上的一切规律，而忘记了自己的身体与自然之间是共存一体的整体性关系，心灵的反思本质上仍处于这一关系之中。心灵的能力，不可能是一种完全逸出于这一关系的客观性的存在。当然，我们也应充分尊重这一探讨心灵和精神的方式。在人类非常渺小、在自然中无法获取主体性的时候，在其身体无法抵抗自然的威力并有可能被自然瞬间吞没的时候，对主体精神、主体自由的追求是人类成长过程中一个必然的阶段。反过来讲，尽管主体精神是导致生态危机的根源，但如果没有对主体精神的推进和探索，我们也依然难以走出现在的生态危机。因为从本质上讲，走出生态危机，需要另一种人类的精神，即将人类视为一种有限的存在者的精神。这一精神的获得，所需要的是一种悲剧性的人类精神：即在精神上承认自我处于一个处境之中，因而是有限的。对于人类的历史来讲，这一追求，所需要的不仅是一个新的开端，还包括对人类能力的一种悲剧性的否定。这种否定，比纯粹的主体精神需要更多的精神力量。

第二节　语言与生态危机的关系

生态危机的产生，从思想根源上看，不仅与西方哲学在开端处的选择有关，而且与西方哲学思想的全球化推进过程也有某种程度的关系。如果一种文化能作为西方哲学的反思者或对话者出现，人们对自身的理性化、抽象化与身体的虚化有一个自觉的反省，那么，情况可能会不同。作为与

西方哲学不同的中国哲学思想，本来可以有效地担当这一对话者或反思者的角色。但是，在全球化的前期，中国哲学思想处于弱势并不能形成有效的反思方式。因此，我们必须回到语言母体之中，在语言形成与传播的过程中考察生态危机的形成与传播过程。

一、两种语言系统对生态危机的影响

语言是人类文明的核心。人类语言的本质是由声音记录下来的意义，而符号的出现，就是为了记录下声音与意义之间的组合。不同的语言系统，本质上就是在声音与意义两极中所持的态度不同。根据这一态度，人类的语言可分为两大体系：表音文字体系与表意文字体系。前者的代表是字母文字系统，后者的代表则是形声文字系统。作为一种表音系统的字母文字，在声音与意义的组合关系上，强化通过语音的区分来标示意义，表音文字系统的核心正在于对声音的重视；与之形成对比的是：表意文字系统尽管也强调声音，但更强调文字或符号本身。表意文字系统中出现的多音字、同音字，以直观的形象显示了表意文字系统在声音与意义关系中对意义的强调。可以说，表音文字以声音为中心，而表意文字则以文字为中心。这两种不同的语言系统对生态危机产生了不同的影响。

（一）表音文字系统对生态危机的影响

1.表音文字与主体精神

在现象学看来，声音现象蕴含着一些重要的"实事"。（一）所有的声音，都会有一个明确的发音者，声音乃是由这个发音者发出来的，因此，对声音的重视，本质上就是对发音者的重视，强调声音发出者对于声音的控制权和意义的解释权。从这一角度来讲，生态危机的产生，主体形而上学仅仅是其直接的根源，导致形成生态危机的深层思维方式，奠基于声音现象之中。正是由于强化声音的发出者，由声音所代表的意义有了一个最初的起源——发出声音的主体，而主体精神正是导致生态危机加剧的根本原因。（二）声音现象要求明确发音者，这导致了发音者与其背景的分离，发音者个人构成了真理的个人视域，而背景形成为真理的公共视域，以发音者为基础的声音现象，必然会产生个人视域与公共视域的关系问题，由个人视域发出的声音能不能成为公共视域中的共识？这一问题必然形成个人视域与公共视域的强烈对峙，从而形成西方哲学、文化探讨的核心问题。在这一问题视域中，希腊哲学的"认识你自己"、认识论哲学的"我思故我在"、现象学对意向性、存在论对存在前提的探讨等，都是以公共视域与个人视域之间的矛盾为基础的。换言之，以声音作为意义的来源，由于把声音的发出者与其背景进行了明确的区分，本质上就是把个体从其背景中分离出来，这种分离构成了人与自然之间分离的基础，不仅构成了西方哲学和文化的根本前提，同时也由于西方文化的全球化，奠定了全球性生态危机爆发的基础。

2. 表音文字与意义交流

西方字母文字对声音现象的依赖，形成了西方文化对意义交流过程的独特理解，这一理解也构成了生态危机的来源。意义的交流过程是一个听与说相互适应的过程，而对发声者的强调必然造成在语言交流过程中对听与说的不同重视，强调说的哲学同时也是强调倾听的哲学。而倾听的前提，则是倾听声音发出者的"说"。"正如亚里士多德早已认识到的那样，倾听的优先性是诠释学现象的基础。"[①] 在西方哲学的语言论转向中，语言的本质被推进为人类生存的条件与思考的前提。语言本身成了一个自足的体系、自足的声音，语言的本质就是一种言说，因此，对于思考的人类来讲，"思首先是一种倾听，是一种自行道说，而不是一种追问。"[②] 在这里，作为媒介和工具的语言在生成为本体的语言和存在的前提的同时，人类要倾听语言的道说，也成了当代西方哲学的最新成果并成为其共识。但是，

① ［德］伽达默尔：《真理与方法》，上海译文出版社 1999 年版，第 590—591 页。
② 孙周兴编：《海德格尔选集》（下），三联书店 1996 年版，第 1083 页。

如果我们去关注倾听的本质，就会发现，倾听的前提，来源于语言被一个声音说出来。在这里，我们可以看出，语言的倾听本质正是来自"语音中心主义"这一现象。"'倾听哲学'乃是基于拼音文字而形成的'语音中心论'的必然结果。"① 而声音这一现象，又奠基于声音的发出者，因此，在某种程度上，倾听的本质，仍然依赖于声音和声音的发出者。从这一角度来讲，声音的发出者仍具有一种思维上的先在性，仍保留着意义控制权，这一权力的存在必然会影响生态思维的产生。

3. 表音文字与时间意识

以声音为中心的字母文字，由于声音的特点是一往不复、一去不返，在这样一种观念中，以声音的发出者为中心，随着声音的传播，声音渐去渐远并逐渐消失。在这种一去不返的声音现象之中，人们对时间的感觉，伴随着声音传播的过程形成线性的时间观念，认为时间是一去不返、一往不复。这种线性的时间观正是西方科学主义的源头。同时，在西方线性时间观中，时间被区分为曾在、现在和将在这三个阶段。这在西方哲学对时间意识的考察中可看出端倪：当前西方哲学的时间意识，大致可分为三个方向：一是强调历史对现在和将来的统摄作用，认为历史不仅形成了现在和将来的生活世界，历史上人们筹划自身的方式也决定了人们将来对自身进行筹划的方式，因此，人类很难跳出历史传统，最能代表这一思想的哲学家是伽达默尔，其代表性的表述就是"效果历史意识"。二是强调从将来的时间意识出发，认为人类能在历史传统之外产生一些不受历史与传统制约的创造性意识，这些创造性的意识为人类将来提供蓝图并指导我们面对现在和历史的态度，其代表人物就是哈贝马斯，其代表性的表述就是对人类知识的三种旨趣并强化"解放的旨趣"的决定性作用。三是强调现在对历史和将来奠基于现实的交往共同体，其代表人物是阿佩尔，认为"解释共同体作为一个理想的控制机构则是参与批判性论辩活动的每一个

① 潘德荣：《语音中心论与文字中心论》，《学术界》2002 年第 2 期，第 220 页。

的前提条件。"① 纵观这三种对时间的看法，可以看出，他们都奠基于这样一种观念：时间被区分为过去、现在和将来。这一区分的本质仍是将时间视为一种线性发展的观念。整个西方的哲学，包括认识论哲学、现代和后现代哲学，都没有突破这样一种时间观。典型的如德里达，他对西方哲学的解构仍是在西方哲学的线性时间视野之中进行的。

西方的线性时间观，强化了主体在时间中的存在感以及随时间进行的征服感；同时，正是在线性时间观的基础上，时间被赋予了一往无前的意义，它不仅是可度量的，也是不停地向前发展的，时间的度量性与发展性为科学的进步观奠定了基础。而科学的进步观，导致了人们过度的贪婪，无视自然资源的承载力，这是形成生态危机的原因之一。

（二）表意文字系统对生态问题的建设性意义

从上面的论述可以看出，西方的字母文字，在某种程度上正是形成当代生态危机的文化根源。字母文字对声音现象的依赖，是形成主体形而上学、倾听哲学和线性时间观的基础。那么，中国由形声文字所形成的表意文字系统，有没有可能有效校正字母文字及其思维方式对生态系统的影响呢？

1.表意文字对"观"的重视

作为表达意义的另一种符号系统，形声文字与字母文字不同的地方在于：在表达意义的过程中，形声文字通过形和声的结合，不再仅仅局限于用听觉或声音来传达意义，同时也在文字中使用形象，强化了视觉对于意义的参与性。如果说，西方字母文字是由口语而形成的文字，说话者的声音和听者的听觉是形成文字的基础，那么，与之相比，汉语表达意义的方式则是强调"观"的重要性。目前，甲骨文中还有许多哑字，一些族徽本身只有形状而没有读音，都说明汉语这种表意文字体系的形成与视觉的关

---

① ［德］阿佩尔：《哲学的改造》，孙周兴、陆兴华译，上海译文出版社1997年版，第150页。

系。如果说，字母文字系统以语音为中心，那么，汉字则以文字为中心："由于拼音文字本身已成为纯粹的记录语音的符号，它虽是文字，表达的则是语音。西方的语音中心论诠释传统之形成，便基于拼音文字的本文的阅读经验，它强调的是语音，是发出声音的口语，即言语。因此有些哲学家将西方的解释传统称之为'语音中心论'。与之不同，在中国的解释传统中，注重的则是文字，其最早的代表作就是许慎以篆字为蓝本的《说文解字》，其主要方法是立足于字形分析字义和文义。我们或可将这样的解释传统称为'文字中心论'。"①

汉语对文字的强调形成了对"观"的重视，不仅汉字在造字过程中需"仰观俯视"："仰则观象于天，俯则观法于地，观鸟兽之文与地之宜，近取诸身，远取诸物。"② 在汉字的使用过程中，物象的渗入，也强化了语言使用者"观"这一能力的作用。"与拼音文字不同，汉字的字形含有意义，这种意义正是倾听所忽略的，而只能在'观'中才得以显示。"③ 汉字所形成的这种对"观"的重视，对当代生态文化的建设有着重要的意义。

2.表意文字与"天人合一"的世界观

与语音中心的字母文字相比，汉语对观的重视强化了"天人合一"的倾向。在观的过程中，物体的象和人类的观在语言系统中起着重要的作用。在汉语中，形才是一个文字系统最重要的部分。与象相比，人类所赋予一个文字的声音是后发的，而物象本身是决定性的。象对字的决定性作用，导致了人们在产生意义、表达意义和传播意义的过程中，意义的产生与物象之间相互影响、相互促进。因此，与依赖人的大写地位的语音中心主义不同，形声文字强化人与外在物象在语言系统中的统一，甚至于强调物象的统摄意义。在这种语言观中，很难发展出凌驾于自然之上的主体精

---

① 潘德荣:《语音中心论与文字中心论》,《学术界》2002 年第 2 期, 第 213 页。

② 许慎:《说文解字》(下), 柴剑虹、李肇翔编, 九州出版社 2001 年版, 第 876 页。

③ 潘德荣:《文字·诠释·传统——中国诠释传统的现代转化》, 上海译文出版社 2003 年版, 第 29 页。

神，主体时刻是居于天地之中或有着特殊空间存在的主体，并没有一个抽象的主体。这是汉语对人类的基本认识。

因此，汉语以观为主的造字方式，与字母文字努力去掉自然的影响不同，汉语首先就需要观者在天地之间对自我进行定位。这种定位不是将自我与自然区分开来，而是努力地寻找自然与自我的关系。自然不是主体努力与之区分的背景，而是构成自我的标志。任何一个汉字，都是人与自然之间的一次交流，这种"天人合一"的造字理念，蕴含着丰富的生态智慧。

3.表意文字与回环往复的时间观

在时间意识上，以观为中心的表意文字系统，不同于西方的线性时间观。由汉字所形成的时间观，认为时间的本质是一种回环往复而非线性发展。在汉字"仰观俯视"的造字过程中，人类的思维是一种在自我与外物之间来回审视、回环往复的过程。人类通过外物定位自我、又通过自我描绘外物，人类与外物之间是一种相互影响、相互交换的过程，而时间正是在这种相互定位的过程中形成的。所以，在中国以观为主的造字过程中，时间的本质是"天下大事，合久必分，分久必合"的循环论。

正是由表意文字系统所形成的回环往复的时间观念以及"天人合一"的世界观，使得汉语系统中很难形成无限进步的科技理念，这与字母文字无穷进步的时间观不同。在观的过程中，自然变化的节律以及这一节律对某处空间的影响，一直影响着生活在特定空间中的个体，因此，汉语文化中的过去、现在与将来和西方的线性时间观并不完全相同：在以观为主这样的定位方式中，人们对新事物的观，总是受到传统上如何观这一事物的影响，人们将某一事物从其背景中分离出来，总是倾向于寻找历史上区分这一事物的方式。可以说，以观为主的造字方式，历史对人的影响远远大于未来对人的影响，人们对未来的想象，总是以过去为参照，甚至于认为将来有可能就是历史的重复。"依存于万事万物的时间是周流的、周行的。在周流、周行中，时间之流总是循环前进，往复不已，经过每一次循环又重新开始。"① 可以说，表音文字所形成的时间观，强调物理的、外在的科学意义。表意文字所形成的时间观，则强调人文的、内在的心理意义。即使在现代西方哲学中，有的哲学家强调从心理的角度探讨时间，例如海德格尔，但由于其总是在过去、现在和将来的线性时间中寻找时间的心理意义，仍与汉字所形成的回环往复的时间本质上是不同的，他们仍奠基于西方表音文字体系之中。也正因如此，由汉字所形成的回环往复的时间观，不会以绝对的进步理念去规划自我与自然的关系。

二、书写文字及其传播对生态问题的影响

语言的创造过程决定了不同的文明路径，这些文明路径至今仍然影响着当代的生态问题，而书写文字在某种程度上强化了这些问题。生态问题的产生，与这些文明路径及其所形成的思维方式有着密不可分的联系。生态问题的加剧，也与书写文字的使用与传播有着不可分割的关系。

（一）书写文字切断了意义与感觉的联系

语言的目的是表达意义，语言的创造和使用都与意义的表达有关。但任何意义的产生，都与语境有关。因此，表音文字与表意文字都是在特定语境中的表达方式。但随着文字的书写，书写的首要特质就在于脱离语境对意义的控制作用，使文字进入被普遍接受的流通过程。如果说，意义的产生来自于身体处于某个环境的全部感觉，在意义产生的过程中，这种全部的感觉会通过手势、声音、表情的变化而得以进行全面的表达。但当人类的声音变成书写文字之后，意义产生时的那种身体感觉就变成了冷冰冰的抽象文字，失去了意义鲜活性。美国现象学哲学家大卫·亚伯拉姆曾对希腊字母表的产生过程进行过考证，认为希腊字母表的产生标志着意义

---

① 赵仲牧：《时间观念的解析及中西方传统时间观的比较》，《思想战线》2002年第5期，第82页。

与感觉的分离。他分析了在原始部落中声音如何形成为字母文字的过程。在这一过程中，由某地的故事形成一个特定的声音和代表着这个声音的符号，当人们走到这个地方时，就会想到这个声音和符号本身。不同的空间拥有不同的故事、声音和符号，在口头表达中，符号与意义联系还有着特定的空间性体验。由于人们对某个故事的理解不同，所以当人们想到某个空间或故事时，他对声音的处理并不完全相同，所以，形成时期的符号并没有固定的读音，某一符号的读法随着每个人的感觉而不同，其直接表现就是：原始部落的许多字母不包含元音字母，而希腊字母表的最大的贡献则是固定了元音字母并使每一个符号都有了明确的读音。元音和固定读音的进入，使得有语调和感情的文字固定下来并成为一个"可读的文字"，"相对于希伯来字母，希腊字母不再需要人们不同的发音，它们只需人们把它从纸上吐出来。"①"希腊字母表有效地切断了书写字母和它们得以产生的感觉世界的联系。"②

意义与感觉世界不再相关，转变了人们与世界的联系方式，人们与外部世界不再是直接的相互作用，在人与世界之间，增加了一层中介物——符号。人在符号所构成的世界中获取经验，并在经验的基础上进入世界。而随着符号世界的强大，由符号所构成的世界逐渐形成为特定共同体的文化，人与世界的直接联系也变得越来越稀缺，符号的力量越来越大。时至今日，尽管各文化共同体的文化不同，但对书写文字和符号世界的依赖，构成了他们的共同特点。

意义与感觉的分离，导致了人们越来越生活在由人类的符号所形成的文化世界之中，人们不再信任自身的感觉，而是相信由符号所形成文化世界，甚至于在某种程度上，人类自身的感觉也被符号提前规定。而文化

---

① David Abram: *The Spell of the Sensuous: Perception and Language in a More-than-human World*. New York : Random House Inc.1996, p.252.

② David Abram: *The Spell of the Sensuous: Perception and Language in a More-than-human World*. New York : Random House Inc.1996, p.111.

世界正是人类自身的创造物，"书写系统的出现，将人类的感觉边界僵化地限定在人类社会内部。因为书写文字不再依靠感觉现象的广阔领域；相反，它们严格地指向了人类的声音系统。字母，成了将人类社会共同体反身回自身中去的镜子。"① 也就是说，人类的文化，至此发生了一个转折：由信仰人与自然的活生生的感觉联系，转而信仰人与自身符号世界的联系；构成人类鲜活经验的自然，也只有进入人类所构建的符号世界之中，才与人类的感觉发生关系。可以说，自然只有进入符号世界才与人类的感觉相关，是形成生态问题的根本原因之一。

意义与感觉分离，也导致了人类越来越相信自我的力量而非自然的力量。尤其是在西方字母文字中，就是过分强化人类约定的力量，甚至将这一力量视为符号形成的唯一推动力："无论是言说的声音，还是书写的文字，都只是'符号'，用什么符号（能指）表征何种概念（所指），完全是约定俗成的。"② 符号世界作为人与自然联系的中介，其本质就在于：符号世界是人类的创造物，人与符号世界的联系本质上是人与人之间的联系，人们对符号世界的信赖正是人信仰人类本身的表现。在这一思维过程中，伴随着书写文字积聚了大量的战胜自然的经验，人类越来越相信自我的能力。可以说，形成生态危机的科学理性、主体形而上学等精神，认识论哲学仅仅是表面上的原因，而形成认识论哲学的深层原因，正在于人们越来越依赖于由人类所创造的符号世界而放弃感觉的全部领域。

（二）书写文字有利于表音文字系统的话语霸权

相比于表音文字系统，强调"观"的表意文字系统还保留着意义形成时期的语境，因此，如果表意文字系统能有效地保持这一优势并恪守这一

---

① David Abram: *The Spell of the Sensuous: Perception and Language in a More-than-human World*.New York：Random House Inc. 1996, p.257.

② ［瑞士］索绪尔：《普通语言学教程》，商务印书馆 1999 年版，第 31 页。

传统的话，生态危机也很难成为一个全球性的问题，因为表意文字系统会形成表音文字系统的对话者或反思者，表意文字的反思有助于语言与自然之间的联系。但是，世界文明交融进化的过程，既是单一语言系统自身发展的过程，也是语言系统间相互影响、相互融合的过程。在不受外界影响的前提下，表音文字系统和表意文字系统各有优势，但当文明发展到一定程度，或者说两种语言文化系统产生冲突时，在书写文字这一交流平台上，表音的字母文字系统有着先天的优势，这一优势使得语音中心的字母文字取得了文化上的霸权，而这一霸权导致了生态危机扩展为一个全球性问题。

首先，表音文字体系与表意文字体系不同的书写路径导致了两种不同的文化思维方式。据语言学家考证，人类文明都经历过象形文字时期，其字根、字形的塑造都与现实的客观事物相联系。不同的是，表音文字体系发现了在原有字符的基础上，通过增加另一个读音，造出一个新词，用以表达更为复杂的意义。而表意文字则通过字形的变化来表达复杂的意义。在这里，我们可以考察处于表意文字向表音文字过渡环节的玛雅文字与甲骨文的区别。玛雅文字的发展过程，恰好处于表意文字通过人为约定性发展为表音文字的过程。随着表意范围的扩大，玛雅文字原有的字符需适应新的表意需求。由于字符不可能无限创造，因此，如何利用旧的字符衍生新的文字是所有语言都要面对的问题。玛雅文字首先想通过完善字符形状的方式去适应新的意义。但随着意义的增多，字符不堪重负，从而被迫走向了记音的道路。而记音的过程使得字符的形体与意义之间理据性减弱，而约定性逐渐增强。如果我们考察玛雅音符表，可以发现：很多音符只是表音的，尽管有的符号还有象形的特点，但符号和意义之间已经没有了理据性，更多的是靠约定性联系起来。[1] 而作为表意文字体系的甲骨文则走上了另一条路，甲骨文所发展的是一种形声系统。形声字的基本特点是声

---

[1]　See Michael D. Coe, Mark Van Stone:*Reading the Maya Glyphs*, Thames & Hudson, 2005.

符与意义的组合或叠加。在这里，声符仅仅提示的是一个大概的语音，意义则采用抽象或类化的方式表达某个事物与另一事物之间的联系和区别，意义就在字形之间的联系与区别过程中体现出来，也就是说，在音与形的关系上，甲骨文强调的是字形的变化。在这里，玛雅文字与甲骨文产生了文化上的不同取向：前者通过增加人类的约定性来适应复杂意义的表达要求，后者通过增加字形的类化作用使文字形成为一个意群来适应复杂意义。对于玛雅文字来讲，语音的不同标志着意义的不同。而对于甲骨文来讲，字形之间的联系与区分才标示着不同的意义，语音仅具有提示性作用。作为两种表达意义的成功经验，表音和表意文字自此走向了不同的文明路径。

其次，不同的文明路径对语言本质的理解不同。在语音文字中，由于文字要固定意义，某些东西必然会被舍弃或者某些东西会被添加。这些被舍弃的东西在文字的传达中必然会形成这一文明整体的思维盲点，影响着生活在这个文字所形成的文化。语音中心的表达方式是将人类的某个特定的声音以某个音符来代表。尽管音符的形成过程已很难考证，但通过对原始部落的调查，人们还是发现了音符形成的蛛丝马迹，大卫·亚伯拉姆在其《感觉的魔力》一书中，通过对巴厘岛上的语言、萨满语、希伯来和希腊字母表的考察，发现了音符形成过程中所舍弃的东西正是"气"。在他看来，任何一个音符的形成，都与某个活生生的经验有关。当字母表要把这些经验固定下来时，只能把这些经验中的一部分固定下来并形成文字。在大卫看来，语音文字固定经验的方式是把空气的流动性排除在文字之外。他发现，原始部落的人们，能用全身的感觉感知到空气的流动，将气流的变化纳入自己的经验，形成意义。在字母表形成之初，空气在表意过程中还起着一些作用，比如，在希伯来字母表中，上帝被称为"Y，H，W"（耶和华），这三个音正是一个呼吸的循环："最神圣的上帝之名字被视为一种最神圣的类似于呼吸般的发音，这一被说出的名字，就好像它是被风吹过来的一样。……第一个音'Y-H'是默默地呼入，而第二个音

'W-H' 则是默默地呼出——这整个的名字构成了一个呼吸的循环。"① 但是，随着希腊字母表的形成，空气在文字中的作用逐渐降低，最终，人们已经不记得空气与文字之间的关系。尤其是在希伯来传统文字变成为希腊字母表时，空气在造字过程中的作用已变得可有可无。同时，最初的希伯来字母并没有固定发音，人们还可以因自身情绪的不同对同一个字母发出不同的读音，也就是说，人类的感觉与字母之音还有着某种联系。希腊字母表对读音的固定使得语言与空气失去了最后的联系，"只有当书写文字开始可读时，森林、河流的声音才开始减弱，这时，语言失去了和看不见的呼吸之间的古老联系，精神切断了它和风的联系，灵魂也不再与外在环境中的空气有关。"② 在这里，人类的感觉、形成人类感觉的自然的空气，都被新的字母表有意识地忽视了。字母与空气的分离，使得字母与人类的感觉之间彻底失去联系，这构成了西方语音文字中心思维方式的渊源。

反之，纵观中国的表意文字体系，可以看出，气、气息、气韵、气韵流动等，都在文字的形成过程中有所体现。对气的重视体现在四个方面：（一）在甲骨文造字过程中，我们可以看到气的作用："动词'抑'，本指压制的行为，动词'服'，本指服从的行为，二者都包含着心理与行为的双重因素，内涵极为复杂而又极为概括。可是，它们的甲骨文形体却非常具体，非常形象，简直就是两幅简洁的素描：'抑'字的构形是手在跽人之头前，像以手按人之头而使之跽；'服'字的构形是手在跽人之背，像以手抚人之背而使之服。"③ 抑和服所形成的气势，在甲骨文的素描图中还可让观者感受到。（二）在文字进化的过程中，甲骨文图形中所保存的自然之气还有存留。甲骨文𠃌（旬）字，原形以张开的手指𠂆为形，以𛀁表达周而复始计日，经历了由甲骨文𠃌到金文𠃌到篆文◉的发展，其原意并没

① David Abram: *The Spell of the Sensuous: Perception and Language in a More-than-human World.New York：Random House Inc*. 1996, p.249.

② David Abram: *The Spell of the Sensuous: Perception and Language in a More-than-human World*. New York：Random House Inc. 1996, p.254.

③ 周光庆:《汉字文化意义考释方法新探》,《江汉大学学报》2006 年第 5 期，第 41 页。

有减弱，反而加强。由其形所代表的周而复始之气始终在字的传承中有所体现。（三）在文字的系统性表达过程中，甲骨文字将一个形扩大为一个意群，在许多地方仍然强调气的传承。以甲骨文𣃚（旗）为例，观者可以感受到旗帜飘扬之气，而在由这个字所构成的系列"中、旌、旄、旖、族、施、㫃、旅、旋"等文字中，这种飘扬之气仍然有所承继。（四）中国文字通过声调，在区别文字声音的同时，也保存着气流的抑扬顿挫之感，也正因为如此，生气、气韵等一直都是评价中国艺术的核心概念。

对气的忽视使得西方语音文字抛弃了发音过程中的感觉，将语言视为一种抽象之物，正是这种对抽象的追求，导致了柏拉图将现象与理念区分开来并追求理念的柏拉图主义传统。这种传统导致了西方哲学即使反对理念、反对柏拉图主义，但这种反对仍然奠基于理念与感觉相区分的基础之上。反之，中国形声系统通过气的存在，不停地促使文字与人类的感觉相联系。正如我们看到古代私塾先生教学时不由自主地摇头晃脑，正是文字之气影响到人类感觉并进而使人产生相应动作的表现。所以，作为文字来讲，尽管所有的书写文字都造成语境与语意的疏离，使文字与人类的感觉之间形成隔阂，但相对于西方的字母文字，中国的表意文字体系还保留着与感觉的先天联系。

再次，不同的文明路径和语言本质观形成了不同的思维方式。表音文字认为语言是人与人之间的约定，通过对声音与意义之间的人为约定，在音与音的不同组合过程中形成了意义明晰性；而表意文字系统则认为语言是人与自然之间的约定，通过字形与自然之间的相互影响，加强了文字本身的系统性。汉字的语音不像字母文字那么准确，一词多音、多词一音现象同时存在，正是在文字系统性的表现。这种不同的语言观形成了不同的思维方式，导致了不同的面对自然的态度。对于形声文字来讲，语言的系统性要求使得其关注外在自然事物的不同变化，将这一变化表现在语言之中，增加字与字之间的系统性关系，形成逐渐扩大的意义群。由于形声字对观的重视和字的系统性表达，自然的微小变化都会在文字系统中表现出来。而表意文字则通过不断地强化音与意的约定性来使人类的意义更加准确。这在某种程度上助长了人对自身的重视，成为人类中心主义的先声。

如果说，表意文字体系的思维模式强化了人类适应自然的态度，表音文字体系的思维模式则强化了人按自我意志改造自然的态度。前者形成了对自然的崇拜，孟子提出的中国人的崇拜对象是"天地君亲师"，天地正是中国人思维中的首要崇拜物。后者则形成了对自我的崇拜，西方哲学从古希腊的"认识你自己"到康德的"先验能力"，本质上都是对自我的推崇，与西方表音文字体系所形成的思维模式有着密不可分的关系。主体的力量使得西方哲学强调自我与自然环境的区分，强调用自我的力量改造自然，追求自我的自由感。其中，重区分的精神使得人们追求精确和科学，重主体自由的精神则使得人们追求探索与进步，这都助长了西方的科学理性精神。与之相应的是，强化自然崇拜的表意文字系统则使得中国哲学并不强调自我与环境的区分，而是强调二者的相互影响、相互适应，它不以追求绝对的主体自由为目标，而是以教化人类中庸精神为方向，探寻人与自然的关系，这一思维助长了中国人追求"和"的生存理想。

最终，上述不同的书写路径、语言观和思维方式形成了特定阶段的话语霸权。在人类早期从自然中站立起来的过程中，与表意文字体系相比，表音文字体系强化人类个体的力量，培养人类的科学理性精神，导致其科技处于领先地位；在人与自然的关系上，语音中心文字强化以改造和应用的角度审视自然，追求人类主体的自由感；反之，表意文字所形成的文化，不以征服自然为目标，强调人与自然和谐共存的精神，追求在自然中的怡然自得和自乐。作为两种文明状态，表音文字与表意文字体系并没有孰优孰劣之分，自然资源、自然环境问题尽管时有发生，但也没有形成一个世界性的难题。从文明进程上来讲，在农业文明时期，表意文字拥有优势，因为这一文化体对自然的感知力较强。但在工业文明时期，则是表音文字体系占有绝对的优势，因其科学理性精神较强。但表音文字体系所形成的探索精神、进步思想决定了其必然会向外扩张，而其科学技术的发达形成了向外扩张的保证，这就构成了全球化进程的基础。表意文字体系所形成的人与自然和谐相处的精神被动地卷入这一过程，科学理性精神的缺失使得这一文字体系缺少足以与西方字母文化相抗衡的技术文明，造成了表意文字体系在与表音文字体系比较中的自卑心态："我们要使愚昧无知的中国人变成过去，我们要扫除文盲，只有用新文字才有可能，汉字是不能担负这个任务的。"[①] 这种"新文字"，正是西方的字母或表音文字。而随着汉字的拼音化，汉字原有的思维模式被一步步蚕食，并最终形成了字母文字的全球性霸权，使得字母文字所形成的思维方式推广为全球性的价值观、世界观，生态问题成为世界性的难题。

---

① 　吴玉章：《文字改革文集》，中国人民大学出版社 1978 年版，第 9 页。

第六章　现象学视野中人类的存在方式

第一节　现象学探讨人类存在方式的几个阶段

我们在上文论述了生态问题的来源、现象学视野对生态问题的启发以及当前美学变革的要求。从这一章起，我们开始在现象学的理论前提下建构生态美学，并希望这种生态美学能改变人类的意识或思维模式，改变人类的感觉结构，推进生态问题的解决。而要建构一种新的美学形态，我们首先要理解：在现象学的视野中，人类的存在方式已经不同于认识论。

现象学通过"生活世界"理论改变了对人的存在方式的理解。在认识论中，康德的先验理性为人的存在方式奠定了基础。在他看来，人的理性是先验的，人类无须论证人的理性的来源。整个认识论哲学，就是在此种对人的根本理解中发展的。不同的是，不同的哲学流派对人所拥有的理性的认识不同，有的认为是理性，而有的则认为是感性或非理性，但对于人所拥有的能力，认识论哲学都认为是不证自明、无须论证的。现象学之所以能对思维产生如此重大的影响并形成现象学运动，根本原因在于其通过生活世界理论反思了人的能力的来源，并对人的存在方式提供了新的理解。现象学对人类存在方式的新理解，正是我们理解生态问题的基础，也是生态美学产生的根本条件。

在现象学运动中，哲学家对人类生存于其中的这个世界的看法，即对人类存在本体的认识，经过了如下几个阶段。

一、生活世界阶段

生活世界阶段是指胡塞尔对人类存在方式的认识。在他看来，人类生活在一个"生活世界"之中，人类主体能力都来源于这个世界。对于胡塞尔来讲，人类思维的基础，就在于人处于一个生活世界之中，生活世界不仅构建了人类的意识，也构建了人类进行意识的能力与前提条件。

在胡塞尔的晚期，尽管他提出了生活世界的理论，但胡塞尔本人并没有将生活世界视为人类生存或意义来源的最终本原。这是由于胡塞尔本人以追求"严格的科学哲学"为目标，在他看来，生活世界并非人类思维的终极来源。生活世界只是对于自然态度来讲才是自明无疑的。但是，哲学是一种从自然态度中的苏醒，"在胡塞尔那里，生活世界其实并不是最终的根据，在生活世界的背后还有更深层次的本原，即超越论的生活。因此，超越论才是胡塞尔所追溯到的最终本原。所以，对于理念这谱系的追溯如果仅仅到生活世界，那还只是行至半途。要想彻底克服科学的危机，并最终克服人的危机，还要进一步由生活世界回溯（还原）至那构成生活世界的起源或根据：超越论的生活。"① 而正是这种对超越论的生活追求，使得胡塞尔的哲学与其后继者产生了分歧。

二、存在天命阶段

存在论阶段是海德格尔提出的人类存在方式，海德格尔认为：胡塞尔对生活世界的理解是有问题的，胡塞尔所追求的超越论的生活，本质上依

---

① 朱刚：《开端与未来——从现象学到解构》，商务印书馆 2012 年版，第 29 页。

然是对人类精神的信仰，将人类的精神视为越出生活世界的根本能力并赋予这一能力一个根本性的地位，这来自于胡塞尔本人对科学哲学的追求。这种对科学哲学的追求，本质上仍然以科学真理的可验证性、可重复性为标准。但科学真理的可验证性是人文科学所应该追求的目标吗？这种可重复性、可验证性的基础，本质上仍是将人类的精神抽象出来。正因如此，海德格尔前期在《存在与时间》中指出：这种超越于生活世界的人类精神是"无所谓"的："不仅是对存在一般的问题的无所谓，而且还是对我们所是的存在者的存在问题的无所谓。"① 而真正的精神，则应是在具体空间与时间中的精神。"一个广延的'空间性'与此在的空间性之间的区别不在于此在知道空间，……也不在于把此在的空间性解释为不完满，仿佛由于'精神注定要联系于一个肉体'，生存总免不了那种不完满似的。毋宁说因为此在是'精神性的'并且只因为这个，此在具有空间性的方式才可能是广延物体本质上始终不可能具有的方式。"②

可以看出，海德格尔前期对人类存在方式的理解，是一个既想抛弃精神但又不得不依靠精神的过程。他要抛弃的是胡塞尔那种想超越生活世界的抽象精神，但是，在他建构人类存在方式的时候，他又把人类的精神放在此在"向死而在"的存在过程中，认为此在的存在方式是：当面临死亡的临近时，此在采取不同的生活态度，从而使其精神克服了这种因死亡而形成的时间性制约。如果说在黑格尔那里，精神是坠入时间，精神的坠入意味着精神高于时间，或者精神能克服时间的有限性。那么，在海德格尔这里，精神与时间的关系则是相反的："如果从海德格尔的此在的生存论分析出发，那么真正的本原之物，就不再是黑格尔的精神，而恰恰是生存论意义上的时间性。"③

---

① [德] 海德格尔：《存在与时间》，陈嘉映、王节庆译，生活·读书·新知三联书店 1999 年版，第 59 页。

② [德] 海德格尔：《存在与时间》，陈嘉映、王节庆译，生活·读书·新知三联书店 1999 年版，第 417 页。

③ 朱刚：《开端与未来——从现象学到解构》，商务印书馆 2012 年版，第 106 页。

后期的海德格尔逐渐意识到其前期以"向死而在"定性人类的存在方式是有问题的。这一问题体现在：人类作为一个被抛的存在者，他需要用精神克服时间性的制约。海德格尔意识到这里依然存在着一种预设：被抛的存在者是一种海德格尔对人类存在方式的预先设定，人类必然以精神性克服时间性制约，人类必然拥有一种克服时间的精神，构成了海德格尔对人类存在方式的设定。因此，海德格尔的后期，开始追求人类真正的存在方式。

自《艺术的本源》开始，海德格尔后期对人类的存在方式进行了新的界定，那就是存在论。"被抛的人是筹划的主体吗？显然不是，'被抛状态'这一被动性表明了此在没有自主性，此在绝不能支配它，支配它的一定是一个更大的力量。"[①]后期的海德格尔认识到，这种更大的力量就是存在天命，即我们每个人一生下来就注定生存于其中的那个世界。人类所有的能力、所有的思维或意识方式，都来自于这个世界并被这个世界所决定。

自海德格尔确立了存在天命作为人类生存的本体论之后，存在天命是人类生存的前提，它决定了我们每个人的意识。但是，海德格尔同时反对通过人类的意识来接近这个存在天命。在他看来，当人类用意识去接近存在天命时，人类的意识实际上又坠入了一种精神性的存在方式，因此，对于大部分人来讲，尽管存在天命决定着人类的生存，但存在天命是遮蔽的。"存在显示自身为解蔽着的袭来。存在者之为存在者以那种在无蔽状态中自行庇护着的到达的方式显现出来。"[②]如果一定要用语言把存在天命的内涵表达出来，那就是"天、地、神、人"的四方游戏。也就是说，存在对于大部分人是遮蔽的，存在的去蔽只发生在一些特殊的人类活动或事件之中。海德格尔后期用《荷尔德林诗的阐释》为例，说明了存在向人类显现的过程，认为创造性的语言、哲人的反思等有可能使存在天命显现：

---

① 洪汉鼎：《伽达默尔和后期海德格尔》，载湖北大学哲学所编：《德国哲学论丛（1996—1997）》，中国人民大学出版社1998年版，第8页。

② ［德］海德格尔：《形而上学的存在—神—逻辑机制》，载孙周兴编：《海德格尔选集》（下），上海三联书店1996年版，第836页。

"命名不是对已经存在好的东西贴标签，而是就存在者的本质所是把存在者带出晦暗而使它作为存在者显耀。"①

三、传统阶段

传统阶段由伽达默尔提出。伽达默尔曾这样表述他自己的哲学使命："我的哲学解释学试图完全遵循后期海德格尔的思想路线，并且以新的方式使之更易于理解。"② 在伽达默尔看来，海德格尔所提出的存在天命，确实可以作为人类生存的前提。在这一前提中，人们并不总是一个被动的接受者，也并不是只有诗人或哲学家才有可能领悟到存在天命。伽达默尔认为，在人类社会中，存在天命就表现在这个社会所形成的各种传统。传统以语言的方式流传，形成了一个个的文化综合体。"海德格尔的存在天命正与传统等同。'存在'按照海德格尔的说法，就是那种承载我们但我们又不能达到对之明确认识和说清的东西，在伽达默尔看来，这种东西就是效果历史。"③ 而人类可以通过效果历史意识，在自我的意识领域里构建传统对自我的构建过程，"效果历史意识首先是对诠释学处境的意识。"④ 也就是说，与海德格尔相比，伽达默尔对存在本体做了两部分的改动：一是存在天命的具体化。存在天命并不是一个虚无缥缈的天命，而是人类生活于其中的被语言所传承的传统。二是并不是只有艺术家、哲学家或创造者才能理解存在天命的存在，人类的每一个个体，都有接近传统的方法，伽达默尔将这一方法称为诠释学经验。他认为，诠释学经验可以使存在天命在所有人的意识中显现。在这个地方，伽达默尔将被海德格尔神化的存在

---

① 陈嘉映：《海德格尔哲学概论》，生活·读者·新知三联书店1995年版，第312页。

② ［德］伽达默尔：《伽达默尔选集》，严平选编，上海远东出版社1997年版，第26页。

③ 洪汉鼎：《伽达默尔和后期海德格尔》，选载湖北大学哲学所编：《德国哲学论丛（1996—1997）》，中国人民大学出版社1998年版，第9页。

④ Hans-Georg Gadamer.*Truth and Method*. Garrett Barden and John Cumming. NY:Sheed and Ward Ltd, 1975, p.268.

天命重新拉回到了一个现实的人类境域之中，并乐观地宣布：传统构成了人类的境域性存在前提，构成了人之所以成为此在的那个本体，人类对传统构建自我方式的理解，构成了传统变化的动力。

四、身体阶段

身体阶段由法国现象学家梅洛-庞蒂提出。我们在上文提到，现象学有两条道路：一条是以生活世界为基础，强化对生活世界之于意识意向性决定性地位的研究；另一条则是强化对意识意向性的作用机制进行研究。上文所提到几个阶段，基本上就是第一条道路的运动路径。而第二条路径的代表人物则是梅洛-庞蒂。梅洛-庞蒂一直强化对意识意向性的作用过程进行研究。他所构建的知觉现象学，以身体的空间性存在方式为基础，探讨了身体与知觉的关系以及意识意向性形成的基础及过程。

梅洛-庞蒂认为：身体是人类知觉的基础，也是人类形成意识的基础，更是人类的意识拥有意向性能力的基础。与传统的身心二元论不同，梅洛-庞蒂认为人对事物的感知过程是通过知觉场而形成的："事实上，所有物体都是一种环境的具体化，关于物体的任何鲜明知觉都靠着与某种气氛的预先联系。……被感知物不一定是作为需要认识的东西呈现在我们面前的，它可能是一种仅仅在实际上呈现给我的'意义统一体'"[1]。因此，对事物的知觉，并不仅仅奠基于身体某一部分的功能，而是身体内部的整体联系。"每一种感觉都属于某个场。说我有一个视觉场，就是说我通过位置通向和进入一个系统，这些可见的存在按照一种最初的约定的通过一种天赋，不需要我进行任何努力就能受我的目光所支配；这就是说，视觉是前个人的。"[2] 这种前个人的视觉场，表明知觉是整体性存在的，而非隶属于单个的、单一的感知器官或感觉方式。

---

① ［法］梅洛-庞蒂：《知觉现象学》，姜志辉译，商务印书馆2001年版，第403页。
② ［法］梅洛-庞蒂：《知觉现象学》，姜志辉译，商务印书馆2001年版，第278页。

梅洛-庞蒂认为，由于知觉场的存在，需要在现象学的基础上重新探讨人类的感觉模式。在他看来，人的身体正是感觉模式得以形成的基础。外在的事物，首先就必须肉身化为人类内在的感觉，才能变成与人有关的存在。反过来，身体也必须像感知自我内在的感觉一样感知事物，将事物视为自身肉体的延伸，因此，我们所获得的对事物的感觉，必须反思到身体的中介对这一感觉的作用："身体不仅是知觉的主体，同时也是被知觉的对象。"① 通过对知觉现象学的分析，梅洛-庞蒂指出现象学的基础应奠基于人类的身体现象或身体的知觉现象。事物的存在方式、人类对自我的认知方式，都应在身体现象的基础上得以说明。

那么，如何解读身体现象所拥有的这种奠基能力呢？梅洛-庞蒂认为：人的身体处于某一具体的场所。在这一具体的场所中，人与事物本身并不是一个主客二分的两个部分，而是一个相互交融、相互影响的整体。在这个整体中，身体本身的统一性又是事物得以进入感觉的基础。以触觉为例，"我不仅仅像使用一个器官那样来使用我的手指和我的整个身体，而且是通过一个器官获得的触觉也依靠身体的这种统一性——开始就被表达在其他器官的语言之中。……因此，我们的客观身体的一部分与一个物体的每一次接触实际上是与实在的或可能的整个现象身体的接触。"② 从这一角度来讲，身体现象蕴含着整个现象学的基础。要研究事物在人的意识中的显现过程，就必须将意识回溯到身体现象。在这里，梅洛-庞蒂通过触觉的可逆性体验，表现了触摸的主体与触摸体验之间的关系：当触摸着的主体通过触摸行为感知到物体，并由感知物体过渡到被触摸的位置时，主体就被下降到事物之中，触摸行为成为世界的中介，这时，触摸的主体就体验到居于万物之中的体验。这时，世界本身成为感知的源头，而主体成为感知的结果。在这种体验中，感知活动浸入到某个身体之中，使这个身体感觉到身体浸入世界之中的经验。因此，这时，人们会意识到，并不是"我"在

① 王茜：《现象学生态美学与生态批评》，人民出版社 2014 年版，第 107 页。
② ［法］梅洛-庞蒂：《知觉现象学》，姜志辉译，商务印书馆 2001 年版，第 403 页。

150

感知，而是事物本身在"我"之中被感知。世界存在于自我的肉体之中。在肉体内部，既不存在主体，也不存在客体，而是主体与客体混淆为世界的肉体化展开。在这里，肉体才是世界存在的中介，而世界与自我都同时并存于肉体之中。肉体的可感受性就成为世界存在与自我存在的前提与基础。因此，他人不再是胡塞尔所谓的另一个主体，而仅仅是另一个身体，这一个身体独特的感觉性使他具有另一种向世界敞开的方式。自我与他人都是同一种"我"，共同处于肉体之中，这种不同的肉体具有不同的精神。在这里，自我与他人之间形成了主体间性，这种主体间性统一于身体所具有的可感觉性。也正因如此，梅洛-庞蒂认为：

> 在人的身体之上不仅发现了人性（理性）与身体（存在）的互具，而且发现了存在之上意义的涌现，从而将自然与反思置于源初的互具之中。于是主体与对象、存在与感知、可见与不可见之间的差异都被整合在这种源初的、前理论的互具之中，我们由此见证了梅洛-庞蒂对绝对主体性的根本取消。在这种回溯性的探问之下，梅洛-庞蒂对自然存在模式的阐明可以被简单地概括为：自然存在先于所有存在而存在，它被自身和所有事物所拥有；它作为一种源初的存在尚未跌入机械论的因果序列之下，在那里也不存在主体与对象之间破坏性的裂痕。[①]

第二节　现象学视野中人类存在方式的基本特点

通过现象学运动对人类存在方式的探讨，可以看出，现象学对于人类存在方式的把握拥有自身的独特性。具体地讲，现象学视野中人类存在方式的基本特点包括如下几个方面的内容：

---

① 转引自王亚娟：《梅洛-庞蒂：颠覆意识哲学的自然之思》，《哲学研究》2011年第10期，第83—84页。

一、人与世界共属一体的关系

现象学运动作为认识论哲学的反动登上历史舞台。相比于认识论对于人与世界两分的态度，现象学运动认为：人类的存在方式是一种处于……之中的方式。也就是说，人存在于某一个特定的条件之中，在这一条件中，人类所拥有的各种能力、意识或思维方式等，或者说，人类所拥有的所有的经验，都来自于他所生存于其中的这个前提条件。现象学哲学构成为一个哲学运动的原因正在于对这个人类所生存于其中条件之本性的不同洞见。上文中我们提到的生活世界、世界、传统、身体本质上都是对人类所生存于其中的那个条件的一种洞见。同时，现象学还认为，人类所生存于其中的条件并不是全部必然地形成人类的各种意识或能力，而是说，人与其所生存于其中的条件是一种共属一体、不可分割的关系：条件形成了人类的意识，而人的意识则具有一种意向性的能力，这一能力同时又选择性地对外在于我的条件进行解读，因此，人与外在条件是一种共属一体、不可分割的关系。

人类首先是生活在一个日常生活实践之中，并对这一生活实践状态所潜在地构成着：

> 日常实践的生活是素朴的，是一种去经验、思考、评价那个前初给予的世界，并且与之打交道的生活。对此，所有的那些经验活动——各种事物通过它们而绝对地在那里——的意向成果本身都是匿名地加以完成的：那些经验者对于这些意向成果全无所知。同样地，他对正在进行的思维也一无所知——正是由于这些隐匿的意向成果，诸如数学、谓词表达的事态、价值、目的、作品，等等——它们本身是一部分接一部分地建造起来的——才得以表现出来。我们所见的只能如此，对于实存的科学来说也不例外。这些实证科学带有更高阶段的素朴性。①

---

① [德] 胡塞尔:《经验与判断》, 邓晓芒、张廷国译, 三联书店 1999 年版, 第 63 页。

也正因为人类总是处于这样一种生活世界的包围中，"我们总是处于处境之中，完全阐明这种处境是一个从来没被彻底完成的任务。"①

二、人居于世界之中

如果说，生活世界构成了人类生存的前提，那么，海德格尔的世界则告诉我们，人类都只能是一种此在，以此在的方式生活在世界之中。对于生活在不同世界中的此在来讲，"不存在一个生活世界，而存在有众多生活世界。"② 对于胡塞尔来讲，如何解释这众多的生活世界？"胡塞尔对这种二难推理的解决是把不同的生活世界视为本身乃是某个更基本普遍结构的变形。现象学研究就是深入到不同文化生活世界底层到一个观念的'生活世界'——此世界是某个原始的、非历史性的意义构成的产物，换言之，是某个'先验主体性产物'。"③ 这也就是胡塞尔后期转向了对超越论的追求，认为那种超越于生活世界的哲学追求可以作为一个最终的存在和本原的原因所在。"只有彻底追溯这种主观性，而且是追溯以一切前科学的和科学的方式最终实现一切世界的有效性及其内容的主观性……只有这样，才能使客观真理成为可以理解的，才能达到世界的最终的存在意义，因此……自在的第一性的东西是主观性；而且作为朴素的预先给出的这个世界存在、然后将它合理化；或者也可以说，将它客观化的主观性。"④ 海德格尔将胡塞尔的这一要求重新拉回世界之中。他认为：我们每个人都是此在，由我们所生存于其中的世界所决定。在这里，海德格尔提出了"可靠

---

① Gadamer: *Truth and Method*. Translated by Garrett Barden and John Cumming, published by Sheed and Ward Ltd, 1975, p.269.

② Georgia Warnke.*Gadamer Hermeneutics, Tradition and Reason*. Polity Press. London:Cambridge, 1987, p.37.

③ Georgia Warnke.*Gadamer Hermeneutics, Tradition and Reason*. Polity Press. London:Cambridge, 1987, p.37.

④ ［德］胡塞尔：《欧洲科学的危机与超越论的现象学》，王炳文译，商务印书馆 2001 年版，第 86—87 页。

性"的概念，将世界对人的决定关系内化为人的经验内的事件。在他看来，人类有两种性质的活动，一是以使用为目的的活动；二是不以使用为目的的活动。在以使用为目的的活动中，此在产生了一个使用目的并对这一目的进行筹划，在这个过程中，此在必须全身心地进行筹划活动本身。也就是说，由于此在的筹划是以他的世界为基础的，但是，在具体的筹划中，此在只有忘记了这个基础，他才能自由地筹划这个活动。也就是说，此在的筹划有一个可靠性的前提，此在只有忘记了这个前提，他才能进行自由的筹划。这就是使用活动的本质。在这里，我们可以看出，使用活动之所以能被筹划，正在于世界为这一活动提供了一种可靠性。

三、世界在人的意识① 中显现

现象学对于世界的研究，须臾离不开在人的意识中显现这样一个条件。这与传统的形而上学有很大的不同：传统形而上学用思辨方法去构造某种本源性的存在。在这种思辨中，经过不断地追溯，宇宙最本源的东西都会还原到某一种存在。这种存在有可能是一种观念，也有可能是一种物体，也有可能是介于二者之间的一种状态。总之，传统哲学的思辨方式，本质上都是试图离开人自身的具体的体验过程，思辨地构造一个宇宙的模式或一种存在图景。但是，胡塞尔的现象学与这种传统意义上的形而上学显然有着不同的路径：他从人自身的意识现象入手去追问整个存在。整个现象学运动，都继承着胡塞尔的这种追问方式，尤其在海德格尔那里，更是将这种追问方式发挥到极致。胡塞尔所追求的"让实事是其所是"，其实事正是"在意识中显现"的某事。海德格尔认为世界是构成此在的基础，由于这一基础的遮蔽性，此在需要用诗意的栖居，才能感知到世界对自我

---

① 在这里所使用的意识一词，不同于认识论的主客二分的意识，而是指人类构建现象学意义上实事的基本工具。按伽达默尔的说法，这种意识更接近于存在，意即这是一种依靠意识现象而存在的一种特殊存在现象。现象学运动中也有人用经验一词来指代这种意识，本文考虑到胡塞尔的意识意向性理论，仍沿用了胡塞尔的意识一词。

的构成性。在这里，海德格尔将组成世界的元素定为天、地、神、人的四方融合。海德格尔对世界的基本设定仍是在他的意识中构建而成的。从这一角度来讲，海德格尔也不可能超越意识现象。

伽达默尔提出了世界在人的意识中显现的方式。在伽达默尔看来，世界对我们每个人都会彰显出来，原因就在于我们每个人都会有一些不以使用为目的的活动。在这些活动中，世界向我们显现了，我们人类获得了一些诠释学的经验，产生了一些效果历史意识，即历史正在我身上起作用的意识。通过这种效果历史意识，我们人类知道了自己是被某些历史、传统因素所决定的：我之所以有这样的意识，原因正在于我生活于某个特定的历史传统或特定的语境之中，我的意识已提前被某些特定的因素所构成，而我之所以有构建事物的能力，也来自于某些历史因素构建了我的意识框架，这些意识框架形成了我的前见、前理解等。

如何理解伽达默尔对意识的肯定？"是的，人们可以肯定地说，海德格尔在面临对我的作品的接受时，对他来讲，最具挑战性的便是我所使用的术语'意识'，我在《真理与方法》中清楚地使用了一种历史起作用的意识（它通常被翻译为效果历史意识），但这种意识更是一种存在而不是意识。"[1] 对于伽达默尔来讲，意识是人的存在方式，是人类存在的根本性特点。人类的存在方式，本质上就在于人是一种有"意识"、会思考的动物。从这一角度来讲，海德格尔的存在论没有过多地探讨人类存在的特殊性，或者说，不关注人类参与世界运动的方式。对于海德格尔而言，被抛的存在是一种宿命，人类只能在这一宿命中生存，人类所能做到的，也只是体验并感知到这一宿命。让人感知到自身的存在处境，是海德格尔毕生的追求。海德格尔对著名的梵高的农妇的鞋的阐释正说明了这一问题：

　　从鞋具磨损的内部那黑洞洞的敞口中，凝聚着劳动步履的艰辛。
　　这硬邦邦、沉甸甸的破旧农鞋里，聚积着那双寒风陡峭中迈动在一望

---

[1]　Richard · E. Palmer.*Gadamer in Conversation*. New York: Binghamton, 2001, p.46.

无际的永远单调的田垄上的步履的坚韧和滞缓。鞋皮上黏着湿润而肥沃的泥土。暮色降临，这双鞋底孤零零地在田野小径上踽踽独行。在这鞋具里，回响着大地无声的召唤，显耀着大地对成熟的谷物的宁静的馈赠，表征着大地在冬闲的荒芜田野是朦胧的冬冥。这双器具浸透着对面包的稳靠性的无怨无艾的焦虑，以及那战胜了贫困的无言的喜悦，隐含着分娩阵痛时的哆嗦，死亡逼近时的战栗。①

但是，如何将这一宿命性的体验转化为人类的明确意识，并有意识地促进人们对这一世界的认识？伽达默尔的哲学诠释学提出了人类意识在世界构建过程的参与性。在伽达默尔看来，世界作为此在生存于其中的传统，由于人们生存于某个特定的传统之中，这一传统构建了人类独特的意识，并形成了意识意向性的不同方向，这些不同方向导致人们构建了不同于别人的生活世界。因此，意识是联络着世界与此在的中介，也是世界发生变化的动力。从这一角度来讲，诠释学哲学将现象学、存在论与人类的意识能力重新联系起来，"因此，我（伽达默尔——引者注）保留了早期海德格尔所使用的'诠释学'这一概念，但不是把它作为一种方法论，而是把它作为一种真实经验即思维的理论。"② 也正是对人类意识的强调，现象学才有面向实事本身的能力。从这一角度来讲，"现象学也只有作为诠释学才能实现。"③

四、构建存在意识的条件

海德格尔提出了两种人类活动：以使用为目的的活动与不以使用为目

---

① ［德］海德格尔：《艺术作品和本源》，载孙周兴编：《海德格尔选集》（上），上海三联书店 1996 年版，第 254 页。

② Gadamer: *Foreword to the Second Edition, Truth and Method*. NY: Sheed and Ward Ltd, 1975, p.xxiv.

③ ［法］保罗·利科尔：《解释学和人文社会科学》，陶远华译，河北人民出版社 1987 年版，第 129 页。

的的活动。使用活动的本质在于：它以世界为基础，但是，人们只有在使用活动中必须忘记了世界，才能自由地对使用活动进行筹划。所以，使用活动是以世界和世界的遮蔽为基础的。在不以使用为目的的活动中，此在才能倒转其视野，关注世界对自我的规定性，也就是说，只有在不以使用为目的的活动中，世界才向人们显现。可以说，海德格尔的发现，构建了伽达默尔、利科尔、德里达或梅洛-庞蒂探讨存在的基础。自此，人们要了解存在对此在的制约性，就必须回到不以使用为目的的活动中。只有在这一活动中，人们才有可能了解到自我的此在性。在使用活动中被遮蔽的世界，在不以使用为目的的活动中开始彰显出来。在以使用为目的的活动中，人们必须忘记世界对自我的构成性，才能自由地筹划使用活动。但是，在不以使用为目的的活动中，人们会倒转自身的视野，原来那些没能吸引我们注意的东西突然吸引了我们的注意力，我们进入一种震动，或产生了一种惊异的感觉。这种感觉使我们关注自身，关注这个被我们在使用活动中忽视的自我的构成性。我们意识到，我们原来是生活在一个世界之中，被这个世界所提前规定。正是这种规定性，我才是现在的我、一个在此的此在。

海德格尔、伽达默尔等人都认为哲学、艺术等都属于这种不以使用为目的的活动，而梅洛-庞蒂则认为：人类对自身身体的变化、对身体内在的感觉的感知过程，就会构成对自我的重新认识。在这一重新认识中，人们意识到知觉场的存在，意识到身体正是构建各种知觉的基础。而身体的存在，身体对各种知觉的内在综合，正是世界得以进入人类意识的中介。也正因如此，我们在意识中回溯到对自我身体的感觉，才有可能意识到自我的被构成性。这种感觉，正是海德格尔意义上的存在意识。

五、此在的存在意识对世界的影响

此在的存在意识，不仅是此在生存于世的证明，也是此在世界发生变化的动力。在海德格尔看来，此在在不以使用为目的的活动中，感知到自我的被构成性，感知到世界对此在的先在性，也就是说，感知到了自己的存在，这是一个奠基性的事件。这一奠基性的事件，意味着本真时间的出现或存在时间的重新开始。也就是说，在海德格尔那里，时间并不是一个物理学意义上的、可以被计算的客观的时间，而是一个心理学意义上的、不能被计算的主观的时间。在这个时间里，存在的基础——世界，由于被此在所感知并有可能被重新塑造，意味着新的时间的产生。在这种新的时间中，对于此在来讲，由于他对自我的被构成性有了不同的理解，这一不同理解导致了世界有可能发生变化。这就意味着此在生存的基础在此发生了变化，使此在不再是原来意义上的此在，因此，对于他来讲，时间也应重新开始。"在场状态意义上的当前与现在意义上的当前是如此的完全不同，以至于作为在场状态的当前不能以任何方式从作为现在那里得到规定。"[1] 所以，"在场状态的当前与所有属于这一当前的东西就可以叫作本真的时间，尽管它根本不具有通常从可计算的现在系列的前后相继意义上描述的时间特性。"[2]

这也就是说，随着此在对自身存在状态的理解不同，世界在此在身上呈现为在场或不在场两种状态。而世界的在场与否，则意味着世界有没有可能进入此在的视野、被此在所感知并有可能随着此在的意识而发生变化。这就是海德格尔的存在论也被称为基础存在论的原因。而精神的本质，正是要找到自己赖于存在的世界，理解这一世界对自我的构成过程："世界总是精神的世界。动物没有世界，……世界的没落就是对精神的权力的一种剥夺，就是精神的消散、衰竭，就是排除和误解精神。"[3] 因此，"精神是对在者整体本身的权能的授予。精神在哪里主宰着，在者本身在

---

① [德] 海德格尔：《时间与存在》，载孙周兴编：《海德格尔选集》（上），上海三联书店1996年版，第673页。

② [德] 海德格尔：《时间与存在》，载孙周兴编：《海德格尔选集》（上），上海三联书店1996年版，第673页。

③ [德] 海德格尔：《形而上学导论》，熊伟、王节庆译，商务印书馆1996年版，第45页，引文有改动。

哪里随时总是在得更深刻。"①

　　此在对自身存在状态的理解，是世界发生变化的根本动力，这也是伽达默尔对此在意识作用的认识。对他来讲，意识是此在进入存在的唯一路径，同时也是存在发展自身的唯一方法。此在被他所生存于其中的世界所构成，并在这一世界的基础上构建了自身的视域，产生了面对实事的立场。对于此在来讲，他被世界所构建的视域是他唯一能进入存在的入口。当此在在不以使用为目的的活动中意识到自身是一个被构成的此在时，此在就开始倒转自身的关注视野，开始关注自身的被构成性。在这时，决定着此在的世界进入此在的意识之中，被此在所经验。也只有经过此在的经验，存在才有可能由遮蔽的变成显现的或在场的，进入去蔽状态。而只有在去蔽状态之中，世界才有可能发生变化。不然的话，当世界处于遮蔽时，人们并不知道世界的存在，世界不可能进入此在的视野，也就不具备发生变化的可能性。从这一角度来讲，世界的变化，仍然要依靠人类意识的参与。即"一切事物皆象征"②，效果历史意识正是存在的本体——世界变化的中介。

　　同样地，对于梅洛-庞蒂来讲，人的身体图式决定着人类对实事的理解方式。但由于人对自身的身体图式对实事影响的作用难以觉察，只是在这些已经形成的身体图式的基础上形成对世界的觉察与知觉。"我对世界的最初知觉和我对世界的最初把握在我看来，应该是以前的某个人和一般世界之间缔结的一个约定的执行，我的个人生存应是一种前个人习惯的继续。"③ 其中，他者必须先进入人们的身体，成为身体的，然后才能在意识中构建为他者："他者，不是作为'意识'（这里指主客二分的、抽象的意识——引者注），而是作为身体的居民，并通过身体再成为世界的居民。"④ 但是，身体图式对知觉的影响，还只是一个前反思的世界。因此，

———————

① ［德］海德格尔：《形而上学导论》，熊伟、王节庆译，商务印书馆1996年版，第47页。

② ［德］伽达默尔：《伽达默尔集》，严平选编，上海远东出版社2003年版，第480页。

③ Maurice Merleau-Ponty, *Phénoménologie de la Perception*, Gallimard, Paris, 1976, p.293.

④ ［法］梅洛-庞蒂：《可见的与不可见的》，罗国祥译，商务印书馆2008年版，第265页。

一些艺术家的探索对身体图式的发现有着重要的意义。在他看来，塞尚的作品正是这一探索的集中体现。在塞尚的作品中，他通过不同角度的静物素描和不同人体姿势的描绘，集中展示了身体的变换及其对观察的影响，向人们展示了身体对事物呈现方式的构造过程。通过一次次对自身身体图式的感知与突破，让人们意识到身体图式对人类知觉的影响。也正是在这一过程中，人们才在自身的意识领域中经验到身体图式对自身知觉的构建方式。而不停地经历身体图式对知觉的构建体验，就意味着回到原初秩序，回到身体图式被构建之前的状态，了解身体图式被建构的原因，我们才有可能重新构建一种新的身体图式。从这一角度来讲，对身体图式的意识，是身体图式发生变化的前提。

第三节 现象学视野中我国生态智慧 对生态美学本体论的启示

在现象学的视域中，生态美学的本体论并不仅仅来自于现象学运动本身的发展过程及现象学的理论成果。正如我们在上文所说，现象学作为一个哲学运动，其精神实质在于：它是一种方法，一种思维上的方法变革，一种面对世界的态度上的方法革新。在现象学所倡导的这种方法体系中，中国古代哲学思想焕发出新的光彩，"现象学之所以比较容易为中国学人接受，是因为从哲学气质来说，它与中国哲学传统更为契合，而易于实现其'中国化'"[①]。目前，"天人合一"作为中国哲学最为本质的思想观念，受到各界的认可。古代的"天人合一"观念是中国古代农业文明的产物，反映了人与自然共存一体的关系，表现了人与自然之间的依赖感与亲

---

① 倪梁康、杨国荣：《关于现象学与中国哲学的对谈》，《哲学分析》2013 年第 3 期，第 175 页。

和感。今天，中国哲学所流传下来的"天人合一"观念，对我们今天的生态文明也有着重要的启示意义。可以说，作为一个早熟的民族，中国哲学所记载下来的，正是农业社会初期人类刚从自然中逸出时的思维方式，由于"农业文明时代最重要的问题莫过于人与自然的关系，顺应自然，按照自然运行的节律安排人类活动，成为人类活动成功、人类生活获致幸福的关键"[①]。这种思维方式对生态文明有着重要的启示。从思维本质上来讲，"天人合一"首先肯定了天人的区别，并在区别之后再试图将二者统一起来，因此，这是一种更高一级的思维方式。"天人合一"的哲学记载了人类刚从自然中逸出时的情景，记载了那时人类依赖自然和顺应自然时的思维方式。这就使得中国古代的哲学思想蕴含着丰富的生态智慧，这些生态智慧，同样也构成了当代生态美学重要的理论资源。

从现象学运动的发展过程来讲，中国古代的哲学思想对海德格尔产生过重要的影响。许多学者如张祥龙先生等人都已对这一影响做了全面的整理与阐释。同时，在伽达默尔的诠释学哲学中，也认为传统构成了此在存在的前提。从这一角度上讲，中国文化、中国哲学精神等，构成了中国人生存的前提。从现象学运动的基本精神来讲，中国哲学精神作为人类存在的另一种世界，构建了中国人意识意向性的独特方向。这一方向，不仅是现象学运动的资源，也是生态美学的资源。

那么，在现象学的视野中，中国古代的生态智慧如何构建了当代生态美学的本体论呢？

一、自然的本质为生

"天地之大德曰生"，"生生之为易"，这正是中国古代人们对天地、自然的认识。《周易·序卦》指出："有天地然后万物生焉""有天地然后有万物，

---

① 曾繁仁：《生态美学基本问题研究》，人民出版社 2015 年版，第 213 页。

有万物然后有男女，有男女然后有夫妇，有夫妇然后有父子，有父子然后有君臣，有君臣然后有上下，有上下然后礼义有所措"。可以说，正是天地的好生之德，才生成并养育了自然万物，而人正是天地好生之德的成果之一。"天地创生万物，是一种'天施地生，其益无方'的生命过程。"①

在这里，天地正是我们所泛指的自然，而天地之德正是对自然本性的认识。中国古代对自然本质的认识正在于：自然拥有好生之德，自然的好生之德决定了人类与自然之间的天人合一。那么，什么是生呢？在中国古代哲学看来，生的本质正在于：变化、创生、养育和回归。首先，自然作为一种混沌，它是一种变化，由无到有、由混沌到初生、有无形到有形的变化。"道生一、一生二、二生三，三生万物，万物负阴而抱阳，冲气以为和"（《老子·四十二章》）。自然作为一个整体，首先幻化为一，而自然中的一，在中国哲学中也被称为气。"通天下一气耳"（《庄子·知北游》），"难言也。其为气也，至大至刚，以直养而无害，则塞于天地之间"（《孟子·公孙丑上》）。在"气"的基础上，自然分别幻化出两极，"易有太极，是生两仪，两仪生四象"（《周易·系辞上》）两仪幻化为天地、乾坤、阴阳等。在两仪的自然之维中，"天地氤氲，万物化醇；男女构精，万物化生"（《周易·系辞下》）。"天出其精，地出其形，合此以为人。"（《管子·内业篇》）其次，自然的生是一种创生，即孕育和创造。正是在混沌的自然之气中，万物化生。"精气为物，游魂为变"（《周易·系辞上》）。"至道之宗，奉生之始"（《内经》王冰注）。

目前，国外有学者将中国古代的气译为"生命能量"②，正是对自然创生能力的真实写照。从某种程度上讲，自然的氤氲之气，正是创生生命的始基。"人之生，气之聚也；聚则为生，散则为死"（《庄子·知北游》），气正是生命的本源。再次，自然作为一个能量系统，生的意义也包括"让

---

① 曾繁仁：《生态美学基本问题研究》，人民出版社 2015 年版，第 214 页。

② 此信息由美国爱达荷大学 Scott Slovic 教授于 2015 年 11 月 15 日，在上海师范大学举办的环境与人文国际研讨会上提供。

某某生"——即养育的意义。万物不仅要生焉，也需成长、长大、生老病死……，这就要求自然不仅要有好生之德，也要有养育之德。"气不能不聚而为万物，万物不能不散而为太虚。气之聚散于太虚，犹冰凝于水"，（张载：《正蒙·太和》）正因如此，"盖天地万物与人原是一体，其发窍之最精处，是人心一点灵明。风雨露雷，日月星辰，禽兽草木，山川土石，与人原只一体。故五谷禽兽之类，皆可以养人；药石之类，皆可以疗疾，只为同此一气，故能相通耳"（王阳明：《传习录》）。正是由于万物同此一气，人与世间万物具有相同的本源、相同的生命结构。因此，人类要顺应自然，自然不仅是人类的创生之处，也是人类的养育之所。除此之外，自然也是人类的回归之地。由于人类的本源同于自然的本源："气聚则人生，气散则为死"，当积聚在人类身上的气散尽，也就意味着人身之气重新归回为自然之气，人类重新归化于自然，自然也是人类的最终回归之地。"观于人身及万物动植，皆全是气之所鼓荡。气才绝，即腐败臭恶不可近"[1]，人类与自然的关系，正是自然在变化中创生、养育并归化人类的关系。

二、人居于自然之气中

由于人是由自然所创化繁育的，因此，对人的生存来讲，人就生存在由道所生的"一"——"气"中。从现象学的角度来讲，人类生存的前提或世界，正是一个充盈着"气"的自然宇宙。从人与自然的关系来讲，人正处于自然之气的相交之处。"言天者求之本，言地者求之位，言人者求之气交。……上下之位，气交之中，人之居也"（《内经·六微旨大论》）。"所谓'气交'，是具体描述了'天人合一'即阴阳二气，上升与下降之相交的过程。而这种'气交'之处即为人之居所。这就给人、也给人之养生提供了一个非常重要的定位，那就是人之生存与养生都在是天人之际与阴

---

[1]　方东树：《昭昧詹言》，汪绍楹校点，人民文学出版社1961年版，第25页。

阳相汇之中。人与天地构成一个须臾难分的共同体。"① 从人的身体内部来讲，是"天地之间，六合之内，其气九州、九窍、五脏、十二节，皆通乎天气。其生五，其气三……此寿命之本也"(《内经·六微旨大论》)。也就是说，人的身体内部，人的寿命之本，正是自然之气在人身体之内的交合："余闻人有精、气、津、液、血、脉，余意以为一气耳，今乃辨为六名"，(《内经·决气第三十》) 这六气，决定了人体各器官的健康状况："六气者，各有部主也"(《内经·决气第三十》)。比如："六气有，有余不足，气之多少，脑髓之虚实，血脉之清浊，精脱者，耳聋；气脱者，目不明；津脱者，腠理开，汗大泄；液脱者，骨属屈伸不利，色夭，脑髓消，胫痟，耳数鸣；血脱者，色白，夭然不泽，其脉空虚，此其候也"(《内经·决气第三十》)。

正是由于人的身体处于自然之气中，人的身体内部也充盈着各种气，气之流动、变易、交合、耗散等就意味着人处于不同的气韵之中，并因此会有不同的状态。因此，人要顺应自然之气：人的居所要顺应自然之气的流动，这就是中国古代的风水观念；人的身体节律要顺应自然之气的变化，这就是人体的养生观念。总之，人时刻居于自然之气的包围中，构成为人类生存于世的外在与内在条件或存在前提，这正是中国古代生态智慧的集中体现。

三、人类应顺应自然之气

正是由于人的周围与内在的身体都充盈着自然之气，因此，对于人来讲，人所要做的，就是顺应自然之气。人对自然之气的顺应表现在三个方面：

第一，自然之气有本身运行的规律。时间上，一年之中，自然有四季

---

① 曾繁仁：《生态美学基本问题研究》，人民出版社 2015 年版，第 60 页。

的变化；一日之中，自然有十二时的变化。一年之中，"日往则月来，月往则日来，日月相推而明日生焉。寒往则暑来，暑往则寒来，寒暑相推而岁成焉。往者屈也，来者信也，屈信相感而利生焉"，(《周易·系辞》)一日之中，"平旦阳气生，日中阳气隆，日西而阳气已虚"(《内经·生气通天论》)。因此，人在养生时要注意时与气的关系，比如：

> 春三月，此谓发陈，天地俱生，万物以荣，夜卧早起，广步于庭，被发缓形，以使志生，生而勿杀，予而勿夺，赏而勿罚，此春气之应，养生之道也。逆之则伤肝，夏为寒变，奉长者少。夏三月，此谓蕃秀，天地气交，万物华实，夜卧早起，无厌于日，使志无怒，使华英成秀，使气得泄，若所爱在外，此夏气之应，养长之道也。逆之则伤心，秋为痎疟，奉收者少，冬至重病。秋三月，此谓容平，天气以急，地气以明，早卧早起，与鸡俱兴，使志安宁，以缓秋刑，收敛神气，使秋气平，无外其志，使肺气清，此秋气之应，养收之道也。逆之则伤肺，冬为飧泄，奉藏者少。冬三月，此谓闭藏，水冰地坼，无扰乎阳，早卧晚起，必待日光，使志若伏若匿，若有私意，若已有得，去寒就温，无泄皮肤，使气亟夺，此冬气之应，养藏之道也。逆之则伤肾，春为痿厥，奉生者少。(《内经·素问·四季调时大论》)

空间上，以地势而言，有由上而下的气流，也有自下而上的气流；以地形而言，有宽敞之气，也有侠促之气。因此，人之居所，也应顺应地气，所谓"天地之气，各以方殊，而人亦因之"。[①] 因此，中国古代的风水概念，正是对气在地理上分布的一种认识："夫宅者，乃是阴阳之枢纽，人伦之轨模。"(《黄帝宅经·序》)"葬者，乘生气也。生气即一元运行之气，在天则周流六虚，在地则发生万物，天无此则气无以资，地无形则形无以载，故磅礴乎大化，贯通于品汇，无处无之，而无时不运也。……故

---

① 黄宗羲：《黄宗羲全集》(第1册)，浙江古籍出版社1985年版，第60页。

谓之风水。风水之法，得水为上，藏风次之。"（郭璞：《葬书》）是故风水的精髓，正在于"藏风聚气"。也正因如此，中国古代不仅有择址选形之用的"形法"，也有偏重于确定室内外的方位格局的"理法"，更有在此基础上形成的用于选择吉日良辰以事兴造的"日法"和补救各法选择不利的"符镇法"。其根本原理正是依据自然之气的节律变化。"气在万物中分布并不是平均的，而是有着偏正、厚薄的不同，并且对居住在此的人产生相应的影响。"[①]

第二，人要感应自然之气。由于人类生存于自然之气的包围之中，并被自然之气所影响，因此，人类必须能感应自然之气的变化：因为"人与天地、鬼神、万物一气也。"（《慎言·作圣篇》）因此，"天地间只有一个感应而已，更有甚事？（《二程遗书》卷十五）"其中，风水学正是对自然之气在空间分布中的感应："所谓风者，取其山势之藏纳，土色之坚厚，不冲冒四面之风与无所谓地风者也。所谓水者，取其地势之高燥，无使水近夫亲肤而已；若水势曲屈而环向之，又其第二义也。"（项乔：《风水辩》）"气者，水之母，水者，气之子。气行则水随，水止则气畜，子母同情，水气相逐，犹影之随形也。夫气一也，溢于地外而有迹者为水，行于地中而无形者为气。水其表也，气其里也，内外同流，表里同运，此造化自然之妙用。"（蒋平阶：《秘传水龙经》）风水的本质，正在于流动的气。对于人类来讲，只有感应这种流动之气，其生存的可能甚至生存的质量，才有可能得到保障。

对自然之气的感应造就了中国人独特的学问——堪舆学，也造就了中国人独特的感受能力，更造就了许多以气为核心的术语："阳气"、"阴气"、"生气"、"死气"、"气脉"、"地气"，自然之气不仅作为风、空气的流动刺激着中国人的肌肤，也作为一个只可意会、不可言传的气场影响着中国人的心理，借用梅洛-庞蒂的话来讲，形成了中国人独有的身体图式。在生

---

① 曾繁仁：《生态美学基本问题研究》，人民出版社 2015 年版，第 281 页。

态时代，人们需要重新建立人与自然的联系，中国人这种独特的身体图式将发挥重要的作用。

第三，人要顺应自然之气。从本质上讲，中国人对风水的研究，是对气在空间中分布的探究，其目的是使人与空间中分布的气和谐共存；而中国人对节气、时令的研究，是对气在时间上分布的探究，其目的是使人与时间中分布的气和谐共存。因此，上述对自然之气的认识以及对自然之气的感应，其目的都是要使人顺应自然之气，并在自然之气周而复始的运动中规划人类自身的行动。"夫民之大事在农，……古者太史顺时爬土，阳瘅横盈，土气震发，农祥晨正"，(《国语·周语上》)因此，"风水说，通过化始——化机——化成的逻辑，将气这一哲学范畴转化为可以操作的系统。"[1] 这种对自然之气的顺应，正是中国人天人合一的基础。而天人合一，本质上正是将自然作为一种神圣之源，并朴素地相信：人类正是自然之气变化生息的产物，因此，人们应对天地有一种基本的敬畏之感。人类的生存，首先要顺应的就是"天道"。

四、气在教化中的作用

天道、天人合一、气本体等，本质上都是将人视为生物的一种，也就是说，更为强调人类的身体性，强调从身体的层面论证人作为自然之气的产物。我们可以通过许多成语来体会中国人对身体的重视：身败名裂、身临其境、身体力行、身先士卒、立身处世、卖身求荣、设身处地、洁身自好、安身立命、奋不顾身、引火烧身、孑然一身、明哲保身、著作等身等等，这种对身体的重视，本质上就是认为身体是人类生存的根本与前提，一旦身体不在，那就是身死灯灭。

但是，中国古代社会并没有将人仅仅视为一种生物性的存在，它同样

---

[1]　王深法：《风水理论与人居环境》，中国环境科学出版社2003年版，第113页。

重视人类社会性的存在方式。但中国古代对人类社会性的重视及其理论基础与西方并不相同。如果说，自古希腊哲学开始，西方哲学便走上了强调个人"单子"式的存在、高扬主体性的道路，我们在上文已经论述了这一道路。这种单子式的个体通过自身精神，超越了命运、社会、自然等为人类存在所形成的种种桎梏，高扬了自身的精神主体。可以说，西方哲学对人类社会性存在方式的论述是强调人的精神性，强调人类的精神性正是人类从自然中逸出的根本动力。中国古代哲学也强调人类的社会性，但与西方哲学不同的是，中国古代哲学发现了人类的身体性，认为人类的身体来源于自然。而"身体发肤，受之于父母"，因此，身体血缘关系构成了人类社会性的起点，形成了一系列的人伦道德与社会法则。可以说，在中国古代社会中，人的社会性一直受到身体这种自然法则的影响。正因如此，西方哲学始终存在着身—心的矛盾，因为心总是试图超越身；而中国哲学却很少产生身与心的矛盾，因为心性的规则正来自于身体的自然法则。如果说，西方哲学将对身体的克服视为人类精神性存在的首要途径的话，那么，中国古代则始终不认可精神可以离开身体而存在。也就是说，西方哲学构建社会性的人的过程，是一个把人的生物性与社会性对立起来并逐渐抛弃生物性的人的过程，其中，精神被视为人的心灵体现，被称为人的意识。心灵与身体的矛盾，构成了西方哲学一个重要的命题。直到梅洛-庞蒂的出现，才逐渐探讨身体对人的意识的构建作用。与之不同的是，中国古代对社会性的人的追求，一直没有将身体与精神对立开来，也没有离开身体的层面，身体始终作为人类社会性存在的生物性基础，对人类的心灵、意识或精神层面起着重要的作用。比如儒学对社会性人的追求途径正是修身、吾日三省吾身、反身而诚等。

由于人的身体与自然的一体性，导致了中国古代哲学在对精神的追求中，一直没有离开决定着身体的自然之气、天道等观念，同时也造就了中国人在其社会伦理规范中对自然天道的重视，甚至于我们可以看到：在中国古代的社会规则制定过程中，人的身体性构成了人的社会性的基础：其中，由于血缘关系是人的身体来源或生物性基础，使得中国人特别强化血缘关系在社会伦理中的作用。而这种对血缘关系的强调，使得基于自然的生物法则构成为中国古代社会法则或人之为人的基础："不得乎亲，不可以为人"（《孟子·离娄上》）。

正是由于我们每个人首先是一个生物上的身体，在由生物人向社会人转化的过程中，中国古代产生了三种转化的方式：一是儒家的方式：即认为生物性的人向社会性的人进行转化，需要教化。这就是仁、义、礼、智、信的由来。二是道家的方式，认为"古之至人，天而不人"（《庄子·列御寇》），讲究"天地与我并生，而万物与我为一"（《庄子·齐物论》），即不认可生物人向社会人的转化有其必要性，认为人应回归生物性的人并安于做这样一个生物性的人，这也正是庄子心斋坐忘的本质，也是他在妻子死后鼓盆而歌的原因。在这一方式中，教化的目标就是使人回到天人不分的状态。三是佛家的方式，即认为身体是臭皮囊，人的存在过程就是追求精神上的自律、逐渐摆脱这个臭皮囊的过程。而佛家在被中国化之后，也变得重视身体的作用。我们可以通过禅宗与印度佛教之间的区别感觉到这一点。

以儒家为例，儒家认为"人皆可为尧舜"，因此，可以通过教化来使人由生物性的人转化为社会性的人。在教化的过程中，人们可被分为禽兽、庶民、君子、至德之人几个等级，教化就是使人们成为至德之人的过程。其中"饱食、暖衣、逸居而无教，则近于禽兽"。（《孟子·滕文公上》）或者说"无君无父，是禽兽也"。因此，生物性的人需向社会性的人转化。庶民与君子的区别则是："之所以异于禽兽者几希，庶民去之，君子存之。"（《孟子·离娄下》）至德之人则是"顺天之义，知民之急。仁而威，惠而信，修身而天下服……日月所照，风雨所至，莫不从服"（《史记·五帝本纪》）之人。本文无意介绍儒家教化的理论，只是想说明：儒家教化思想的本质，正在于将生物性的人教化为社会性的人，而其对社会性人的最高追求，则是能领悟"天道"和"人道"之人。其中，"顺天之义"

与"知民之急"构成了至德之人的基本条件。在这里，我们可以看到，顺天之义仍是儒家教化的重要基础。

儒家教化的终极目标是顺天之义与知民之急的至德之人，为达此目标，儒家开始将自然之气应用于社会教化的过程之中，其中最著名的有孟子的"夜气不足以存，则其违禽兽不远矣"（《孟子·告子上》），以及"吾善养吾浩然之气"之说："我善养吾浩然之气。……其为气也，至大至刚，以直养而无害，则塞于天地之间；其为气也，配义与道；无是，馁也。是集义所生者，非义袭而取之也。行有不慊于心，则馁矣"（《孟子·公孙丑上》）。在他看来，充于天地之间的气有浩然正气和体充之气，而成为君子的条件正是养其浩然之气，教化的方向即是：将体充之气升华为浩然之气。在这个地方，我们可以看到，随着人的社会化，社会规则逐渐对自然规则进行遴选。但是，中国古代的遴选方式，仍是在自然规则的基础上，以自然规则为前提。也正因为这种基础，气不仅成了自然的本体，也是自然影响人们的直接方式，甚至于在人们社会化的过程中，仍必须以尊重自然为基本规则。

第四节　现象学视野中生态美学的本体论

通过对现象学哲学运动的回溯，我们可以看出，西方的生态运动本质上仍是现象学运动的一部分。西方生态运动的精神实质，正是现象学运动在生态问题上的体现，也是严格的现象学基本精神的必然要求。反过来讲，现象学运动作为一种哲学思想的运动，当它面临着具体现实问题的挑战时，也必然要体现出理论对新问题的解释能力。现象学必然会导致生态现象学的出现。在生态现象学的发展过程中，国内学者曾繁仁先生认为，"海德格尔是一种成熟的生态现象学，而梅洛-庞蒂则是生态现象学的新发展。"① 从这一角度出发，我们可以看出，现象学对生态美学的影响，首先就是对人的存在特性的一种新的界定，这一新的界定，构成了生态美学探讨各种问题的起点，构成了生态美学回答现实问题的依据，换言之，构成了生态美学的本体论。在现象学的视野中，生态美学的本体论正是生态存在论，生态存在论不仅构成了生态危机现实中一种对人的存在方式的全新理解，也为建构一种生态的美学思想提供了新的出发点。那么，生态存在论包括哪些基本的规定呢？

一、人处于自然之中

人与自然到底是一种什么样的关系呢？在现象学看来，人与自然的关系要在生活世界的基础上探讨。现象学认为我们都处于一个生活世界之中，生活世界既不是认识论视野中可客观考察的环境与宇宙，也非所有的存在物整体。按照海德格尔的看法，世界是在我们认识一个事物过程中所预先假设的东西，它构成了我们认识这一事物的可靠性。人们需要追溯这种可靠性的来源，才能找到那个最终的具有奠基作用的世界之源。那么，依照彻底的现象学精神，这个先于所有客观性与主观性的先在世界应追溯到什么程度呢？"一种意识生活的主体，在这种意识生活之中，这些现存性和其他所有的现存性——对'我们'而言——通过某种统觉而'创造'自身。……现存的（被统摄的）我和我们以一个（统摄的）我的我们为前提，前者对于后者来说是现存的，但后者本身并不在同样的意义上现存。"② 如果我们彻底地追溯这种现存，就会发现：相对于我来讲，我们是一个现存；相对于我们来讲，传统是一种现存；相对于传统来讲，语言是一种现存；相对于语言来讲，人与自然的关系是一种现存；相对于人与自然的关

---

① 曾繁仁：《再论作为生态美学基本哲学立场的生态现象学》，《求是学刊》2014 年第 5 期，第 116—125 页。

② 倪梁康主编：《面对实事本身：现象学经典文选》，东方出版社 2000 年版，第 97 页。

系来讲，自然的存在是一种现存。也就是说，按照彻底的现象学精神，我们终会发现：有一种现存，是所有人类必须面对的，也是所有人类最终必须依靠的，离开了它，所有的文化、传统甚或人类本身，都不再具有存在的根本。现象学对生活世界的追溯有两种路径："一条现象学通向道德哲学的路径，这一路径开始于对道德体验的描述；而另一种现象学的自然哲学开始于对遭遇者的描述，与这种遭遇者相遇的是生活世界化的自然——优先于理论抽象的我们可以体验到的那个自然。"① 在这一意义上，相对于人类来讲，自然就是一种终极意义上的现存，是人类由之成长、成熟并作用于它的现存。生态现象学正是追溯到了这一现存。

正因如此，人与自然的关系，并不是一种对等的关系，而是人处于自然之中的关系。在这一关系中，自然是一个整体，人处于自然整体之中，是自然整体的一部分。如果自然是一个系统的话，那么人就是系统中的一个部分；如果自然是生态环链的话，那么，人就是生态环链的一个节点。在人与自然的关系中，人类本质上是被动的。人的意识、人应对自然事件的能力，本质上都是被自然所塑造的，是自然对人类的馈赠。这不仅是现象学的发现，也是中国古代的生态智慧。从这一角度来讲，人类破坏自然、形成生态危机的过程，本质上也来自于人与自然的关系，是人与自然关系的一个阶段。

人与自然的关系，决定了人类必然是一个有限的存在者。生态视野让人们意识到：人类这一有限的存在者，它所经受的终极性限制在于：人类是受制于自然的存在者，甚至于就是自然中的一环，人类对自然的改变终有一天也会通过自然的改变回馈到人本身。人类不可能离开自然而存在。人类的存在方式，究其本质，都是在自然中完成的。如果人类在自我的生存过程中只关注自我，而不关注那个决定着自我的自然本身，自然将会以其自身的规律回报人类。

---

① Broun C S. *The Real and the Good: Phenomenology and the Possibility of the Axiological Rationality.* From *Eco-Phenomenology.* Albany: State University of New York Press, 2003, p.6.

二、人与自然共属一体的关系

生态存在论，本质上正是将生态问题视为一种客观的存在形态。生态问题所处理的根本关系，正在于人与自然的关系。在人与自然的关系上，生态存在论的根本要义在于：它认为人与自然是一种整体存在的关系，是一种生态整体性关系。

现象学作为一种思维方式，向我们指明了人类存在方式的根本特点：人是处于处境之中，被处境所构成的。人对外在事物的认识以及对自我的认识，都是提前被他所处的处境所构成的。因此，人类中心论并没有将人放入具体的处境之中，而是将人类主体视为一种先验的存在者，将人类置于一种无根的哲学视野之中。反之，自然中心论也会将自然置入一种完全的荒芜之中，认为自然的存在仅仅是一种无法把握的原始之魅，在自然返魅的过程中将自然神化、不可把握化，变成一种完全与人无关的自在存在。这些都没有秉承严格的现象学精神。

如果我们沿着现象学所指示的道路，寻找人类处境的最终根源，就会发现：人与自然之间是一种共属一体的关系。其中，自然并不是完全荒芜的自然、与人无关的自然，它始终是在人的意识中显现出来的自然，也是人类的意识正在建构的自然。反之，人类也不是主体，不是无根的存在者，而是在自然供养体系中生态环链的一环。二者之间的存在方式是一种关系中的存在，其中，人与自然的关系，是先于我们探讨人或自然之前已经客观存在的事实。我们对人与自然的任何界定，都必须以人与自然的关系为前提。这就是生态整体观。生态整体观正是生态存在论的前提条件。在这里，地球上的所有物种构成了一个完整的系统，物种与物种之间，物种与空气、大地之间，都须臾不可分，它们构成了一种能量循环的、平衡的有机整体，而对这种整体的破坏意味着危及人类生存的生态危机正在发生。从这一角度来看，区分的思维，所破坏的正是整体的存在关系。而人类意识之所以产生，正是因为意识区分了内在与外在、自然与自我。可以说，意识正是以区分为前提的。人类要意识，必须进行区分。而一旦区分，就会失去人与自然关系的整体性。在这里，老子、庄子可谓最早窥见了意识的本质以及意识与自然的关系。但老庄的解决之道不仅过于消极，也不可能达到，因为老庄的言说及意识本身都是以这种区分为前提的。正确的道路应是：在人类意识的领域中重新恢复关系思维、整体思维，重新认识到人与自然共属一体的关系，这也正是现象学运动探讨意识现象的终极意义。

正因如此，在生态危机的现实语境中，反观现象学对本体论的探讨，就会发现：传统的现象学研究，他们都将其视野止步于人类的语言、文化、传统等人文领域，只有梅洛-庞蒂的身体现象学，因为对身体构建意识的现象学路线的强调，其哲学思想涉及了人与自然的领域。从本质上讲，胡塞尔本人、海德格尔、伽达默尔、保罗·利科尔等人，都是在人类文化的领域探讨人类被文化所构建的过程，而没有将人类文化的起源追溯到一种彻底的处境。因此，他们并不是真正意义上的生态现象学家，只能算作生态现象学的启发者。如果我们用一种彻底的现象学精神去要求这些哲学家，就会发现，他们对文化、语言的探讨，都将文化或语言而非自然视为"存在的家"，原因都在于他们并没有完全坚持彻底的现象学精神，没有追溯文化与语言的起源。在彻底的现象学精神中，我们可以发现：任何人类的文化、传统、语言等，都奠基于人与自然所形成的整体性关系，也只有在这种整体性关系的基础上才能得到说明。而人类的文化、传统或语言，与其所处的自然环境密切相关。人与自然所形成的关系，是形成某种文化传统的终极因素。

在人与自然的关系中，生态现象学沿着严格现象学运动的精神，重新构建了一种新的人与自然的关系。这就是生态存在论。生态存在论是对人类中心主义的扬弃，也是对自然的尊重，包含着对自然的部分返魅。在它看来，认识论哲学是一个对自然进行"祛魅"的过程，这一过程导致了一种贪得无厌的人性。在拥有这种人性的人们看来，生活的全部意义在于占有。他们越来越奢求得到一些超过他们需要的东西。为了获得这些，他们往往诉诸武力。而自然的返魅则要人们部分地恢复自然的神圣性、无功利性和自身的价值。而这种对于自然返魅的追求，只有在生态现象学的理论基础上才有可能建立。在这一基础上，自然作为生活世界的最终奠基性存在，人的意识作为意识到这一奠基性存在的唯一路径，才有可能确立自然本身的价值以及自然的神圣性，确立人的意识运动的方向，人与自然新的关系才有可能被真正建立起来。

三、在人的意识领域中构建人与自然共属一体的关系

我们上文所提到的，人处于自然之中，人与自然是共属一体的关系，人与自然的关系首先要求人们把握自然是人类生存的前提。但是，如何构建这种关系，仍然需要人类意识的参与，或者说，只有在人的意识领域，才有可能构建这种人与自然共属一体的关系。

生态存在论，本质上是由人所构建出来的对自然与人关系的新认识，也是由人所构建出来的对人的存在特性的一种新体验。这一新的体验与认识，本质上都发生在人的意识领域，是由人的意识所构建出来的一种新的世界观。正如我们在第一章所提到的那样，生态关系本质上是一种新的世界观、伦理观或价值观。但只要是一种观，那就说明这与人类的意识活动有关。在生态环链的所有生物中，人与别的生物的区别正在于它作为一个有系统意识的生物，生态危机的形成与人类主体意识有关，生态危机的解决与生态世界观的形成有关，这本质上仍是一个意识内的事件。

作为一个意识内的事件，生态存在论要求人们能把生态存在论作为自己的世界观，并在这一世界观的基础上构建生态伦理观与生态美学观。但是，正如现象学哲学所提到的那样，意识现象是迄今为止最为复杂的概念。伽达默尔曾说，"尽管看起来非常荒谬，对我来讲，经验① 概念乃是

---

① 哲学诠释学用诠释学经验探讨意识的复杂性，在这里，经验即指存在论中此在的意识。

我们所具有的最难理解的概念之一。"① 可以说，在现象学的视野中，意识问题变得尤为复杂：在胡塞尔看来，意识具有一种意向性的能力，这一能力来自于生活世界对人的意识的塑造；在海德格尔那里，世界的显现，本义上是指世界向人的显现，而要使人把握住这一显现，就需要人的意识的参与。尽管海德格尔不想用意识这一术语来界定存在向人的显现过程，但他对存在天命的阐释，本质上仍是一种理解或诠释，这一理解或诠释仍来自于人的意识；伽达默尔的诠释学经验，本质上也是一个意识内的事件；而梅洛-庞蒂的身体现象，则直接探讨身体与意识之间的关系。可以说，世界向人显现的过程，就是世界向人的意识显现的过程，它仍然需要人们在自我的意识领域感知这一显现。换言之，显现的同时，还必须有一个实现者，这一实现者将显现内化为它的事件。世界向人的显现，只有实现为人的意识内事件，这一显现才是一个现实的显现。显现就是实现，是世界显现事件的两个方面。

正是因为上述原因，自然作为人类生存的前提，生态作为人类存在的基础，必须成为人的意识内的事件，在人的意识领域发生并被人们意识到，才是一个真正的显现事件。也就是说，我们在上文中所提到的人处于自然之中、人与自然共属一体的关系，必须进入人类的意识领域，对人的意识产生影响，进而影响到人们的意向性能力，才是一个完整的事件。生态存在论，不仅以人与自然共属一体的关系为前提，同时也必须以存在于意识、使存在在意识中显现作为一个根本性的条件。

中国古代的生态智慧为存在于人的意识中显现的方式的提供了重要的理论资源。中国古代对"气"的发现，使得西方的现象学思维突破了西方哲学的根本局限。自然幻化为"气"，充塞于天地之间，而生活于自然中的人们，必然先感悟到自然之"气"的存在，体验到自然之"气"对自我的决定方式，体验到"气"在身体中的表现形式，体验到身体处于自然之

---

① Gadamer: *Truth and Method*. NY: Sheed and Ward Ltd, 1975, p.310.

中，体验到身体与自然之间的同构性，通过身体体验到自然的节律性，进而体验到自我的有限性和在此性。可以说，现象学视野为中西生态理论的融合发展提供了一种基本的思维方式，它不仅为中国古代的生态智慧成为一种"可道"的智慧提供了条件，也为西方生态理论进入实践提供了一条现实的途径。

四、生态存在论作为人类的共识

生态存在论不仅要作为一种个人的世界观，还必须成为一个文化体的共同的世界观和不同文化体的共识，这是生态存在论所具有的基本含义与最终追求。众所周知，生态危机并不是一人、一时或一事而形成的，同样，也不可能依靠个人的力量解决。正如我们在上文中所分析的那样，生态危机的形成，有个人欲求的原因，有哲学世界观的原因。但正如我们所提到的那样，自然作为人类生存的根本，人类不可能不知道破坏自然的代价。但人类历史的选择，是形成生态危机的原因。因此，单个人的世界观、单个人精神的改变，并不足以形成一种新的时代传统。生态危机是横行于我们这个时代的核心危机之一。因此，推动生态存在论形成为人类社会的共识，也是生态存在论题中应有之义。

现象学哲学不仅探讨个人意识构建实事的过程，也探讨他人在个人意识中的形成过程以及他人的意见与个人意见交流融合的问题。按照我们上文对现象学思维方向的分析，现象学探讨他人意识的方式有两种：一种是胡塞尔——海德格尔——伽达默尔这条线索，代表人物为伽达默尔，其根本特点是将他人视为与自我相似的另一个在者，通过此在的开放态度、对话、视域融合等形成个人与他人的共识。这一线索相信语言的力量，认为语言构成了人类文化的奠基物，因此，对话是人们通向这一奠基物的唯一路径。伽达默尔用流传物的概念来界定个人与他者的关系。在流传物中，它不仅向我们讲话，也向另一个他者讲话。流传物构造了一个先于我、你、他的语境，而流传物的本质正是语言。而我们每个人都必然生活在一种特定的语言共同体中，这就注定了我们必然会与他者相遇。在伽达默尔看来，人类超越自身狭隘知识的唯一方法就是与他者对话。只有通过这一对话，我们才能意识到自身知识的局限，才有可能打开一个面向未知世界的新的视界。另一种则是胡塞尔——英伽登——杜夫海纳——梅洛-庞蒂这条线索，代表人物为梅洛-庞蒂，其根本特点是利用身体的空间化，将他人内化为自身身体的知觉，也就是说，这一线索相信人类基于自身感觉所形成的经验，认为所有的外在现实都必须通过身体这一中介才有可能变成人的现实经验。只有意识到身体形成感觉的过程，意识到身体的建构性，才有可能接近形成我们的那个共同的生活世界。"人们总是谈论'他者'、'交互主体性'等等问题……实际上，需要理解的东西在'人'之外，是生存，我们据此来理解人，同时它也就是我们所有自觉的与不自觉的经验所沉淀下来的意义……它就是我们意向性生活的源初共同体，即他者在我们之中与我们在他们之中的相互交织。"① 上述两种现象学思路实际上都将他者视为此在生存的前提。这种前提，并不是基于主体性的前提，而是基于存在论的前提：即另一个他者的存在构成了自我存在的前提与基础。

正是由于他者的存在构成了自我意识的前提，因此，在现象学的视域中，此在的视野本然地将他者构建为自我的一部分。对于此在来讲，他者的存在，使此在不停地意识到自我的此在性；对于他者来讲，他通过进入另一个此在的视域，构建了自身的存在；同时，对于自我与他者所处的这个关系来讲，正是这个关系的存在，才使得此在与他者的共在成为可能。可以说，正是此在与他者的关系，才最终形成了此在与他者。而这一关系的实质，奠基于此在与他者共存于其中的那个背景。传统现象学对这一背景的考察，都强调语言作为存在的家。但是，随着对语言本质的认识，尤其是对语言与自然关系的认识，生态现象学发现：所有的语言的发生，本

---

① ［法］梅洛-庞蒂：《可见的与不可见的》，罗国祥译，商务印书馆2008年版，第187页。

质上都奠基于某一个自然事件。正如我们在上文中所发现的那样，生态危机的产生，在某种程度上正是将语言视为一个人类内在的事件，而不是将语言视为人类与自然交流的事件。

在这里，美国生态现象学家大卫·亚伯拉姆曾通过对原始部落的考察探讨了语言的产生过程：在他看来，自然中的风、空气、人的身体在自然中的所有感觉，在原始部落的口语中，都会随着语调、语气等表达方式而表现出来。但是，"只有当书写文字开始可读时，森林、河流的声音，才开始减弱，只有在这里，语言才失去了的与看不见的呼吸之间的古老联系。精神切断了它和风的联系，灵魂不再与外在环境中的气有关。"① 因此，当人们日益生活在一个以语言为边界的人造的文化体中时，人们就日益失去了与自然之间的本然联系。"泛灵论——这对于我们的前谓词经验和感性经验来说是非常基本的——从此不再指向自然，而指向了字母。意识从世界抽离而与自身相联系。自然沉默了，我们在一种巨大的人类独白中与我们自己说话。"② 而当人们把语言作为存在之家时，人们就会渐渐失去了反思人与自然关系的思维工具。因为人的所有一切，都已被语言所塑造。人类的思维方式、表达方式、交流方式越来越被语言所规定。对于人类社会来讲，人们必须用语言进行表达，因此，如果语言中的自然越来越微薄，那么人类就有可能失去与自然的联系，甚至于有可能失去反思语言与自然关系的可能性。可以想象，当人们把自我与他者的关系奠基于语言时，就会忘记语言的产生也奠基于自然。语言本体论本身就是一种视域上的盲区。只有反思这一前提，个人与他者之间的联系才有可能奠基于自然之中，人与自然的关系才有可能成为每种文化都必然关注的根本问题。

---

① David Abram: *The Spell of the Sensuous: Perception and Language in a More-than human World*, New York: Vintage Books of Random House, Inc.1996, p.254.

② ［德］U. 梅勒:《生态现象学》，柯小刚译，《世界哲学》2014 年第 4 期，第 87 页。

第七章　生态审美经验的本质及其基本特点

我们在上文中分析了现象学视野中生态美学的本体论，从这一章开始，我们将深入生态美学的内部，分析生态美学的根本特征及具体内涵。

第一节　生态审美经验成立的前提条件

在现象学的视野中，人的存在方式最终将是一种生态存在论，即生态作为人类根本的存在方式。因此，生态美学，本质上正是在这一根本的存在方式中所形成的一种新的美学观。这种新的美学观，是在生态视野中人的存在方式在美学问题上的反映与表现。易言之，在生态视野中，人类作为一种有限性的存在者，生态审美经验要成立的前提，就是要将这一有限性存在方式视为一种人的根本的、独特的存在方式，并将这一存在方式视为对自我的肯定。因此，生态审美经验的本质包含两个部分：一是生态审美经验是对自我有限性的经验；二是生态审美经验是将自我的有限性视为自我肯定的经验。这两个部分的内容，又可具体细化为如下几个方面的问题。

一、生态审美经验是对自我有限性的经验

现象学运动，来自于对认识论的反动。在现象学看来，认识论的盲点，正在于它对"主体形而上学"的依赖：主体的能力不需论证，正是"主体形而上学"的根本局限，这也正是现象学"追求科学的哲学"的起源。现象学运动的方向，证明了主体的能力并不是一种先天的、不证自明的能力，它奠基于人所生存于其中的生活世界。也就是说，如果认识论认为人是一种自由的、有着无限可能性的主体的话，那么，现象学运动则证明了：人并不是一种主体，而是一种此在。而作为一种此在，人必然就是一个在此的在者，有着自己的有限的构造力或能力。同时，现象学作为生态运动基本的思维方式，在现象学的视野中，生态运动的本质就在于：它通过对人的有限性来源的考察，发现了人的有限性不仅来自于人的语言，更来自于人所处于其中的自然。

现象学对人的有限性的发现，改变了美学的哲学基础。如果说，在认识论美学中，美是一种主体的审美意识。那么在这一审美意识中，主体通过对审美对象的感知，意识到了自身的力量，感知到了自身的自由感和作为主体的自豪感。因此，认识论的美学，来自于主体对客体征服的过程以及通过这一过程所形成的对自我能力的高度认可。这一高度认可就表现为我们在第一章所提到的形式美感与静观美学。

正因如此，在认识论美学中，有限性经验是一种不自由的经验。它意味着对人的本质力量的否定。因此，认识论不认可人是有限的，同样，也不认可有限性有可能构成为审美活动的基础，更不可能将人的有限性视为一种审美经验。但是，在现象学的视野中，人们发现：所有的人类存在，都有自己的生活世界。而每个人的生活世界，都有自己的历史、传统或文化，都是在一种时间与空间中的存在，这就决定了每个人的生活世界都不同于他人的生活世界，具有自己的独特性和有限性。而人类的有限性决定了人类的任何意识或经验都是一种有限的经验，这是人类生存的命定，即

海德格尔的存在天命。因此，审美经验作为人类意识中的一种经验，必然也是以有限性为基础的。

二、人的有限性来自于自然

现象学发现了人的有限性，并深度探讨了这一有限性的来源。我们在上文所提到的胡塞尔的生活世界、海德格尔的世界、伽达默尔的传统、梅洛-庞蒂的身体图式等，都是对人的有限性来源的探讨。本质上，生态现象学即是现象学运动的发展，是将严格的现象学思维推至极致，同时也是对上述现象学流派的超越：在它看来，上述现象学流派所关注的人类的有限性来源，都过于强调人类由语言而形成的文化的制约。生态现象学所关注的人类的有限性来源，不仅来自于人类文化的制约，更来自于形成人类文化的深层制约因素——自然。自然不仅构成了人类的文化表现方式，同时也构成了人类有限性的根本来源。也就是说，生态现象学的本质，首先来自于它将现象学的生活世界推进到自然层面。也就是说，当我们沿着现象学的理论进行反思和追溯时，就会意识到：我们的意识之所由，我们的身体之所是，都来自于自然的供给。我们现在所看到的所有自然物，也都依赖它们在我们人类意识中的显现。而人类之所以有意识能力，则依赖于自然对人类的构成。这就要求我们在看到自然物的时候，意识到自然物的形成，意识到自然物与意识之间的关系，意识到自然系统对人类意识以及人类意识对自然物的构造之途。

生态现象学所发现的自然对人的意识行为的构建过程，证明了人的有限性的终极来源在于：人类是自然生态系统的一部分，受整个生态系统的支持，也同样受整个生态系统的制约。这就要求人们不仅能体验到自我，体验到自我与自然物之间的关系，更要能将这种联系视为自我存在的基础。因此，现象学所形成的对自然构建自我的体验，是一种更为原始的体验方式。它不仅要求我们关注自然事物的工具价值，更要关注自然事物的意义价值。工具价值以自我为中心，将自然事物视为我的工具，这是一种赤裸裸的人类中心主义，并不认可人类的有限性；意义价值则强调自然事物在构建自我过程中所具有的意义，追溯自我的来源。在我们的日常生活中，我们可以感知花草和树木的健康，这种健康正是构建自然"生态系统"良好运转的表现。正因如此，花草与树林的健康，昭示了自然物与人类的伙伴关系，这种伙伴关系正是生态美学的具体体现。在这里，我们可以看出，自然物对人的这种意义，并不是基于概念和分析的工具意义，而是一种更为原初的意义。这一意义的存在，依赖于人们的一种心境，一种眼光的变化。在这里，花草与树木都离开了工具性的概念，因其自身的存在而具有意义。这一意义，正是生态美学所着力构建的终极愿景。

三、人类可体验到自然对人的构建过程

对于人类来讲，自然构建了人类的有限性。那么，这种有限性能不能成为人类视域的基础？在这一视域的作用之下，人类如何经验到自我的构建过程并进而意识到自我的有限性呢？在生态美学看来，自然对人的构建过程应是可以被人所体验到的，而人类对于自身所体验到的自我有限性，有可能成为人对自我的新的认识，并进而成为人类继续探讨的依据。

由于人与自然的关系是一种共属一体的、不可分割的关系。在这一关系中，自然是一种前定、是人类不得不生存于其中的处境。特殊的自然环境，构建了一个个特殊的自我。而自我的特殊意识，则构建为人们再次探索的基础。人类就在这样一个过程中一步步接近真理。也正因如此，当人们意识到自我的特殊性时，这种特殊性也会变成一种自我有限性的体验，构成了存在真理显现的基础，也构成了现象学运动的终极目标。当这一终极目标与生态运动相结合时，人们就会意识到自我的特殊性与有限性来源

于自然对自我的构成性。这也表明，通过某个个体直接面对大自然，自然的价值是可以被体验到的。也就是说，与生活世界对人的构建性相似，自然对人的构建过程，仍可作为人类一种重要的体验状态被人类所感知。用海德格尔的话来讲，自然对人的构建是隐而不彰地进行的。在大部分时间内，自然作为一个世界，是遮蔽的。在遮蔽这种状态下，人们不可能体验或感知到自然对自我的构成性。但是，在一些特殊的状态下，自然对人类的构建性一定会显现出来。自然作为此在的世界一定是能去蔽的、能被人经验到的或能进入人的意识领域之内的。因此，对于生态美学来讲，它一定要找到能将自然世界去蔽的人类活动，使自然构建人类自我的过程进入人类的经验或意识之中。

一旦人类意识到自我是由自然所构建的，那么，人类就会形成一种新的对于自我的认识，并进而意识到，人类的世界是被自然所构建的，人类所建构的意义都是提前被自然所规约的。人类的一切活动，都是基于自然对自我的规定性。从这一角度来看，生态美学所形成的体验，首先是一种倒转结构：即由关注外物转向自我本身的构成性。而一旦意识到自我被自然所构建，自我就会意识到自我的有限性，从而形成去蔽的态度。这种去蔽，正是基于生态美学的审美经验所提供的新的对于自我的被构建性经验。

四、将自我的有限性经验视为一种肯定性经验

要使生态的有限性经验能被作为一种审美的经验，就必须将上述自我的有限性经验视为一种肯定性经验。众所周知，在认识论美学中，有限性经验不可能是一种肯定性经验。因为认识论美学所追求的是主体的自由，任何对主体的限制都是对主体本质力量的否定。从这一意义上来讲，有限性就是一种否定或不自由，不可能是一种审美经验。但是，现象学对人的存在方式的探讨，使得有限性经验有可能生成为一种肯定性经验。这一肯

定性经验来自于下述这一过程。

　　首先，自然构成了自我与他者，这是生态现象学对人的存在方式的定性。这就决定了自我必然是一种有限性的存在方式，人类不可能逾越这一存在方式，只要人生存着，人就必然是有限的。其次，在这种有限的世界中，人类本真的生存并不是对有限的克服，而是对有限的体验。海德格尔倡导了一种新的真理观，他认为：由于我们每个人都被迫生活在一个世界之中，我们日常的以使用为目的的生活，本质上是对这个世界的遮蔽，因为我们不知道自我的构成性。反之，当我们感知到自我的被构成性时，我们才有可能知道自己的局限性。在意识到自我的有限性之后，我们才能形成一种开放的生存态度。这种开放态度正是生态自我的根本。在这种开放的态度中，人们意识到世界对自我的构造性，世界才有可能发生变化，存在的本体才有可能有所变化。反之，当世界处于幽暗和遮蔽之中，人们并不知道我们生存的基础有改变的需要。也正因如此，人们有必要探讨一种能使世界显现的方法或路径。从这一角度来讲，当人们意识到自我的世界之时，也就意味着人们了解了自我有限性的来源并进而产生了改变自我的要求，这一要求使得基础存在有可能发生变化。可以说对自我有限性的了解，正是存在论真理观的基础。正是在这一背景之下，自我有限性才是一种肯定性的经验。

　　对于生态美学来讲，海德格尔的存在论有着重要的意义。自然构建了人类，但如果我们不了解自然对我们人类的建构性，那么自然作为人类生存的世界就只能处于遮蔽之中。具体地讲，就是我们生存在一个生态危机的现实里，但我们并不了解这个现实，甚至于我们都没有意识到改变这一现实的必要性，这才是生态危机最可怕的地方。因此，对于自然构建人类这一基本前提来讲，人类只有了解了这一前提，才有可能使自己的行为符合这一前提的根本规定，才有可能改变主客符合的真理观，才有可能形成一种新的真理观与伦理观，因此，对自我有限性的经验，是生态审美经验的基础，是一种肯定性的经验。

第二节　家园意识作为生态审美经验的本质

综上所述，生态美学的核心，在于它满足了上面三个条件：它是一种自我有限性的经验、它认为自我的有限性来自于自然对自我的构建性；同时，它还认为，自然对自我的有限性可以被人所体验到并被视为对人的肯定。可以说，现象学运动向我们明确指明了满足这三个条件的经验正是家园意识。目前，英语生态学"Ecology"一词的希腊语形式为"Ökologie"，其词根来自于希腊语 οἶκος，其本意指房子、居所。因此，生态美学的本真含义，正是对居所和家园的审美经验。在现象学的视野中，家园意识包含着如下几个方面的内容。

一、人类生存于自然的家园之中

在现象学运动中，海德格尔首先发现了家园意识，"在这里，'家园'意指这样一个空间，它赋予人一个处所，人唯有在其中才能有'在家'之感，因而才能在其命运的本己要素中存在。"① 在海德格尔看来，认识论中的主体形而上学是一种无根的哲学，它并没有自己的家园。因为认识论根本不去说明主体形成的过程和原因。由此出发，海德格尔强调人类是生活在一个世界之中的。这一世界决定了人类是一个在此的在者。因而世界构成了此在存在的家园。任何人类，都必然生活在一个世界之中。这一世界决定了人类能有什么样的筹划、怎样进行他的筹划。海德格尔进而探讨了世界的构成，提出"天、地、神、人"四方游戏说。可以说，"天、地、神、人"四方游戏说补充了海德格尔世界概念的内涵。但由于海德格尔的诗性

---

① ［德］马丁·海德格尔：《荷尔德林诗的阐释》，孙周兴译，商务印书馆 2000 年版，第 15 页。

语言，人们很难理解他对世界概念的补充。在其后的现象学运动中，许多哲学家继续补充海德格尔的世界概念。比如伽达默尔，就将世界这一概念推进为"传统"，认为人类的传统构成了人类的世界。传统是人类视域、人类能力形成的根本原因。传统表现为人们正在使用的语言。语言构成了人类的世界，它是存在的家。任何人类，都必定生活在一个家中。

由于生态美学对生态危机的关注，它将存在论的世界概念大而化之为自然概念，因此，在生态美学的视野中，自然构成了人类生存的终极家园。首先，自然是人类生存的终极性限制。自然是一个统一体，其中，人类只是自然统一体的一部分。人类不可能离开自然。在这个地方，伽达默尔的传统概念与世界概念相比，显得过于狭窄。传统概念过于强化人类的社会层面。实际上，人类的社会层面最终也要依赖于其自然环境。其次，人类出生于自然，是自然的一部分，人类的各种能力都来自于自然。当人们从自然中索取生活物资时，人类才有可能形成他的具体能力。人类是自然生态环链中的一个结点。如果人类过于强化自我的存在，必然会破坏生态环链本身的和谐运作，并必将反作用于人类本身。再次，正如中国古代生态智慧所提到的那样，自然是人类创生、养育和回归之处，是生命能量运转之所，"在这个太空中，只有一个地球在独自养育着全部生命体系。地球的整个体系由一个巨大的能量来赋予活力。这种能量通过最精密的调节而供给了人类。"[①]

二、人类必须明确意识到自然作为自己的家园

在海德格尔后期的哲学中，在区分人类两种活动的基础上，海德格尔认为：在以使用为目的的活动中，由于使用活动的目标是筹划一个以使用为目的的活动，当此在越是自由地筹划一个使用活动时，此在越是不可能

---

① ［美］芭芭拉·沃德、勒内·杜博斯：《只有一个地球》，吉林人民出版社1997年版，"前言"。

意识到世界对他的决定性。因为使用活动是以世界为基础的，但此在只有忘了这个基础，他才有可能顺利地完成使用活动中的筹划。也就是说，使用活动的本质在于：它是以世界和世界的闭锁为基础的。使用活动是以世界为基础的向前的筹划。这一筹划活动的本质决定了此在不可能意识到世界对他的构成性。也就是说，尽管世界构成了此在存在的家园，但是，以使用为目的的活动并不能让人们进入这个家园。在此在的意识领域，此在并不可能意识到世界这个家园对他的构成性。这不仅是以使用为目的的活动的根本性局限，也是认识论的根本局限。

存在论认为：只有意识到家园对自我的构成性，人们才有可能获得存在的真理，在此基础上才有可能知道自己应该做什么。但是，如果人们的生活都是由使用活动组成的，那他也不可能意识到自己的家园。在这个地方，海德格尔引入了艺术经验，认为艺术不是以使用为目的，艺术作品的创作和接受过程都不存在使用目的，所以，通过艺术作品所获得经验可以使人们倒转自身的视野，转到那个构成此在的世界上去。可以说，艺术经验促使人们找到自己的家园——世界。

艺术经验是存在论中审美经验的基础。在艺术经验之中，此在找到了那个构成自身的家园——世界，并站立在这个家园之中。这种站立在自己家园中的意识，就是存在论审美经验的本质。

存在论对家园意识的解析同样也适用于生态美学。生态美学的审美经验同样也来自于这种站立在家中的经验。在上文中，我们已经探讨了生态美学的构建要基于对人类有限性的认识。自然构成了人类生存的极限，是人类生存的家园。但是，由于人们忘记了自然对自我的构成性，使得人们总是蔑视自然的威力，构成了自然的被遗忘状态，不利于人类自身的存在。因此，生态美学使人们意识到自然作为人类存在的家园以及自然对人类的构成性。只有在这种对自我构成性的明确意识中，人们才有可能了解自身的有限性，自然才有可能作为人类生存的根本限制，真正地进入人们的意识领域之中。也只有产生了这样一种家园意识，人类才有可能自觉地将自然视为构建自身的家园，保护自然就是保护自己的家园，而不是像认识论那样，将自然看作为与人类相异的存在。

三、家园意识作为一种审美经验

在西方哲学中，自从人类从自然中逸出以来，自然一直就作为一个被人类试图征服的对象，人类一直处于离家的状态，在这一状态中，当认识论用主体形而上学作为其哲学奠基时，家园感、家园意识就一直是西方哲学试图克服的对象。因此，在认识论哲学中，人们不可能意识到自我有一个世界，或者说，在认识论哲学中，即使人们意识到自我有一个世界，由于世界决定了自我的有限性，当人们意识到自我的世界时，人们就会发现自身的有限性，并将这一有限性作为一种否定自我的经验。在这种有限性意识中，人类感觉不到作为主体的自由，作为一种否定性的经验，其不可能形成一种审美的经验。只有在中国"天人合一"的哲学中，在人与自然所形成的亲密关系中，回到故乡和家园，才是一个审美的经验和一个永恒的主题。

现象学指出了人类永远有着自己的家园，这一家园就是他所居于其中的生活世界，也指出了意识到家园对自我的规定性才是人类存在的意义。在现象学的视野中，由于人们的意识都产生于自己的生活世界，这一生活世界决定了人类独特的视域。如果人们意识不到自我生活世界对自我视域的决定性，人就不可能知道自我的独特性，也不可能知道自我的局限性。生活世界构成了人类探索外在事物的基础，离开了这个基础，人类就没有形成真理的态度，甚至于失去了探索世界的基点。从这一角度来讲，人们必须意识到生活世界对自我的构成性并将这一意识视为一种肯定性的经验。

海德格尔提出：人要诗意地栖居。在他看来，以使用为目的的活动，其目标在于一个功利性的结果，这是一种非诗意的存在形式。真正的存在形式，是在无功利性的活动中流连、徜徉并居于这一经验之中。栖居首先意味着"筑造：何谓筑造呢？古高地德语中表示筑造的词，即 buan，意味着栖居，后者表示：持留、逗留。"① 在这里，海德格尔所考证的 buan 这个古词，不仅告诉了我们筑造的本质就是栖居，同时这个词也暗示了我们如何来思考栖居的含义、本质与范围。"筑造即 buan bhu beo，也就是我们德语中的是（bin），如在下列说法中：我是（ich bin）、你是（du bist）和命令式（bis,sei）。"② 因此，筑造也意味着"我是"。因此，在这里，我是、你是同时也就意味着我居住、你居住。由此，我们可以发现，所谓我是或你是的方式，建基于我居住于或你居住于，即你我被筑造的方式。也就是说，栖居的本质首先就是筑造，在筑造之后的居住正是我是或你是的来源。知道我之所是，而我之所是，则来自于我们在天地神人中的筑造之旅。而走回那个我们筑造的居所，就成了人们在精神上不停返乡的动力。人们在故乡里，寻找到我之所是的根源："这就是出生之地，就是故乡的土地，……回故乡"③，而故乡就是本源之地，就是人们当初筑造或栖居之地："游子在这样的自然世界中就是一种'返乡'与'到家'，但最根本的就是透过这一切返回到'本源近旁'。"④

　　返回到本源近旁的经验，还仅仅是诗意栖居的一部分，诗意栖居的另一层意义则是逗留，即在我之所是的地方流连、逗留，安于逗留在我之所是的居所之中。只有逗留在这种我之所是的本源之地，人们才能获得真正的自由。在这里，自由的本义并不是指人类按自身的意志生活，而是一种保护或对本质的守护。自由的真正意思是保护。保护本身并非在于，我们

---

① ［德］海德格尔：《筑·居·思》，载孙周兴编：《海德格尔选集》（下），上海三联书店 1996 年版，第 1190 页。

② ［德］海德格尔：《筑·居·思》，载孙周兴编：《海德格尔选集》（下），上海三联书店 1996 年版，第 1190 页。

③ ［德］荷尔德林：《返乡——致亲人》，载《荷尔德林文集》，戴晖译，商务印书馆 1999 年版，第 455 页。

④ 曾繁仁：《生态美学基本问题研究》，人民出版社 2015 年版，第 100 页。

没有损害所保护的东西。真正的保护是某种积极的事情，它发生在我们事先保留某物的本质的时候。当我们处在自己的本源之地时，我们的精神才真正是自由的，因为在这时，我们不再惧怕我们的有限性，我们正处在这种有限性之中；我们也不再害怕我们不再是我之所是，因为我们正栖居于那个构建我之所是的本源之中，保护着我的本质。栖居，即带来和平，栖居意味着"始终处于自由之中，这种自由把一切保护在其本质之中。栖居的本质特征就是这种保护。"①

在海德格尔看来，人类不能诗意栖居的原因有两种：第一种是不愿找到自己之所是，也就是说，不愿意承认自己被一个世界所决定，他们更愿意沉浸于功利性的行为之中，从事与使用有关的活动。第二种则是在找到了自己之所是之后，在某种程度上意识到自己由一个世界所决定，意识到自我的特殊性，并因此将自我的特殊性视为自己具有某种使用目的的天然基点，试图克服自我的特殊性。也就是说，他们不会逗留在自我的世界之中，而是将自我的世界视为对自我的限制并试图克服这一限制。海德格尔认为这后一种情形也并不是一种诗意栖居。对他来讲，存在意味着对天、地、神、人所构成的完整的意义世界的守护，并居于这种守护之中。"古词 bauen 表示：就人居住而言，人存在；但这个词同时也意味着爱护和保养……在爱护和保养意义上的筑造不是制造……筑造乃是一种建立。作为保养的筑造和作为建筑物的建立的筑造——这两种筑造方式包含在真正的筑造即栖居中。"②

也就是说，在海德格尔那里，栖居不仅是了解自己之所是，也是保护这种所是。只有在这两种前提中，世界和物的本源才真正地被保护下来。在这里，海德格尔提到了自由，即认为在这种栖居中，我才拥有了成为我

① [德] 海德格尔：《筑・居・思》，载孙周兴编：《海德格尔选集》（下），上海三联书店1996年版，第1192页。
② [德] 海德格尔：《筑・居・思》，载孙周兴编：《海德格尔选集》（下），上海三联书店1996年版，第1190页。

的自由，而物也拥有了作为一物本身的自由。海德格尔所提到的这种自由构成了生态自由的基础。海德格尔的自由有两个方面的意义：一是知道自己之所是，也就是说，使人们知道世界是构成自我的基础，从而使人们了解自我的来源，了解世界对自我的构建作用。二是知道物之所是，即在人类自我的世界里，人在了解了自我之所是以后，意识到物正是通过此在的世界所构建起来的，并在许多情况下服从于人类对这一物所做的各种筹划。在人类的功利性筹划活动中，物并不是作为物本身，而是作为达到人类目标的工具而存在。在这种情形中，物本身也没有作为物的自由。物的自由是一种对天、地、神、人的整体的聚集而非工具性的使用。

通过海德格尔，我们可以了解家园意识成为一种审美经验的过程：家园是人们构建自身之所是的居所。家园意识就是对这一居所构建自我的意识。在这一意识中，我们不仅知道了自身之所是，了解到世界对自我的构建作用；同时，由于我们逗留在这一家园中，也使得物成为其物本身而非一种工具性的存在，使物获得了作为物的自由。物在自身而非人类态度的意义上成为物本身，此在也成为一个意识到自身此在性的在此的在者。在这里，此在与物都作为一个基于自身而非他者的意义而存在的存在者。它们不再是服务于某个目的的工具，也不再是不知道自身被构成性的狂妄之徒，而是其成为自身、意识到其成为自身的过程、诗意地栖居在其成为自身的过程之中。"如果我们思物之为物，我们就保护了物之本质，使之进入它由之以现身出场的那个领域之中。"① 因此，使物物化正是我们接近世界的方式。只要我们将物视为物而非工具，那么，我们就保护着物，接近着那使之成为物的世界本质。

如果我们将海德格尔的世界推向极致，就会发现，决定着人类与物的终极因素正是自然。自然使我们成为我之所是，自然重新解释了物的物性本质而非仅仅作为人类的工具本质。当人诗意地栖居在自然之中时，我们

---

① ［德］海德格尔：《物》，载孙周兴编：《海德格尔选集》（下），上海三联书店1996年版，第1182页。

重新发现了自我，也重新发现了物在自然中的地位。这种发现，对于此在来讲，是一种有限性的经验；对于物来讲，就是恢复了物作为物本身的经验。对于此在的有限性经验来讲，此在知道了自身的有限性，并安于这一有限性，与自身形成和解。在这里，有限性经验成为此在的一种肯定性经验；对于物来讲，物不再是作为一个工具进入此在的视野，它成为了一个本质的物、一个在自然有着自身存在位置的物本身。物实现了作为物的自由，这是一种生态上的自由感，也是一种生态意义上的审美的经验。

四、生态美学的家园意识是人类与自我的和解

自然构成了人类的终极性限制。但只要是限制，就必然会让人类有不自由的感觉。从认识论的角度，这种不自由的感觉无论如何都不可能是一种美感。那么，生态美学中的家园意识如何让人类觉得美呢？

人类的意识是人类不同于动物的本质属性。作为一种高级的生物，人类的意识不仅能作用于自然，也能作用于人类自身，更能作用于人类反思自身的行为。也就是说，能进行埃斯库罗斯所谓的"通过痛苦而学习"的过程。生态美学强调自然的整体感，本质上依赖于人类的自我意识，同样地，生态美学反对人类中心的态度，本质上仍要依赖于人类的自我意识才能进行下去。生态学原则与人类学原则的统一是生态美学的根本悖论。在自我意识领域构建生态整体主义原则，仍是生态美学在思维上的唯一路径。从这一角度来讲，生态美学的审美经验必须发生在人类意识的领域之中。

因此，在生态美学看来，在人类意识的领域之中，审美经验的实质就是一种和谐感。人类和谐感的来源有两个方向：一是外部世界的方向；二是内部世界的方向。认识论美学的和谐感来源于外部世界的方向。在认识论美学中，人类通过对外部世界的征服来获得自我意识对自我的证明，而生态危机的根源正在于此。在生态美学中，生态美学和谐感的本质就在

于：它不是通过外部世界来证明自我，而是在人类的自我意识中构建对自我存在的终极性本源的认识，通过这种新的认识与自我的存在达成和解。

在生态美学的家园意识中，此在在一些不以使用为目的的活动中，感悟到世界对自我的构成性，意识到自我的视域、自我的意识包括自我的概念等都是由这一世界所构成的。而且，人类能产生的所有视域，都在一定社会文化之中存在，而这些社会文化存在的终极性前提就是自然。因此，自然构成了人类的原初性起点和终极性限制。只有意识到自然对人类构成了一种终极性限制，才有可能意识到人类力量的来源并进而意识到自我力量的有限性。只有意识到自我力量的有限性，才有可能尊重那些构成自我的力量，而这些力量的最终基础都来自于自然。可以说，自然构成了人类的家园，人类的有限性正来源于这个家园。因此，对自我力量有限性的认识，本质上就是自然这个家园对人类的构成性认识。而只有意识到自然对人类的构成，才能认可生态的基本原则，换句话说，对自我力量有限性的认识正是生态原则的基础。

生态原则的基础是对自我力量有限性的认识或对自然构成人类家园的认识。生态美学的本质就在于：使人们在这个对自我有限性的认识过程中经验到一种和谐感，在自我的有限性中获得一种满足感。这一和谐感不同于认识论的美感。因为认识论的美感来自于主体，而主体本身是透明的，认识论根本不去探讨主体能力的来源，只用外在于主体的事物来证明主体的能力。因此，认识论的美感是一种无根的哲学，它并没有自己的家园，也没有家园意识。在生态美学中，生态美学探讨了人类生成的一种限制性条件，认为人类所有视域的形成最终都会建基于自然之中。人类的能力是有限的，这是人类的本质，任何人都不可能逾越这一本质。生态美学就来自于对这一本质的体认。生态美学不去抽象地探讨并证明人类的本质，而是倡导一种家园意识，即承认自然构成了人类的家园，希望人们在对自我有限性的认识中获得肯定感。因此，生态审美经验的本质就来自于自我与那些构成自我元素的和解。通过这一和解，获得生态审美经验的人们就站立在自己的家园之中。

五、家园意识是一种生态自由

家园意识不仅使得人们获得了一种与构建自我的元素和解的经验，同样也使人们获得了一种生态意义上的自由。从人与自然的关系上讲，人类的自由，经历了三个阶段：古代顺应自然的自由、近现代征服自然的自由和现在正在倡导的人与自然和谐的生态自由。

古代顺应自然的自由，来源于早期人类对自然的敬畏。由于这一时期的生产力极不发达，在人类的认识中，自然界力量很强大，而人类自身的力量非常弱小，人类只能顺应自然界的规则，才能在自然巨大的力量中存活下去。因此，在这一时期，顺应自然成了人类生存的首要法则。从某种程度上讲，中国古代的生态智慧，正是这种顺应自然的自由。但这种顺应自然的自由，本质上是将自然的规则内化为人类生存的规则，显示人类并没有力量战胜自然，只能在自然规则下生存的存在背景。以这一时期出现的神话为例，神话是在把自然形象化的过程中，以想象或借助想象的方式来征服自然、支配自然。在这一时期，形成了两种对待自然力量的态度：西方哲学通过区别主体与客体，积攒主体力量，强化人类面对自然的力量，走上了一条通过主体战胜自然的道路。但由于人类力量的弱小，人类只能借助神来扩张自身的力量，这也是中世纪神学形成的原因。而中国哲学作为一种早熟的哲学，在面对自然强大的力量时，则选择了顺应自然的态度，即将人视为自然中的一部分，天人合一，利用自然的规则来安排人类的活动。在这里，中国哲学并不区分主体与客体，而是以直觉的方式感知自然的规律。"顺之以天理，应之以自然。"（《庄子·天运》）这两种方式，都使得刚从自然中逸出的人类与自然各自相安无事，并使人类初步获得了在自然中生存的力量。

但是，这种顺应自然的自由仅仅是一种初步的自由，并不是一种本然的自由。自由不仅仅意指行动的自由，更意味着一种选择的自由。在这一时期，由于自然相对于人类来讲力量过于庞大，因此，自然的法则与规律在这一时期支配着人类的命运。作为一种完全异己的、有无限威力的自然界，它是一种与人们对立的、甚至于不可征服的力量。这一时期，人们慑服于自然界的无穷威力。通过提高对自然力量的认识程度，人类做到了与自然的和谐共存，取得了行动上的自由。但是这一时期，人们的行动自由仅仅是一种被动的选择。在这一选择中，人们所有的选择都基于如下事实：由于人们的力量无法战胜自然，人们只能通过模仿或顺应自然才能提高自我生存的机会。因此，自然是高于人工的，人工只是做到了对自然的模仿。同时，自然也是神性的，人类永远不可能进入自然的神圣王国。"人工在自然面前是十分藐小的，如果它胆敢有所僭妄，那将有悖天道。"① 在这里，农业文明代表着这种自然神圣化的思维方式。可以看出，这种顺应自然的自由是人们在这一时期不得已的一种选择，人们并没有真正选择自己行为的可能性。这种自由，仅仅做到了行动上的自由，并没有做到选择上的自由。

随着人类能力的提高，人们与自然的关系出现了第二种自由，即近现代征服自然的自由，或者说我们在上文所提到的主体的自由。随着西方对人类主体力量的不断高扬，人们逐渐掌握了自然的诸多规律，并开始有意识地利用这些规律达成人们自身的目的，从而获取了一种主体的自由。在这一过程中，科学逐渐获得了整个社会的认可，进而推动人类历史向着征服自然的方向不断前行。人们的价值观念也开始以征服自然为导向。在这里，人的知识成为人类力量的来源。人类探索自然，了解事物形成的原因，在知道原因的基础上形成技术，构成了人类直接的力量。对于自然也是如此。人们探索自然，目的正在于应用自然。在这一过程中，在人与自然的关系上，这一时期逐渐形成了认识论哲学——"人

---

① 吴国盛：《自然概念今昔谈》，《自然辩证法研究》1995 年第 10 期，第 62 页。

为自然立法"。如果说，自然界的最高法则必须存在于我们的理智之中的话，那么，"理智的（先天）法则不是理智从自然界得来的，而是理智给自然界规定的。"①

认识论的探索有其合理性与必要性。在征服自然的过程中，人类对自由的追求首先就是从束缚中解放出来的，而自然构成了人类自由意志的最大束缚。认识自然规律并使这一规律为人类服务，使必然性为目的性服务，是这一时期的首要任务。正因如此，近现代所主张的普遍自由首先就是在自然界面前获得解放，即克服人对自然的屈从和敬畏，战胜自然、成为自然的主人。但是，认识论对自然的过度征服，导致了生态危机的出现。随着自然的破坏，人们逐渐发现：人所赖以为生的地球，遭遇了前所未有的危机。这一危机的效果是如此的严重，使得人们长期的、良性的发展变得不可能。

生态危机的出现，使得人们反思征服自然的自由观。可以看出，在这一自由观中，人们获得了无限的选择权，在面对自然时拥有了无穷的主体意志。但是，自然的破坏，影响了人们长久的利益。如果我们把人类作为一个类、作为一个群体来看的话，可以看出，对自然的过度征服已经影响到了人类作为一个类或群体的属性，严重影响了子孙后代的生存。因此，征服自然的自由，仅仅获得了一种当下选择的自由，并不能获得长远行动的自由。另外，征服自然的自由，本质上是将自然视为外在于人的事物。而当自然被视为外物时，人与自然始终是对立的，自然对人类的构造性不可能得到人们的认可。而当自然被过度破坏时，人们也失去了长远意义上的自由。在这里，自然仍是与人对立的它物。人在自然中的存在，只能是一种在它物或与我无关的事物中的存在，这并不是真正的自由。真正的自由"只有当没有外在于我的他物和不是我自己本身的对方时，我才能说是

---

① ［德］康德：《任何一种能够作为科学出现的未来形而上学导论》，庞景仁译，商务印书馆1997年版，第93页。

自由"①，因此，人始终生存在于与我相异、与我对立的异在之中，不能获得和解，也就不可能拥有真正的自由。

生态美学所追求的自由，不仅是人们长久行动的自由，也是人们出于对自己的清醒认知所形成的一种自主选择的自由。生态美学的本体论，正是对形成自我的世界的意识。自然作为人类生存的前提，这种前提并不是一种与我相异、外在于我的前提，而是一种与我密切相关、内在于我的前提：自然与人类取得和解。而人作为自然的产物之一，也就与自身取得了和解，从而拥有形成生态自由的基础。这是"人在实现人之本质，自然界在实现自然界本性基础上的统一。"② 这种人与自然共在的自由是一种整体的自由或生态意义上的自由。正如中国古代的生态智慧所提到的，自然的本质是生，它为人类提供了生命的动力与能量。自然与人类的和解，同样也为人类持续的"生"提供了源源不断的资源。

除自然与人的整体性存在关系之外，对于人类来讲，生态美学所倡导的生态自由是一种有限的自由，这种有限性奠基于人们对自我有限性的意识。在这种对自我有限性的意识之中，人们不仅意识到自然是构成自我的基础，也是人类长远发展的基础。在这种清醒的自我意识之中，人们不仅知道了选择的依据，也知道了如何选择，更知道将这种选择视为对自身存在状态的肯定。也就是说，人们不仅拥有了选择的自由，更拥有了通过自我选择证明自我本真存在样态的勇气。这种选择能力以及通过这一能力所获得的肯定感，正是生态自由的本质。对于自然中的物来讲，生态自由使得物向着物本身复归。这种复归，使得物不再仅仅作为工具而存在，而作为物本身而存在。物与人的关系，不再是使用与被使用的功利关系，而是物作为物本身的意义关系。只有作为物本身，物的全部才有可能进入人们的视野，物才取得作为物的自由。

---

① ［德］黑格尔：《小逻辑》，贺麟译，商务印书馆1980年版，第83页。
② 曹孟勤：《人性与自然：生态伦理学哲学基础反思》，南京师范大学出版社2004年版，第218页。

第三节　生态审美经验的基本特点

我们在上文中探讨了生态审美经验的本体与本质，那么，生态审美经验是一种什么样的具体经验呢？与别的审美经验有什么不同呢？这是我们在本节中探讨的重点。本文将在与实践美学、认识论美学的比较中探讨生态审美经验的具体内涵。

一、以存在为基础

正如我们在上文所提到的，生态审美经验是以存在论为基础的。自然是存在的终极本原，是生态审美经验的本原。认识论美学以主体为基础，生态审美经验以存在为基础，这是生态审美经验的根本特点。认识论美学作为一种区分美学，它首先区分人与客体，并将客体区分为审美对象与非审美对象。而生态审美则是一种关系或整体美学，它以人与自然的关系作为审美经验产生的基础，将审美现象置于存在基础之上。人的审美经验，最终都会与自然有关，或者直接就来自于自然，自然是审美经验产生的存在本体，这是生态审美经验的基础。

第一，在生态审美经验中，自然是作为一种存在本原而进入人们的视野之中的。对于万物来讲，自然是一种已定的已在。我们人类是自然中生存的万物之一，自然的已在是我们人类生存中必须要面对的宿命，是人类不可更改的前提。因此，如何对待自然，也就是如何对待自己。"生态美学是当代存在论在当代生态文明的社会中进行的美学探索与研究的必由之路与必然结果。"①

---

① 曾繁仁：《生态美学的基本问题研究》，人民出版社 2015 年版，第 114 页。

第二，对于生存在自然中的人来讲，生态审美经验依赖人类的意识，在人类的意识领域展开。在这里，人类的意识是人类一种独特的存在方式，也就是说，生态审美经验的最终形成，仍是人的意识领域内的事件。其根本性的标志在于："啊！真美啊，让时间停留在这一刻吧！"的这种意识现象。在这里，我们仍然使用了意识概念，原因在于：意识是人类特有的存在方式，人通过人类的意识彰显他与动物的不同，通过意识而生活，并通过意识而存在。而反过来讲，没有进入意识的存在，并不是真正的存在，因为它对人类来讲毫无意义。我们在这里所使用的意识一词，是在存在论基础上的意识。它是指人类特殊的存在方式：相对于别的动物来讲，人类总是有意识、能思维的一种存在，尽管海德格尔本人有意识地避免使用意识这个词汇，但其本义，在于尽量避免认识论的一些术语；而其后的哲学诠释学，则重新发现了人类意识正是人类进入存在的唯一路径。

第三，生态审美经验形成的基础，必须以人与自然的关系为核心，其中，人与外物的关系，也必须放在人与自然的关系中来考察。由于在自然中所存在的不仅仅有人类本身，还有一个自然生态系统，人就是生态系统中的一部分或自然生态环链的一个节点。生态的系统性、环链性也是人类生存的前提之一，也是一种既定的存在，这是人类生存必须面对的前提。因此，人们对于自然中别的事物的审美经验，也必须以生态环链的整体存在作为背景和出发点。因此，"生态美学对人类生态系统的考察，是以人的生命存在为前提的，以各种生命系统的相互关联和运动为出发点。"[①]

第四，生态审美经验是一种变化中的经验。由于自然的本质为生，人类与万事万物都时时处于一种变易的状态，因此，生态美学形成了一种独特的生命观：任何一个此在，都是一个暂时的在此的在者。对它来讲，时间是其生命的标志，没有一种静止的生命。在运动中的生命所形成的审美经验必定不同于以不变的主体为基础而形成的经验。相应地，对于自然中

---

① 徐恒醇：《生态伦理学》，首都师范大学出版社 1999 年版，第 87 页。

生存的万事万物来讲，也没有一个不变的外物等着我们去欣赏，那么，这种运动中的欣赏者与被欣赏者不可能构成一种认识论意义上的静止的审美经验。可以说，以存在为基础，同样也就是将"动"作为基础，这种以"动"为基础的美学，决定了生态审美经验不同于认识论审美观的根本特点。

二、经验性

生态审美经验以存在为基础，同时又与人的经验密切相关。也就是说，生态审美经验是人类形成的一种经验，是在人的意识之内所形成的经验。但这种经验，尽管发生在人的意识领域，但它又不同于认识论在主客区分基础上所形成的主体意识，而是一种存在论基础上的经验事件。

正如我们在上文所提到的，生态危机的产生是因为人类中心主义，生态问题归根结底是人类的存在问题。只有改变人类的意识和思维方式，意即只有改变人类经验的方式，才有可能解决生态的问题。"尽管看起来非常荒谬，对我来讲，经验概念乃是我们所具有的最难理解的概念之一。"[1] 在认识论中，经验是知识的来源，但又是知识克服的对象，知识必须以经验为基础，但经验必须上升为精确的科学、概念或体系，它才是被信任的正确的观念。在存在论看来，由于人类独特的存在方式："（人类——引者注）就是除了其他可能性的存在方式以外还能够对存在发问的存在者。"[2] 人类的发问方式及其所形成的全部问题，都可视为人类的经验并进入人类的知识体系之中。对于美学来讲，生态美学与认识论美学最为根本性的不同是对美的本质的认识不同：认识论美学认为美从属于知识体系，审美问题只能从知识的体系中才能得以说明；而存在论美学则认为美学是一种经验，作为一种

---

[1] Gadamer: *Truth and Method*. Garrett Barden and John Cumming, New York: Sheed and Ward Ltd, 1975, p.310.

[2] ［德］海德格尔：《存在与时间》（修订译本），陈嘉映、王节庆译，生活·读书·新知三联书店 2006 年版，第 9 页。

经验，它构成了人类的视野，这一视野形成一种发问的方向。它是知识的基础，开启了知识的全部领域，是一种更为奠基性的经验。生态美学的审美经验，正是存在论视野中的审美经验，服从于存在论对经验的本质规定。

存在论对经验一词的使用有两个方面的意义："一是此在如何获取这种世界经验，即经验作为动词。二是指这种世界经验的共相，这种共相只有在此在的人类身上才可见出，这也是经验的人类学意义，也是经验作为名词的意义。"[①] 在现象学的视野中，生态审美经验绝不是一种静止的经验，而是一种运动的经验，这一经验所表达的是人类在世存在的整体性特点。具体来讲，生态审美经验作为一种经验，具有如下几个方面的特点：

第一，有限性。正如我们在上文论述的那样，生态审美经验的本质是一种家园意识。而只要是家园意识，就意味着人类就是一个此在，是一个有限的存在者，因此，生态审美经验的第一个特点就是一种自我有限性的经验。在此，我们在生态审美经验的本质一节中已有所说明。

第二，开放性。此在之所以成为此在，就在于此在意识到自己是一个在此的在者，具有有限性。生态审美经验的第一个特点就是意识到自我的世界，进而意识到自我被世界所决定所形成的有限性。而当此在意识到世界对自我的构成性和自我的有限性之后，此在就会形成一种开放的态度。也就是说，有限性经验形成了开放态度的基础。生态审美经验的第二层要义就在于：意识到自然、生态环链对自我的构成性，进而意识到自我仅仅是自然的一部分，是一个有限的存在者，进而形成自我的开放性态度。经验的本质，不在于它是一种封闭的经验，而在于它形成了这种开放的态度。在认识论中，经验是一种封闭的经验，它起于主体对客体的感知，终于科学知识体系的形成。一旦科学的知识体系形成，经验也就结束了自己的运动过程，成为一种客观存在的对象。"经验的辩证运动以克服一切经验而告终"[②]，这

---

① 孙丽君：《伽达默尔的诠释学美学思想研究》，人民出版社 2013 年版，第 67 页。

② Gadamer: *Truth and Method*. Garrett Barden and John Cumming, New York: Sheed and Ward Ltd, 1975, p.319.

与开放的经验不同。"有经验的人的特征就是他或她对新经验的开放。"①
开放性态度会导致另一种经验的产生。

第三，循环性。由于经验的开放性，一种经验应能引起另一种经验。
在现象学的视野中，此在在意识到自身的有限性并因而开放自身以后，此
在所能产生的所有经验，都应该能重新回到他的生活世界之中。也就是说，
经验应该能构成一种循环。此在所能产生的经验，应该能对此在的生活世
界产生作用，并因此促进生活世界的变化。那些不能促进生活世界变化的
经验，本质上都是一种无效经验。这些经验都不能反过来作用于本体，促
进本体的变化。从这一角度上来讲，认识论的经验是一种直线式的经验。
它从主体出发，证明了主体的能动性之后，这一经验就此停止了，如何将
这种经验反过来促进主体产生新的生活世界，是认识论经验所缺失的一个
维度，因此，在存在论的视野中，认识论经验并不是一个完整的经验。

三、参与性

参与性是生态审美经验与认识论审美意识在审美过程中的主要不同之
处。正如我们在第一章第三节所提到的，认识论美学的主要表现形式是静
观美学，即在主客区分的基础上，主体以审美的态度接近客体，并在主体
的静观中产生对象的美感。在这里，朱光潜先生对科学家、商人与诗人面
对松树态度的区分可作为认识论静观美学的典型代表。而生态审美经验是
一种参与性美学。参与性美学是当代环境美学与生态美学研究的新进展。
美国生态美学研究的代表人物是阿诺德·伯林特。他以人与自然的关系
为前提，以审美经验的产生为条件，以身体的在场性为标志，以感官的综
合参与为表现形式，认为审美经验并非一种静观经验，而是一种参与经
验，是一种体验美学，而不是一种对象美学。伯林特强调："我们需要一种

---

① Georgia Wanke. *Gadamer Hermeneutics, Tradition and Reason*. Cambridge: Polity Press, UK, 1987, p.171.

参与美学，一种审美场中实现了感知的完全综合的美学。"① 参与美学，就是"要使自身融入自然、环境与生态之中，破除二元对立、无利害、静观美学观，使自身的各种感觉经验专注于、投入于这种包括自我在内的自然、环境与生态整体之中。"② 因此，相对于认识论在区分基础上形成的静观美学，生态审美经验的重要特点就是参与性。

目前，人们对于生态审美经验的研究，都非常重视这一审美活动与传统审美活动的根本不同：即认为与认识论美学将主体与客体相区分并用主体的静观来获取审美经验不同，生态审美经验强化人类的非主体性，是生存于某个处境中的此在。此在的审美活动也不是来自于自身对审美对象的静观，而是来自于意识到自身被处境所塑造，也就是说，强化此在与处境之间的相互影响、相互融合的过程。正如我们在上文中所提到的，审美就是一种家园意识。从参与的角度来讲，审美的本义就是意识到处境构成其家园的过程、意识到自我被处境所决定的过程。只有意识到自我的被决定性，意识到自我与处境的关系是：处境决定自我、自我意识到处境、自我参与到处境的运动，自我与处境才能和谐相处。而这一个过程的标志，正是自我对处境变化的参与性。同样地，在生态审美过程中，生态审美也属于上述这样一种处境与人类的运动过程，是这样一个过程中的核心环节。可以说，参与性是生态审美经验成立的标志性经验。

在具体生态审美经验模式的探讨中，尽管当前存在着许多不同的生态美学流派，但是，从参与性这一个角度来讲，参与性是这些不同生态美学流派所共同坚持的生态审美的标志性经验，也是生态审美经验与认识论审美意识之间根本的不同。当前西方生态美学有两大流派：环境美学与生态美学，前者以分析哲学为基础，其代表人物为卡尔松；后者以现象学哲学为基础，其代表人物为伯林特。这两大流派，都强调参与性是生态审美经

① ［美］阿诺德·伯林特：《美学再思考：激进的美学与艺术学论文》，肖双荣译，武汉大学出版社 2010 年版，第 2 页。

② 曾繁仁：《生态美学的基本问题研究》，人民出版社 2015 年版，第 162 页。

验的核心标志。

卡尔松认为：人类的审美模式有"对象模式"、"景观模式"以及他自己提出的"自然环境模式"。其中，对象模式是认识论区分美学的模式，即在主客体对立的基础上探讨审美的模式，而景观模式则是将审美对象视为艺术品的模式，是以艺术品的模式为标本对自然景色进行审美的模式，"把自然再现为一系列形状、线条和色彩。"[①] 表现为西方审美过程中的形式主义传统："虽然形式主义与如画性传统侧重强调不同的方面，并且以不同的艺术流派作为各自的模型，但它们在自然审美欣赏上与传统欣赏的总体方法上仍然有着许多相同之处，因而可以共同组成所谓的传统自然美学。传统自然美学的总体方法将如画性审美欣赏的特征融合在一起……同时又鲜明地突出形式主义所推崇的线条、形状与色彩等形式要素。从这个角度来讲，传统自然美学可以说是如画性传统与形式主义的双重传统。"[②] 而自然环境模式则"将感受与知晓、情感与认知结合在一起并使之平衡，正是审美体验的核心内容"。[③] 而这一核心内容的标志，就在于"当人们找到自己在这些景观中的恰当位置时"[④]。而只有人类的积极参与，才有可能找到自己在景观中的位置。

卡尔松的美学思想，以分析哲学为基础，强调知识在审美活动中的重要性。尽管他也意识到参与性是生态审美的重要审美经验，但是，由于他的认知立场，尽管他认为参与性是生态审美活动的主要经验，但并不认为参与性经验是生态审美经验的核心或本质经验，而是认为知晓、情感与认知的平衡才是核心经验或本质经验。正因如此，环境美学的环境审美模式

---

① ［加］艾伦·卡尔松：《当代环境美学与环境保护论的要求》，载曾繁仁、［美］阿诺德·伯林特编：《全球视野中的生态美学与环境美学》，长春出版社 2011 年版，第 28 页。

② ［加］艾伦·卡尔松：《当代环境美学与环境保护论的要求》，载《全球视野中的生态美学与环境美学》，曾繁仁、［美］阿诺德·伯林特编，长春出版社 2011 年版，第 29 页。

③ ［加］艾伦·卡尔松：《当代环境美学与环境保护论的要求》，载《全球视野中的生态美学与环境美学》，曾繁仁、［美］阿诺德·伯林特编，长春出版社 2011 年版，第 46 页。

④ ［加］艾伦·卡尔松：《当代环境美学与环境保护论的要求》，载《全球视野中的生态美学与环境美学》，曾繁仁、［美］阿诺德·伯林特编，长春出版社 2011 年版，第 47 页。

除"参与模式"之外，还有"唤起模式"或"激发模式"、"神秘模式"或"超然模式"、"形而上学的想象模式"、"非审美模式"或"人类沙文主义美学"、"后现代模式"、"多元模式"等①，也就是说，参与须与认知进行结合，"这个领域倾向于达成一种结合，一种'参与'与'认知'的结合，进而涵盖艺术欣赏模式。"② 其中，参与模式仅是环境审美模式中的一种，还需与别的审美模式相平衡。

而以现象学哲学为基础的生态美学流派的代表人物——伯林特——则认为："参与经验"是生态审美的核心经验与标志性经验。他认为：人与自然环境互为一体，在这种一体存在的背景中，人类必须通过全身心的知觉参与，才能获得一种处境经验，即自我处于某处的经验。而一旦人们意识到自身处于某处，就会意识到某处对自我的构建以及我的行为对某处的影响等参与性经验。可以说，参与性正是生态审美经验的核心与标志性经验，即"审美价值在不同层次与不同方向的弥漫性在场"："审美参与能够更好地抓住感知、认识以及富有感染力的艺术的刺激—反应欣赏中的身体介入。审美参与这个概念比其他任何概念都更好反映了我们称为人类文化的过程中的所发生的艺术与欣赏事实上的结合。"③ 也正因如此，人们必须积极地构建自我与自然的关系，把自己放置于自然处境之中。在这里，我们有必要改变原来静观美学以审美静观为特点的审美方式。静观美学强化人与审美对象的区分，强调人类视、听两种器官的静观能力。但是，参与美学则强调人与审美对象的融合一体，将参与视为审美的根本条件。因此，参与美学不仅强调艺术是一种审美对象，甚至于徒步旅行、露营等户外活动，旅游或休闲活动等，都是审美产生的必要契机。在这些活动中，

① Allen Carlson. *Aesthetics and the Environment: The Appreciation of Nature, Art and Architecture* .London and New York: Routledge.2000, pp.3–15.
② ［加］艾伦·卡尔松：《自然与景观》，陈李波译，湖南科学技术出版社 2006 年版，第 11—12 页。
③ ［美］阿诺德·伯林特：《美学再思考：激进的美学与艺术学论文》，肖双荣译，武汉大学出版社 2010 年版，第 11 页。

人们对自然环境产生一种关怀或崇敬之心。人们以这种心情在自然环境中游走，将自身肌肉运动与知觉、触觉、视觉等感官层面结合起来，将自身全部身体同等地参与到审美活动之中。"在所有的这些情况下，环境成为一个舞台，在这个舞台上，旁观者变成了演员。"①

　　总之，卡尔松的"自然环境模式"和柏林特的"参与模式"基本上代表了西方生态审美的两种模式。其他的研究要么处于它们之间，要么是对它们的修补，要么就是对这两种模式的综合运用。通过上文我们对环境美学与生态美学的基本考察，可以发现：参与性是生态审美经验的重要特点，不同的是，以现象学为基础的生态美学将参与性置于一个更为基础和更为核心的位置。

四、身体性

　　身体性是相对于认识论美学的审美器官而言的。众所周知，认识论美学认为人类的审美器官主要有两种：视觉与听觉。其他的感知器官尽管事实上也参与了审美活动，但是，由于这些器官过多地参与了身体本身的活动，是人体与外界进行能量交换的器官。因此，对于外在自然界来讲，这些器官与外在自然有着过多的利益交换，很难进行主客体的区分，也不可能进行一种静观的审美活动，由这些器官所形成的肯定性感觉，被称为低于审美经验的一种快感经验。而视、听两种审美器官，能够保证经验的客观性、无利害性和无功利性，是两种高级的器官，它们才是审美的真正的器官。在现象学的视野中，生态美学的身体性表现为两个方面：一是审美器官的身体化，即不仅仅是视、听两种器官，身体的所有感官都参与到生态审美过程之中；二是世界的身体化，即人的身体作为人类全部经验的结果，身体本身正是由世界所构成的。世界在构建人类身体的同时，也使身

───────────

① ［美］阿诺德·贝林特：《艺术与介入》，李媛媛译，商务印书馆2013年版，第120页。

体形成为人类进行各种活动的基础和条件。

首先，从生态审美活动的过程来讲，生态审美的器官包括全身性的参与。在上文我们提到的生态审美经验的参与性中，可以看出，以分析哲学为基础的环境美学，由于将认知模式应用于环境审美模式，而认知模式更为强化人的纯意识领域，因此，在环境审美模式中，尽管身体的全部器官都参与了环境审美的过程，但是，视听这两种器官才是审美的主要器官。在这里，以现象学为基础的生态美学则认为：生态审美经验来自于整个身体的全部感觉，而非视听两种器官。在生态审美中，触觉、嗅觉、味觉等都参与到审美的过程。这些器官所形成的感觉是生态审美过程中的重要经验。我们正是通过各种感觉的参与，才意识到某个环境本来应该有的样子，意识到这个环境中生态环链本来的样子。同样地，我的身体正是由生态环链所形成，这种形成的身体正是我们产生某种感觉的基础。

生态审美起源于人类对自身处境的感知，对自身作为一个此在的感知，对家园的感知。这种对家园意识的感知，本质上正是一种惊异。这种惊异不仅是来自于人们心理或精神，更来自于人们的身体，来自于人们对身体处境的经验。这种身体处于某个处境之中的经验，是一种将我们拉离日常生活、体验自我存在的经验，简言之，是一种意义经验。这种意义经验，是由我们的身体所抓住并形成的意义经验。也就是说，身体与意义融合到一起，意义成为我们的肉体的一部分。"审美的意义以这样的方式身体化。"① 也就是说，审美活动，作为一种惊异的经验，首先作为一种身体的感觉被人们经验到。在这个过程中，不仅仅只有视听两种器官，包括人类的全部器官，即身体的所有感官，都会体验到一种惊异的感觉。而艺术作品的价值，就在于它是一种鲜活的、生动的经验，这一经验呼唤人们去感觉、去触摸。艺术所形成的经验是如此的生动，以至于当人们感知艺术作品时，艺术作品的每一部分都被视为世界的全部。从这一角度来讲，任

① ［美］阿诺德·伯林特：《美学再思考：激进的美学与艺术学论文》，肖双荣译，武汉大学出版社 2010 年版，第 113 页。

何一件艺术作品都"是唯一的、悦心悦意的、完美的，无须自以外的任何东西，以便是其所是。"① 对于认识论美学或对象美学来讲，它所需要的是对外在于人类的审美对象的静观，这种静观只需要视听两种器官就可满足；而对于生态美学来讲，它所需要的不仅是一种静观，而是一种参与。这种参与，需要的是人在审美场中的一种连续性的感知，换言之，需要人全部投入到审美活动之中。

生态审美活动的身体化过程使得审美活动不再仅仅是一种无功利、无利害的鉴赏经验，而是一种人与其所处的生态系统共处一体的经验。而人处于生态系统中的经验，则需要人的全部身体经验，具体地讲，人与生态系统的能量运转模式、人感知生态系统作用于人的方式，都是整体的身体经验或者身体参与生态系统的经验。在现实中，从时间上来讲，夏日清凉的微风、冬日温和的暖阳，其审美价值并不比春日绚丽的花朵和秋天灿烂的美景的审美价值要低；从空间上来讲，在艺术博物馆走动的身体对艺术气氛的体验，其审美价值也并不低于站在某个画作旁边的静观；或者说，身体在公园里的放松，其审美价值也并不低于听一首交响乐；而后者正是认识论美学的核心观点。

认识论美学将空间视为一种静观的与我无关的空间，而生态审美经验通过身体的参与将空间转化为一个与个人有关的、实在的、有能量贯穿的空间。这一空间不再是一个无关于人的、与人对立的空间，而是一个人类的身体处于其中的空间。而在艺术之中，身体的感觉将创作与接受，能量的消耗与吸收关系通过身体的感觉联合起来，使一个已经发生的经验再次重现。在这里，知觉不再是纯视觉的，而是来自于全部身体。可以说，在艺术活动之中，正是身体为空间赋予了能量。这使得经验成为一个经验。知觉并不是纯视觉的，身体的参与性是生态审美经验最根本的表现形式。

---

① Herbert V. Guenther. *The Tantric View of Life*. Shambhala; First Paperback Edition. 1976, p.60.

其次，从生态审美活动与生活世界的关系来讲，生态审美活动正是促进世界身体化的前提，（我们将在下一章具体探讨这一问题），同时也是身体世界化的基础。生态现象学本质上正是将自然视为人类家园的来源。生态审美经验的核心，就在于意识到自我的有限性，产生了生态自我并追求生态自由，其中，生态自我的产生是一个中心环节。而要产生生态自我，首先就需要对自我的存在状态有一个清醒的认识：人类的存在，首先是一个身体的存在。自然生态系统首先是对身体的供养系统，而意义的领悟以及人类对高远意义的追求，首先要依赖于身体处于某一处境之中。这需要两个过程：一是生活世界的身体化，即人们的传统、语言以及所有的已在，都需要构成某种特定的身体图式。以这些身体图式为基础，人们在面对具体存在时才能构建身体特殊的感觉。二是身体的处境化，即身体意识到自身处于某个具体处境之中，将自身的身体图式与处境相结合，生成具体的身体经验。从第一个层面上，身体是生活世界的具体体现；从第二个层面上，身体是个人参与存在的中介。生态审美经验就是使这两个过程显现在人的意识领域之中。这两个过程都离不开身体的参与和具体的身体经验。参与美学强调人类所有感觉的联合。这种感觉的联合，不同于单一器官所形成的单一感觉，它具备更大的包容性。因此，参与性审美使得审美的人与场所不可分割、共处一体，人是场所的一部分。这种审美过程接近于建筑的审美过程。在建筑的审美情境中，人处于建筑之中，与建筑形成一个整体。在这一整体之中，人的全部感觉都被带入具体的建筑整体之中，全部的身体处于这一整体之中。通过身体全部的感知，人们对建筑物产生了一种积极参与的热情。这一过程，既是一个建筑物进入人类身体感觉的过程，也是人通过自己的身体参与建筑物形成的过程。其中所需要的关键能力，正在于人的身体感觉的综合能力，而非视、听器官的感知能力。可见，身体化是生态审美经验的核心经验，也是生态审美经验的具体表现形式，代表了生态审美经验与认识论审美意识的根本不同。

第八章　现象学视野中生态审美经验中的空间意识

第一节　现象学对历史上空间观的反思

在具体的生态审美过程中，当人们进入一种生态的审美状态时，人们在这一状态里会有什么样的感觉，或者具体意识到一种什么样的内容呢？这正是我们在这一章和下一章将要探讨的对象。当然，在现实的生态审美过程中，正如我们在上文所论述的那样，生态审美经验最终都会形成一种象征着生态自由的家园意识。在这种家园意识之中，人们意识到自我处于自然之中，自然构建了人类的有限性，人们安于生存在这种有限性之中，歌唱这种自我的有限性。因此，生态审美经验所体验到的首要内容就是自我处于一个场所之中的意识，而对场所的意识正是一种空间意识。可以说，生态审美经验的首要内容就是一种空间意识。

一、古希腊的空间观

在现象学看来，历史上，人们的空间观共有四个时期：一是古希腊的生活空间观；二是近代的物理空间观；三是认识论的空间观；四是现象学的现象空间概念。古希腊的生活空间观从朴素的人类生活中物质与虚空的关系探讨空间的本质。这一时期人们探讨空间的方式，并没有将空间设为物体存在的背景，而是将空间区分为物体的处所与处所之间的关系。古希腊哲学家认为：可见的万物都处在自己的位置上；同时，两个可见的物体之间，并没有物的存在，对这一无物存在的空间，古希腊不同的哲学流派都给予了不同的定性。爱利亚学派的巴门尼德认为：存在是永恒的，存在与存在之间是连续不可分的，存在与存在是联系在一起的，因此，宇宙之间并没有虚空。其后的原子论则认为：世界的本原是原子，原子充实了宇宙之中，是一种不生不灭、不可分而均匀的实体，现象的变化只不过是原子组合的变化而已。原子内部是充实没有空隙的，而原子与原子之间的空隙则是虚空。同时，由于原子处于运动之中，虚空为原子的运动提供了一个场所。通过原子在虚空之间的运动，宇宙是一个动态而非静态的系统。

原子论认为空间是原子与原子之间的虚空，表明他们是从事物内部去探讨空间。其后的柏拉图，继续探讨了虚空的哲学性质。在他看来，虚空是原子运动于其中的场所。世界上的物质，可以分为有界定的和无界定的，构成这些物质的基本元素，是火、水、土、气以及"以太"。这些元素之间不停地运动，构成了物质的变化。而这些变化，正是发生在场所之中。因此，柏拉图认为：场所既不是现象，也不是形式，而是所有变化的接受者，即事物发生变化的温床或容器。柏拉图将虚空从事物内部解放出来，认为虚空是事物与事物之间的关系，这为亚里士多德全面地探讨处所概念提供了一个方向。

在柏拉图以后，亚里士多德继续探讨处所的哲学内涵。他发现：处所的性质有两个规定性：第一，处所是一个边界。这一边界与物体的关系，类似于河和船的关系，即船在流动着的河水中移动这样的关系。在这个过程中，河水的流动形成了船的移动。流动的河水并不是船的处所，而是容器。而整条河是不动的，因此，河是船的处所。空间与事物的关系，"恰如容器是能移动的空间那样，空间是不能移动的容器。"① 在这里，处所就

---

① ［古希腊］亚里士多德：《物理学》，张竹明译，商务印书馆 1982 年版，第 103 页。

是物体所处的空间。第二，处所可分为天然处所和非天然处所。亚里士多德发现：事物总会向着它天然的位置运动，比如轻的事物上升而重的事物下降，这是事物运动的本质要求。而所有的事物都会向自身的"天然处所"运动。天然处所达到了，事物的运动也就停止了。正是在事物的这种运动中，处所可以被分为上下左右等关系。可以说，亚里士多德对空间的界定，将空间特性归纳为与物体分离、静止不动、包围事物等方面。这几个方面，都不是物体本身的属性，而是物体所处的空间即处所的属性。这意味着亚里士多德对处所一词的使用与传统用法有了很大的不同：传统上，爱利亚派与原子论都强调从物体的内在属性上定义处所的性质，而亚里士多德则将处所视为一种处在包围者的位置。也正因亚里士多德对空间作为外在于事物的包围者的定性，人们才有可能探讨空间的广延、宇宙的有限或无限等问题。

在现象学看来，古希腊的空间概念，是一种生活空间的概念，即古希腊从物体所处的现实处所角度探讨空间，将空间定义为物体的处所本身。这样一种探讨空间的方式，本质上正是从人类朴素的生活经验角度探讨空间的本质。也就是说，古希腊对空间的探讨，是将空间视为物体的处所，探讨物体与处所之间的关系。在这里，人类从自我角度对物体及其处所的观察是这一空间观的基础。但是，古希腊人并未意识到人类的观察在这种空间观建构过程中的作用。可以说，古希腊的空间观，本质上并没有将人的意识对空间的建构视为空间观的基础，是一种基于个人生活世界的朴素的、未经反思的空间观。

二、近代物理和认识论的空间观

亚里士多德将空间视为事物的处所，这就预留了一个问题：处所之外还有没有空间，这也正是其后空间观的探讨方向。随着人们对亚里士多德空间观的批评，在经过中世纪神学的改造之后，随着现代科学的兴起，近代物理学的空间观逐渐代替了古希腊的空间观。近代物理学空间观也被称为绝对空间观，其代表人物为牛顿。由于其物理学的统一性要预设一个绝对的空间，因此，牛顿建议将空间区分为两种：一种是"绝对的、真正的和数学的"空间，绝对空间是一种与外部事物无关的空间，它永远是相似的和不动的。另一种则是"相对的、表现的和日常的"空间。前者是一种本质的空间，后者则是人们感知到的空间。在牛顿看来，对于人类来讲，由于其生活世界的有限性，绝对空间本身对人类来讲是不可感的，但是，它却是空间的本质，是所有空间的一个容器。离开了这种绝对空间的观照，人们就无法表述自然哲学的种种关系。绝对空间不依赖诸事物，但诸事物却必须通过绝对空间的观照，才能找到自身的位置并进入各种关系。因此，绝对空间是事物实存的条件。

从牛顿的绝对空间理论中，我们可以看出：人们对空间的认识已经离开了个体的观照角度，空间已经成为一个超验的观照角度或一个抽象的假设，是事物实存的绝对条件。这一绝对条件并不依赖于人类或事物而存在，而是先在地构成人类视野与事物存在的条件。这就预留了一个问题：绝对空间如何形成，人们如何才能感知到这一绝对空间的存在？因此，牛顿等人都只能将绝对空间以属性的名义赋予上帝这个最高的实体。在这个地方，我们可以感觉到认识论与神学之间的关系。

自绝对空间观产生以来，便受到了来自笛卡尔、贝克莱和莱布尼茨的批评，在后三者看来，空间不可能是一个实体，而只能是物体的一个属性。尽管由空间所构成的这种属性对于物体来讲是一种本质的属性，但离开了物体，并不存在一个绝对的空间。其后，对绝对空间观构成重大变革的是康德。康德既反对牛顿的绝对空间观，也反对后三者所提出的空间作为事物属性的概念。在他看来，空间并不是某种客观与实在的东西，既不是实体，也不是属性，更不是关系，而是某种主观的和观念的东西。这种主观和观念的东西是一种人类主体按照特定的规律产生出来的图式，属于人类主体的一种先验能力。这种先验能力可使人类整理人类感知到的、外在于人类精神的所有一切。在这里，我们可以看到康德已经将空间视为一种主体的观念，是主体从精神本性中产生的图形，是主体的直观和主观的形式。而主体这种直观的能力，则是人类先验具备的，是人类之所以成为人类的标志。也正因如此，康德的空间观也被称为"先验空间观"。

康德空间观的变革有着重要的意义，首先，他继承了牛顿等人的观点，承认空间的无限性，是一个无限的被给予的量。其次，这种无限的被给予的量，并不是来自于上帝，而是来自于人类心灵先验的认识能力。因此，空间是人类认识事物的一种形式而非事物的属性，这就摒弃了空间观的神学色彩；再次，他转换了人们探讨空间的方式，从事物存在方向转向主体的构型能力，从而将空间与人类的能力或人类的心灵联系在一起。可以说，康德对空间问题的探讨大大提升了人类在宇宙中的位置，通过人类先验的能力让人类为自然立法。在这里，我们可以看出，康德的空间观念，不仅是空间观念本身的变革，也代表着认识哲学对历史上空间观的反思。从这一角度来讲，康德的空间观，正是认识论哲学空间观的集中代表。

但是，康德的空间观，也有着自身难以说明的问题与局限：第一，如果空间是一种无限的存在，那么，作为个体的人是有限的，有限性的个体如何能直观到这种无限的空间呢？第二，康德将有限个体直观无限空间的能力归结为一种先验的能力。这是一种大胆的预设，即认为"有限的感性个体"直观"无限的空间形式"的能力是先验的，而先验则是不需证明的。但是，从现象学的角度来讲，先验的不证自明性仍然需要论证，不能以先验来回避彻底解决问题的可能性，否则就不是科学的哲学。可以说，康德的空间观，由于缺少存在论的基础，其在最终的奠基方面，仍然是一个充满预设的"浪漫的想象"。

三、现象学建构空间观的方向

现象学的空间观正是在上述空间观的流变过程中产生的。当然，在现象学内部，空间问题随着不同哲学家的哲学取向而出现过一些理论分歧，但对于本文来讲，全面地探讨现象学空间观的流变是一个太大的题目。本文仅以现象学空间观的代表人物：胡塞尔、海德格尔与梅洛-庞蒂的空间观为基础，探讨现象学的空间观及其在生态审美经验中的表现方式。

以有限的人类个体直观无限的空间，需要人类身体的关联，身体是人类与空间联系的纽带。但是，由于认识论的身心对立，身体一直没有得到认识论哲学的重视。在认识论哲学中，身体成为与心灵对立的、需被心灵所扬弃的东西。因此，认识论不可能意识到身体在人与空间联系过程中的中介地位。对身体的这一地位，在现象学发端之初就受到了哲学家的普遍重视。"早在1907年的'物与空间'课程讲座中，胡塞尔就已经区分出了无生命的身体与有生命的身体，并将身体与空间的构成问题关联起来，开启了通过身体来研究空间问题的现象学传统。"① 以人类与地球的关系为例：按照科学的观念，地球在宇宙中按一定规律运动，但由于人类身体处于地球之上，在人类身体的观照之下，人类只能"看到"日出与日落，而看不到地球的自转与公转。从这一角度来讲，科学的地球运动概念，首先是对人类身体的一种想象，即将自己的身体想象为处于地球之外的某个点上，在这个点上，人们可以意识到地球在宇宙中的运动。从这一角度来讲，科学的概念，本身依然要依赖于对身体的某种定位，只不过这种定位被科学想象为一种"客观"、"中立"的身体。但在现实中，人类的身体必须站立在地球之上。站在地球之上的人的身体所产生的空间意识永远不可能是一种客观的身体，而是说，站立在地球之上的这个身体实际上是所有空间感产生的原因与依据。也正因如此，现象学才需要对人类身体与人类的空间意识之间的关系进行一种彻底的还原。"地球在我们的原初经验中代表着一个绝对的'这里'。只有从这个绝对的'这里'出发，我们才能够确定空间的所有其他方向。同样地，我们的本己身体在我们关于空间的

---

① 刘胜利：《身体、空间与科学》，江苏人民出版社2015年版，第48页。

原初的经验中也代表着一个绝对的'零点'……从本己身体的观点来看，它就像地球那样一直保持不动：事实上，我并不能离开我的身体。"①

　　胡塞尔对空间意识的反思，促使人们反思科学空间观与康德空间观的局限。在他看来，如果科学空间是一种客观空间的话，那么康德对这种客观的空间赋予了一种主观的维度，将空间意识产生的根源归结为先验的主体赋形能力。对胡塞尔来讲，离开身体抽象地谈论空间，最终会将空间视为人类主体的想象，最终使空间囚禁于狭窄的主体境域之中，将空间与客观世界的显现视为一种自明的经验。现象学要做的，是要回到一个更为原初的空间概念，回溯空间显现的原初世界，并通过这个原初的世界，重新理解空间与空间中的客观事物。"通过现象学还原回到一个在原初知觉经验中被给予的世界，并阐明这个被知觉的世界或被体验世界的空间性。"②

第二节　现象学空间观的主要内容

一、胡塞尔与海德格尔空间观的主要内容

　　在现象学看来，所谓的空间问题，本质上是人类的知觉问题。现象学对空间问题的还原，其基本原则就是让空间是其所是地在人类的意识中产生。而空间意识的产生，来源于人类的知觉过程，人类的知觉过程才是空间意识产生的基础。这是现象学对人类空间意识进行哲学探讨的基本精神。在这一精神之下，不同的现象学家进行了不同维度的探索。但对空间问题研究的集大成者，应属梅洛-庞蒂的知觉现象学。在这里，本文选取

---

① Dastur, *Espace et Intersubjictivté*, Studia Phoenomenologica, Vol. 1, No, 3-4, 2001, pp.66-67. 转引自刘胜利：《身体、空间与科学》，江苏人民出版社 2015 年版，第 50 页。

② 刘胜利：《身体、空间与科学》，江苏人民出版社 2015 年版，第 51 页。

了有代表性的胡塞尔、海德格尔和梅洛-庞蒂的知觉现象学，来探讨现象学空间观的主要内容。

胡塞尔发现了身体对建构知觉与空间意识的关键作用。在他看来，传统的知觉研究中，被知觉物是作为整体被知觉到的。也就是说，在人们的知觉经验中，人们一旦知觉到某物，必然会知觉到某物存在的全部，而非某物的单一侧面。但实际上，在现实的知觉中，由于身体的位置，人们只能知觉到事物的侧面。并且，由于人们可以任意活动，人们对事物不同侧面的知觉是处于变化之中的。但是，在实际的知觉中，尽管人们只能看到侧面并且这一侧面在不停地发生变化，人们依然可以在思维或意识中把握到这一事物的整体。胡塞尔用"侧显"这一概念说明知觉对事物的建构过程："侧显既是又不是对象，它有别于对象，并能够自行隐没以便让对象呈现；这是它与对象的同一性与差异性这两者的同一。"① 可以说，在胡塞尔"侧显"概念的基础上，形成了一种新的空间观——"现象空间"，直接启示了现象学探讨空间问题的根本方向。

在胡塞尔之后，海德格尔继续探讨了空间的概念。在《存在与时间》中，尽管海德格尔从时间的角度探讨了存在的性质。但在探讨此在如何存在的过程中，海德格尔提出此在存在的前提是"在世界中存在"，此在"在世界中存在"的前提指明了人与世界的关系是"在……之中"的关系。海德格尔认为：这种"在……之中"的关系并不意味着某种现成的、处于空间中的东西，而是更为原始的"在……之中"的关系，其原意是指明"'之中'源自居住，逗留"。② 因此，"'在……之中'的空间性显示出去远和定向的性质。"③ 在这里，海德格尔所谓的去远与定向，本质上依赖于此在对时间的感知。"从某种意义上来讲，人类生命的每一个瞬间都是有价值

---

① 转引自刘胜利：《身体、空间与科学》，江苏人民出版社2015年版，第55页。

② ［德］海德格尔：《存在与时间》，陈嘉映、王庆节译，生活·读书·新知三联书店1999年版，第63页。

③ ［德］海德格尔：《存在与时间》，陈嘉映、王庆节译，生活·读书·新知三联书店1999年版，第122页。

的，因为这一瞬间有可能成为他生命的最后一个瞬间，或成为他生命的最后一个月或最后一年的其中一个部分。因此，海德格尔说知道死才有存在，说存在总是充满了对自我有限性的意识。"① 而这种对时间的感知，本质上正是将时间意识置于空间意识之前，通过时间意识的介入感知人与世界"在……之中"的空间关系。后期的海德格尔意识到这种空间关系本质上并没有消除认识论的主体形而上学，而是有可能将主体形而上学换成"此在"的概念并把此在理解自身存在状态的能力推进成为所有存在的基础或奠基，实际上是变相地将主体形而上学的精神推至极致。因此，后期的海德格尔则回到物本身，从物与空间的关系探讨空间如何存在："作为聚集着的物本身就是一个位置，只有那些自身就是位置的物才可能允诺一个场所，从而才为此场所设置出某种'空间'"，"空间即 Rum，意味着为定居和宿营而空出的场地"。② 空间问题要求就是全面地分析这一场地的性质及其如何构成为物的具体空间。正是从这一意义上，海德格尔提出了"天、地、神、人"四方游戏正是空间的本质，而人类活动的目的不应是对这一空间的遮蔽，而是使这一空间敞开。

可以说，在现象学运动中，胡塞尔开启了一种新的探讨空间的方式，海德格尔则进一步对这一空间的存在方式进行了总体的定性，指出了空间与人类的关系应是人栖居于空间的"在……之中"的关系。这种人类处于空间之中的关系，为现象学的空间意识进一步指明了方向，同时也增加了全面解读人类空间意识的难度：一方面，由于人类处于空间之中，通过对空间的感知找到自己的位置，也就是说，人必须感知空间才能找到自身；另一方面，空间又构成了人类自我的某种定性，正是意识到我是处于某个空间之中，我才是现在的我。从这一角度上讲，空间又构成了人类自身。空间既确定着人类，又构成人类的关系，构成了现象学探讨空间问题的出

---

① ［美］理查德·E.帕尔默：《美、同时性、实现、精神力量》，孙丽君译，《世界哲学》2006 年第 4 期，第 70 页。

② 孙周兴编：《海德格尔选集》（上），上海三联书店 1996 年版，第 197 页。

发点。这一出发点，预示着现象学空间观的难度与深度。

二、梅洛-庞蒂空间观的主要内容

胡塞尔与海德格尔对空间问题的探讨，提示了其后现象学哲学家对空间问题研究的方向。人类与空间的关系，既需要人在空间中确立自我的位置，同时也需要空间作为一个生活世界的前提，构建具有自我视域的个体。如何解决这一问题，这就需要在空间与人类之间找到一个中介。这一中介不仅能使人意识到空间对自身的决定性，也能通过这一中介进入空间之中。全面解决这一问题的，正是法国现象学家梅洛-庞蒂，而他所找到的这一中介，正是人类的身体。他的现象学，不仅是知觉的现象学，也是身体的现象学。具体地讲，梅洛-庞蒂对空间意识的解读，包括如下内容。

（一）侧显如何可能？

正如胡塞尔所言，人类的知觉拥有一种侧显的能力，这种能力既能把事物的不同侧面纳入人类的意识之中，又能将事物不同的侧面把握为一个共同的事物。也就是说，人类的侧显能力既能内在地把握事物，又能超越地面对事物。"在知觉中有一个内在性与超越性的悖论，内在性是指被知觉对象不可能外在于知觉主体；超越性是指相对于已实际被给予知觉主体的部分来说，被知觉对象始终包含着一个超出的部分。"[1] 也就是说，对于人类来讲，以视知觉为例，事物只能以侧显的方式出现在人类的知觉中，人们只能看到事物的一个方面，但是，人类却可以在自己的知觉中构建整个物体。那么，人类是如何感知到事物这个整体的呢？梅洛-庞蒂认为：在实际的知觉中，人类不可能孤立地知觉一个对象，而是将这一对象与其背景一起构成一个共同的视域，即当我们看一个对象时，对象周围的事物

---

[1] Mealeau-Ponty, *Le primat de pereption et ses Consequences Philosophyiques*, Paris: Verdier, 1996, p. 49. 转引自刘胜利：《身体、空间与科学》，江苏人民出版社 2015 年版，第 56 页。

也会作为背景而出场。人们的视域，有一个集中于事物的内视域，同时也有一个弥散在事物周围的外视域。当我们关注一个事物时，其他事物也随着这一事物而共同呈现。"注视一个物体，就是留住它，再根据它物体朝向它的面把握其他物体。即使我也看到所有其他物体，它们也仍然是向我的目光开放的场所，当我潜在地处在其他物体中时，我已经从不同的角度看到我目前视觉中的中心对象。因此，每一个物体都是所有其他物体的镜子。"①以梅洛-庞蒂所举的点与整体事物的关系为例：在具体的知觉中，我们所能感知到的仅仅是一个点，但是，我们又可以形成由多个点所构成的整体的感觉，也可以形成整体事物运动方向的一种判断。因此，只要当我们不把知觉现象描述为通向客体的第一个入口，而是先在知觉现象的周围假定一个环境，分析知觉现象与这个环境之间的关系，通过这个关系说明知觉活动的规则，就会发现：我们在知觉中所得到的统一的物体印象，并不是在对物体的联想之中产生的，而是由联想之所以产生的条件而产生的。因此，在知觉中，联想的条件，先于物体的统一性而存在。物体的统一性知觉，首先来自于联想的条件对物体的统一性所提供的保证。换言之，人类知觉，从空间上讲，来自于将看到的中心点与非中点进行的视域融合；从时间上讲，来自于人类意识中通过知觉所形成的知觉经验。这些经验构成了人类作为一个"意识的主体"，构成了人类知觉的一种前知识。知觉即是将这一前知识所形成的视域与当前的知觉结合起来。总之，知觉有视角性，视角性决定了事物只能侧显在人类的知觉之中；但知觉同时也有视域的融合性，这种融合性使得人类的知觉能把事物的侧显统一为一个整体的事物。视域的融合正是人类知觉拥有内在性与超越性的原因。

可以看出，在梅洛-庞蒂的知觉现象学中，他不仅试图解决胡塞尔的侧显问题，也试图解决海德格尔的"在……之中"存在的问题，甚至于在某种程度上，他也接受了伽达默尔视域融合的概念。空间问题，不仅是一

---

① 〔法〕梅洛-庞蒂：《知觉现象学》，姜志辉译，商务印书馆2012年版，第100—101页。

个事物与空间位置的关系问题，也不仅是空间的整体性问题，它更是一个知觉问题，是人类与外在事物联系的方式问题，是人类意识如何形成以及人类意识如何建构事物的问题。

（二）身体作为空间与人类意识联系的中介

梅洛-庞蒂进一步追问：人类的知觉为什么能拥有一个集内在性与超越性于一身的能力？他认为，知觉拥有这一能力的原因在于：人类拥有一个身体。一方面，身体处于一个空间之中，需要被动地接受这个空间世界；另一方面，身体又形成为具体的感觉，从而又主动地构建一个空间世界。换言之，要理解人与世界之间"世界既是一个我们被动接受（从而外在于我们）的世界，又是一个我们主动构造（从而内在于我们）的世界"①，必须依赖于把世界与我们联系在一起的身体。通过身体对知觉的统一，我们构建了视域的综合。通过这种综合，我们建构了事物的整体。

梅洛-庞蒂指出：人类存在的方式，首先就是身体的存在："我认为我首先被我的身体围绕，置身于世界，处在此时此地，这是一个事实。"② 正是这个身体，构成了空间与人联系的根本通道。

由于梅洛-庞蒂的身体不同于传统的身体，学术上一直把梅洛-庞蒂的身体观称为现象身体。在梅洛-庞蒂看来，现象身体既不是认识论的认识实体，也不是心理学意义上的思维实体，而是一种居间性的存在方式，是一种含混性的存在。"我们应该从现象身体的意义之被给予的方式出发（即从它如何在本已知觉经验中显现出发）思考现象身体的存在。这就是为什么身体问题在现象学传统中占据重要地位——一种真正的身体哲学只能从身体现象学开始的原因。"③

身体为什么能够作为空间与人类意识联系的中介呢？首先，现象身体

---

① 刘胜利：《身体、空间与科学》，江苏人民出版社 2015 年版，第 57 页。
② ［法］梅洛-庞蒂：《知觉现象学》，姜志辉译，商务印书馆 2012 年版，第 65 页。
③ 刘胜利：《身体、空间与科学》，江苏人民出版社 2015 年版，第 115 页。

是人类"在世存在"的载体。由于这一载体时刻处于空间之中，并在空间中运动，这种在空间中存在或朝向空间的运动本身就是身体的一种意向性。身体是意向活动的基础，而空间中的事物以及对这些事物的知觉构成了意向活动的结果。可以说，在身体的意向活动中，身体本身构成了现象学意向活动产生的基础即"我能"的原因。这就使得现象身体所构造的人类意识能主动地构造世界。其次，对于身体来讲，在身体构造一个对象之前，它就处于一个空间之中，"交互卷入一个确定的情境"之中，由于身体"总是处于特定的视域，最终总是已经处于特定的世界之中。因此，现象身体总是潜在地携着一个作为其任务情境和背景的世界一起出现，人们将这个特征称之为现象身体的'世界性'。"① 现象身体所具有的这种世界性，被梅洛-庞蒂称为"特定世界的潜能"、"某个世界的中介。"身体被动地抛入的情境，即身体的世界性塑造了人类身体的潜能，使它有能力中介世界与人类的意识。

（三）身体作为外物与人类意识中介的存在论基础

梅洛-庞蒂不仅探讨了身体作为空间与人类意识的中介，终其一生，他还探讨了身体之所以能成为这种中介的存在论基础。在他前期的探讨中，他认为身体是一种第三类存在，既不是事物，也不是纯粹的意识，而是"在世存在的载体"或"某个世界的潜能"，是意识与对象的中介。在他看来，由于人的身体处于一个空间之中，从现象学的角度来讲，现象空间的本质在于它是一种先在的整一的存在，或一种含混性的存在或综合，其中，身体与事物都在现象学空间中具有一个位置。但是，在这个空间中，作为对象的事物是如何存在的呢？梅洛-庞蒂认为：事物之所以能被知觉为一个事物，就在于它总是处于现象空间之中，并向某个身体开放自身。我们在上文中已经探讨了事物向身体显现的方式。其中，身体有两

---

① 刘胜利：《身体、空间与科学》，江苏人民出版社 2015 年版，第 122 页。

种能力：感知事物侧显的能力和将这种侧显整合为整体的能力。这两种能力，构成了身体构建外物的潜能。

在这里，梅洛-庞蒂的问题就变成了：身体为什么能拥有这种潜能？能中介世界与人类意识？在后期，梅洛-庞蒂分析了身体潜能的来源或者说它的存在论基础。梅洛-庞蒂通过身体的知觉过程，探讨了身体既作为一个主体又作为一个对象的过程。在他看来，在人类的身体中，主体与对象的区分非常模糊。这种模糊指明了身体所产生的意识并不是一种纯粹的主体，也非一种纯粹的客体。反过来讲，在意识的产生过程中，最根本的概念应是人的肉身。肉身的特殊性在于：它既不是一种客观身体，也不是认识论哲学所谓的心身对立中的那种身体，而是那种在思考的过程中被视为是"自己"的那个身体。这种身体是具有双重意义上的可感者：它既是感知它物的感知者，又同时是被意识察觉的被感知者。从这一角度来讲，世界存在于"肉身"之中。因此，肉身不是物质，不是精神，也不是实体。它先于一切存在者，是存在者存在的基础。肉身作为一种最为原初的存在，拥有将存在者现象化的能力。它既不是客观实体，也不是主观经验，而是两者的综合，将主体与对象共同融入了一个单一的存在之中。肉身既是人类意识与外物产生联系的原因，也是人类意识与外物能联系在一起的基础。

那么，肉身为什么能使存在者存在？梅洛-庞蒂认为原因在于肉身的构成。人们或许应该用"元素"这个古老的术语来指称肉身。元素的意义是指介于时空中的个体与观念之间某种事物，或某种具体化的原则；只要有可能，这种具体化原则就会带入某种存在风格。在这个意义上，肉身是一种存在的"元素"。这些元素，不仅组成了人类的肉身，同时也是外在于人的事物形成的基础。也就是说，人类的肉身与外物都是由一些共同的元素所构成的。正是由于肉身和外物都由一些共同的元素所组成，这些元素拥有相同的特点，这些特点使得肉身可以感知到外在事物的变化。

在这里，我们可以看出，梅洛-庞蒂已将肉身刻画为元素存在论。作为元素的肉身，由于其元素与世界的相通性，能使外界信息进入自我内心，从而使空间中的事物能内在于人的意识之中；同时，作为元素的肉身，也能以自我的视域构建外物，从而使人的意识具有超越性，使事物显示为一个完整的整体。这里，我们不仅看到了现象学对古希腊哲学的回应，也看到了现象学与中国古代哲学互通的可能性，更看到了现象学走向新自然哲学的发展方向。作为元素的肉身，超越了二元区分，在肉身里，元素构建了人与世界联系的基础。

第三节　家园意识中的空间意识

通过上文对现象学空间意识的简要回溯，我们可以看出，空间意识的变革对生态审美经验有着重要的意义。本文第七章第二节论述了生态审美经验的本质是一种家园意识。从字面上来讲，家园首先是一个地方，是一个伫立于某个空间中的地方，对家园的意识首先就是一种对于地方的意识，是一种特殊的空间意识。而在现实的审美过程中，生态审美经验首先也是对地方空间的经验。当我们进入某个环境，本质上就是进入一个特定的空间。对这个空间的经验，构成了生态审美经验的起点。从这一角度来讲，现象学对空间意识的解读，也为人类地方意识的解读提供了一种新的参照。

那么，在生态美学的家园意识中，空间意识体现在什么地方呢？

一、空间意识指明事物是人类家园的相关项而非对立物

在现象学看来，家园意识是一种意识现象，拥有现象学意识现象的全部能力。现象学认为：人类的意识，拥有意识意向性能力。在意识意向性能力中，外在事物作为意识意向性的相关项被人类的意识所构建。对于家园意识来讲，家园意识本质上就是将我所处的那个空间视为我的家。而所

有外在于家的事物，都是作为家园的给予者、建构者或参与者而存在，这些事物都是构建家园的元素。因此，对于人类的家园来讲，事物只是处于构建家园的不同存在秩序的过程之中，是构建人类家园的元素而非与人类对立的、需要人们去征服的外在事物。认识论将物我两分，并用主体精神去征服外物、追求绝对的主体自由，不仅不能说明主体精神的来源，同样地也会使外物与主体完全对立起来，形成主体的孤岛，营造了一种外物与自我决然分离的状态。在认识论所形成的主客关系中，客体时刻以侵犯的姿态逼仄着主体的存在，而主体时刻感受着外物的侵犯，不能进入自由的境界。在这一境界之中，意识与外物的关系是两个系统中运行的对立关系，而非相关项关系。现象学的家园意识，首先就指明了事物与人的关系是一种意识相关项关系，二者统一在人类的意识领域。

二、空间意识奠基于身体的在场

在现象学看来，作为一种意识现象的家园意识，只有回到身体的层面，在身体知觉的基础上才能产生。家园意识现象包含着两个层面的内容：（一）在胡塞尔的哲学中，意识指"作为自我之现象组成的意识"和"作为内感知的意识"[①]。也就是说，胡塞尔认为意识有两种能力，一是将事物视为意向相关项的能力；二是在意向相关项中意识到自我的能力。"感知是存在意识，是关于存在着的对象的意识，并且是关于现在存在着……这里存在着的对象的意识"[②]。如果我们将身体与空间作为意识的相关项，就可以发现，在胡塞尔的现象学中，人类的意识还处于纯意识领域，即胡塞尔还没有意识到身体在意识构建中的作用，仅仅把人类的意识作为大脑的机能。在这里，我们可以发现胡塞尔所追求的"作为科学哲学的现象学"，并没有说明意识本身形成的根据。尤其是对于意识的构成来讲，身

①　倪梁康：《胡塞尔现象学概念通释》，生活·读书·新知三联书店 2007 年版，第 88 页。
②　倪梁康：《胡塞尔现象学概念通释》，生活·读书·新知三联书店 2007 年版，第 503 页。

体并不具有一种本源的地位。（二）在梅洛-庞蒂的哲学中，意识首先来自于知觉，而知觉的本质就在于："观察由一组材料显示出来的内在意义"或"把握先于任何判断的可感觉形式的内在意义"。① 意识之所以拥有意向性能力以及自我感知的能力，就在于它拥有一个身体。也就是说，意识的基础在于知觉。而知觉的形成，正是基于身体的感觉以及通过知觉器官而发现的各种意义。因此，在现象学的视野中，尤其是在梅洛-庞蒂的知觉现象学中，知觉可分为狭义与广义的知觉，前者指眼耳等外感官观察或知觉到的东西；后者则是指所有的感觉以及感觉形成的过程。在这一过程中，眼耳等外感官仅仅是知觉的一小部分，身体的各种条件，包括历史、社会与自然条件，都构成了感觉形成的基础。

通过梅洛-庞蒂对知觉的考察，我们可以发现：由胡塞尔所发现的意识意向性理论，必须回到人类的知觉过程进行检测。而在这种回溯的过程中，现象学逐渐发现：知觉的形成，奠基于由身体所形成的各种感觉以及在这种感觉下所形成的意义体验。在这里，基于意识的现象学逐渐回到了基于身体的现象学。

三、身体是空间意识产生的基础

在家园意识中，人的身体是人类"存在感"的来源。在西方哲学史上，人类身体的存在，一直是一个备受忽视的现象。尽管人类首先以拥有一个身体为前提，但在许多哲学家看来，人类的思维与意识，必须要克服身体的存在感，向无穷尽的意识领域探索。好像只有克服了身体的存在，人类才是真正的人类。这一倾向在古希腊就已初现端倪：在柏拉图对理念的追求之中，人们就只能在意识领域中追求理念了。在中世纪的神学思维中，对身体需求的有意识悖反，是某些宗教学派的教义，甚至于成为基督教隐

---

① ［法］梅洛-庞蒂：《知觉现象学》，第30页，转引自［美］赫伯特·施皮格伯格：《现象学运动》，王炳文、张金译，商务印书馆1995年版，第771页。

修会的一种修炼方式。在他们看来，身体的需求大多是低级的需求，服从于身体需求是一种低级的生存方式，只有从精神上战胜了身体的需求，才能真正彰显人类存在的力量。尽管后来的认识论恢复了人类的尊严，人类在上帝面前重新抬起头来。但是，认识论对人类尊严的修复，仍旧仅限于对人类精神领域的修复，是"我思故我在"中的我思，精神仍是人类存在的标志。可以说，"我思"仍旧局限于人类的意识领域。这种作为意识领域的我思，本质上正是将人类的意识作为人类存在的唯一标志，将人类视为一种精神上的存在。肉体、身体的存在，在认识论视野中，仍旧是一个不值得探讨的问题。因此，可以说，认识论视野中的人，仍旧只是一个抽象的、生活在真空中的作为意识主体的人。认识论的主体精神，正是这种抽象人性的体现。

在现象学运动的前期，在胡塞尔、海德格尔、伽达默尔或哈贝马斯这些人那里，他们仍旧在纯意识领域探讨人类存在的方式。也就是说，尽管现象学发现了人类意识现象及形成这一现象的"生活世界"，但是，对这一生活世界的探讨，仍然更多地集中于人类历史和语言的视野，将"生活世界"归结为人类历史的积淀。由于这些历史积淀在语言中表现和传承下来，使得语言学在 20 世纪成为显学。前期的现象学哲学家关注人类意识形成的规律，认为历史与个体周围独特的生活世界是人类意识形成的最终奠基。正如我们在上文中所探讨的那样，现象学的两种倾向：论证意向性产生根源的倾向与探索事物在人的意识中显现方式的倾向。两者都是以意识为核心的，这也是现象学之所以成为一个哲学流派的核心动力。但是，在这两种倾向中，在追溯意向性根源的倾向中，由于将其研究视野集中于意向性形成的历史，导致这一倾向的前期依旧在纯意识领域探索。只有到了后期的生态现象学，人们才关注到自然作为人类意向性能力的最终奠基；而后一种倾向由于关注事物在人的意识领域中显示的方式，将研究视野集中于人类意识与事物的联系方式与过程之中，因此，这一倾向不仅探讨了意识形成的原因，同样也探讨了事物在意识中显现的机制。在这一过程中，身体作为事物与意识的中介功能被发现。正是人类身体的存在，才使得事物有可能在意识中显现出来。而这种身体的存在，是人类意识产生的原因与基础。由于身体与外在世界具有相同的构成元素，所以身体具有了感知这些元素的能力。也就是说，人类的存在，并不仅仅来自于意识的"我思"，或海德格尔的"此在"的"光的形而上学"，而是首先来自于一个身体的存在。正是身体的存在，构建了人类与外在世界的中介。而正是这一中介，使身体与空间、与外在于自身中的所有事物，产生了联系。由于身体处于某个空间之中，在这个空间中，人类通过视觉、触觉、嗅觉等知觉形成了一种身体处于某个空间中的意识，以这一意识为核心，人类才能充分地意识自我的此在性。因此，"（肉身——引者注）先于一切存在者，并使一切存在者成为可能。肉身是从存在与虚无的相互内在性出发确立的存在论原则。肉身存在论是一种现象学存在论。"[1]

正如我们在上文中指出，生态美学的本质要义在于：它是一种家园意识，是意识到自己处于家园之中的意识。在这种意识中，外在于我的事物并不是与我相异的事物，而是我生存于其中的家园。在家园意识之中，我与外在事物之间是一体的关系，而非相异的关系。也就是说，当人们试图构建我与事物之间的关系时，在生态美学的家园意识中，人们首先要构建的是我与事物处于一体的关系，而不是我与事物区分的关系。后者正是认识论哲学的基础：认识论的主体形而上学首先构建的就是将主体与客体区分开来，并利用一个探索的主体去接近客体。胡塞尔的现象学，正是对这种区分关系的反思。而随着现象学对意识意向性形成原因的探讨，身体所具有的空间性以及身体与外在事物元素的同构性，回答了身体与外在世界一体性。这种一体性，指明了身体与外在世界的联系——身体处于世界之中。这种"在……之中"的意识，正是人类身体存在的本质，也是人类不可能超越的宿命。

---

[1] 刘胜利：《身体、空间与科学》，江苏人民出版社 2015 年版，第 286 页。

四、身体是人与外在事物联系的基础

身体不仅构成了人类存在的基础，也构成了人与外在事物联系的基础。身体与外在世界的联系包括身体的肉体性联系与意识性联系。首先，人类的身体具有肉身性。在上文中，我们已经论证了人的肉体与外在世界元素的同构性。在这里，我们借用梅洛-庞蒂晚年的理论，指出世界的元素论，即人的肉体与外在世界都由一些相同的"元素"构成。肉身存在论同时也就是元素存在论。元素不仅构建了肉身，也构建了外在事物。外在事物是构建人类肉身的根本，人类与外在事物的联系，所依靠的也正是这种元素的同构性。从这一角度出发，人类身处于其中的外在世界是人类身体存在的前提，离开了这一前提，人类的身体就不可能存在、不可能与外界产生联系。即外在世界与人类的身体是一种休戚相关的共同体。

在对世界终极本原的解释上，梅洛-庞蒂的元素存在论与中国古代哲学取得了跨语境的呼应。元素同构论也是中国古代哲学的基础理论，至今仍应用于中医实践之中。可以说，经过现象学对意识问题的穷追不舍，西方哲学论证了中国古代哲学的根基。元素之间的变化构成了不同的生命。元素同构论回应了中国古代哲学的根本精神——"有天地而有万物生焉"的生生之谓易的变化精神："在《周易》看来，包括人类与自然万物在内的宇宙整体是一个生命不断生成以育、洋溢着无限生机的大化流行的世界。"[1] 从另一个角度论证了自然作为人类生存的本体、基础。同时，元素同构论也回应了中国古代哲学"天人合一"的基础信念。人的肉身构成与外在世界具有同样的元素，而人的肉身是人类存在的基础，这不就是中国古代的"天人合一"理念吗？在这里，中西哲学对人的存在状态作出了殊途同归的解释，其着眼点都在于人的肉身性存在状态。从这一角度来看，人的肉身性存在是人类存在的根本，是人类进行能量交换、与世界联系的

---

[1] 曾繁仁：《生态美学基本问题研究》，人民出版社 2015 年版，第 214 页。

中介。这是人类不可挣脱的宿命，是人类所有意识的前提。

其次，与中国古代哲学不同的是，现象学对人的肉身性解释并不是对人类自然存在方式的直观性复述，而是对意识意向性能力来源的最终结论。也就是说，现象学不仅回答了人类的肉身存在论基础，更回答了这种肉身存在基础如何在人的意识领域中显现出来。这点不同于中国古代哲学以隐喻为主的定义式论证方式。中国哲学并没有回答人类意识对身体的感知过程，这点与现象学对意识现象的解读不同。可以说，中国古代哲学以直接设定自然的基本规律为主，并没有层层深入论证人类意识的工作方式，不去解释人类的身体如何进入人类的意识领域。而现象学则在意识意向性理论的基础上论证了身体如何作为中介，如何将外在于人类的事物纳入意识领域之中。

我们在上文中已经部分论述了现象学视野中意识的工作方式。从胡塞尔到梅洛-庞蒂，每个现象学家都从自己所关注的领域部分地解释了意识如何具有意向性的原因。胡塞尔开辟了"生活世界"理论，海德格尔则将生活世界扩展为存在，伽达默尔则将存在发展为效果历史，并将存在区分为混沌、已在、混沌向已在的变化。由海德格尔向伽达默尔的这条现象学线索强调意向性的来源，认为存在、历史、语言等构成了意识意向性的基础。而由英伽登、梅洛-庞蒂这条线索，则关注意识意向性的运作机制，并最终在梅洛-庞蒂的身体现象学中，指明了身体如何作为意识及其意向性产生的中介。

梅洛-庞蒂经过对人类意识领域的"彻底的反思"，指出了人类的意识依赖于身体及一切肉身化的经验，这是人类意识有限性的来源：当人们开始反思时，人们会反思到人类之所以会反思的奠基性事件，意识到作为事件的自身；正是由于这种意识到事件自身的意识，这一反思是一个真正的创造活动。也就是说，在这一反思中，在人们意识的显现过程中，意识结构发生了某种变化：它不再沿着意识显现的路径显现，它同时关注意识显现的原因。在这里，"世界既是被给予我们的世界，又是我们所创造的世界。"① 其中，人类肉身的存在，使得世界是一个被给予我们的世界，而人类通过肉身所形成的世界经验以及在此基础上形成的意识意向性，则构成了人类创造世界的基础。

五、空间意识是诗意栖居的表现方式

家园意识是指人们与自身居所和谐共存的意识，是人们诗意地栖居于自身居所之中的意识。在上文中，通过梅洛-庞蒂对身体的现象学分析以及空间的现象学分析，可以发现：人类的存在，首先作为一个肉身的存在，其次作为一个意识的存在。肉身的存在，使得人们可以具有一个空间，这一空间使得我们被纳入某个世界；同时，由于肉身所创立的这个空间，空间中的外物通过肉身的中介进入人类的内在意识世界。这个内在意识世界构成了人类探索外在世界的"意识结构"或意向性基础。通过这一结构，人类才有能力创建自己的世界，从而使得世界成为一个被我们所创造的世界。

在现象学的研究中，由人类身体所形成的空间和空间意识，不仅构成了人类生存的基础，也构成了人类创造世界的基础。因此，人类必须要与自身的身体以及身体的空间性和解。从这一角度看，身体作为人类生存的前提，第一次在西方哲学中取得了与意识同等的地位。正是由于身体处于某个空间之中，这个空间里所有事物都构成了与这个身体的联系，这些联系构建了身体本身。而也正是在这些联系中的身体的空间性存在，构成了人类意识建构世界的基础。身体的存在使得人们将外在的自然视为自己的家园，并将这种生存状态视为自身存在的自由而非束缚。生态美学正是以人类身体存在状态为基础，将身体存在于某个空间中的经验视为一种美的经验。在这种存在状态中，自然并不是人类需克服的外物、需征服的对

---

① 刘胜利：《身体、空间与科学》，江苏人民出版社 2015 年版，第 94 页。

象、与人类对立的存在环境，而是人类生存的根基，是人类生存的家园。在人类的感觉或意识中，自然不仅构成了人类生存于其中的空间，由自然所构成的这个空间更是人类生存于其中的家园。在这个家园中，人类感觉到：自然并不是与人类对立的、威胁人类存在的异在的力量，而是人类怡然自得地生存于其中的庇护之所。在自然所构成的这个庇护之所中生存，不仅是人类身体的宿命，也是人类身体的终极去处，更是人类心灵的安放之处，是人类精神的来源与终极依靠。因此，意识的超越性最终必须回归自然的整体性，才是人类精神真正的、全部的"意识环链"。在这里，伽达默尔所谓的"效果历史意识"的意识循环，如果只是限定于人类历史的视野，并不是一种真正的循环。用他自己的话来讲，他仍然存在着类型学分类的余声，仍有着自己的盲点。身体并不是意识要征服的对象，而是意识赖以产生的基础。认识论美学正是在这个地方，漠视了人类身体存在对人类意识的制约作用，陷入了对自身存在方式的无知之中，这是形成生态危机的基本思维方式之一。

也正是因为处于一个空间中的身体构成了意识的基础，所以，人们必须重视身体所处的这个空间，明晰这个空间如何构建了我们的意识，与身体、身体所处的这个空间完全和解。《庄子·则阳》中说："冬则擉鳖于江，夏则休乎山樊。有过而问者，曰：'此予宅也。'"这种此予宅也的精神，正是"人生于天地之间而栖居于此，依于天地之道而于世安居"①的精神，即一种诗意栖居于世的安居态度。在这里，现象学对人类身体与意识的终极反思，与中国古代哲学形成了跨越时空的共鸣，共同构成了生态美学家园意识的基础与内容。因此，生态美学的家园意识，首先就是确认身体处于某个空间之中的意识，就是确认空间中的身体是人类家园的意识。也只有上升到这一层面，现象学对意识现象的反思才真正是一种彻底的反思。

生态美学的核心内容，本质上正是唤醒人类对自身所处空间的审美

---

① 曾繁仁：《生态美学导论》，商务印书馆 2010 年版，第 234 页。

感，构建人与自身所处地方和解的地方意识，并通过人类的地方意识，构建人类与外在自然和谐相处的愿景。

但是，在生态美学的发展中，地方意识曾被视为是全球意识的阻碍。人们认为，一个过度热爱自身所处空间的人类个体，很难发展出全球意识。生态运动的发展过程变相地支持了这样一种观点：所谓全球化的过程，也是一个全球性产业分工的过程，同时也是全球性资源分配的过程。在这一过程中，一些国家所谓的生态运动，不过是转移生态污染而不是根治生态污染。因此，如何将地方意识发展为全球意识并根治生态问题？这不仅是一个生态手段的问题，更是一个哲学上空间意识如何转换成全球意识的问题。但是，仅靠现象学空间观的革命，并不能解决地方意识与全球意识的矛盾。我们还需要一个更为广阔的哲学视野：通过人们的活动，使人们最大限度地获得生态的审美经验。这一更为广阔的哲学视野，就是对时间观的改造。这正是我们下一章要关注的问题。

第九章　现象学视野中生态审美经验中的时间意识

第一节　时间意识的现象学解读

在西方哲学史上，时间问题一直是各哲学流派争论的焦点之一，"论及时间的各种不同的情况，都以特殊方式反映出人类文化和历史时代的多样性。"[①] 在现象学之前，各哲学流派都有对时间的探讨，时间问题不仅彰显了各哲学流派的核心观念，也显示了他们的思维局限。从某种程度上讲，也昭示着整个西方哲学的流变方向。

一、现象学之前西方时间观的流变

在古希腊，时间并非一个纯粹的哲学问题，而是当时的哲学家在探讨万物规律时所涉及的问题。在古希腊哲学家看来，他们首先要确定万物有没有探讨的可能性，这就涉及万物是否是稳定的问题，进而涉及对万物是变异的还是持恒的判断问题。在这个过程中，时间作为断定事物是否稳定的一个因素而进入哲学的探讨之中。在对万物是变异的还是持恒的认识

---

① ［德］伽达默尔：《西方的时间观》，载严平选编：《伽达默尔选集》，上海远东出版社 2003 年版，第 100 页。

上，赫拉克利特断定万物处在变易之中，持恒仅仅是一种假象。相反，巴门尼德则认为万物是持恒的，无物变易。其后的柏拉图是上述两种观念的调和。他认为：理念是事物存在的根本，各种现象事物是理念的摹本。摹本可生成、变化或毁灭，但理念则是永恒的。到目前为止，时间尚没有成为一个真正的哲学范畴。将时间上升为哲学范畴的是亚里士多德。由于柏拉图并没有指明理念如何演变为具体的现象事物、现象事物又如何变化上升至理念，亚里士多德提出了形式因、质料因、动力因和目的因等范畴以弥补柏拉图的不足。在探讨事物变化的原因时，亚里士多德引入了时间的概念，将时间作为一个不变的可测度的量，作为评价事物变化或运动的程度、方向或方式。在他看来，时间是运动的尺度。"时间不是运动，却是使运动可以成为计数的东西。"① 因此，当我们用"前"和"后"两个概念来确定物体运动时，在"前""后"的意识中，我们就知道了时间的存在。也就是说，对亚里士多德来讲，时间的本质在于它是关于物质持续性的一个量度。亚里士多德对西方时间观的确立有着重要的影响。在某种程度上，由亚里士多德所确立的时间观仍是我们现在所使用的可度量的时间观的基础。

亚里士多德所确立的时间观有如下几个基本特点：（一）时间是独立于事物的，它可以度量事物但不从属于事物；它是均匀流逝的，是可以测度的。（二）时间是一种由前向后的序列，是一种数，也就是说，时间的测度是由前向后的发展方式，时间是不可逆的。（三）时间是永恒的。"时间是无限的。"② 由于事物运动永恒，所以时间也是永恒的。它既没有开端，也没有终结，只要有事物，就必然有时间。亚里士多德所确立的时间的可测度性、不可逆性和永恒性构成了西方科学的基本理念。

纵观亚里士多德的时间观，可以看出，在他那里，时间是一种不以人类意志为转移、不通过人类意识就可显现的客观的数。时间是形成数的基

---

① ［古希腊］亚里士多德：《物理学》，张竹明译，商务印书馆1997年版，第124页。

② ［古希腊］亚里士多德：《物理学》，张竹明译，商务印书馆1997年版，第135页。

础之数，是一种量度，这种量度可以用来计"数"。因此，时间是计数的基础，而非数本身。这种时间观受到了西方宗教神学的挑战。其中最有代表意义的是奥古斯丁。他认为，时间随着上帝的创世而产生，它开端于上帝的创世活动。在此之前，时间并不存在。在开端之后，"时间存在于我们心中。"① 因此，"时间不是自在之流，而是思想的延展。"② 在他看来，时间依赖于心灵而存在，它并不是能独立存在的客观事物。心灵通过自己的回忆、期望、注意、感觉等来构成时间。由于时间依赖于人类的心灵存在，所以，不会有纯粹的过去、现在与将来。在人类的心灵中，不可能有任何时间全然属于现在，哪怕是一个不可再分的小点。因为如果我们设想一个小得不能再分割的时间，那么这个时间就成为一个小点，这个小点构成了现在。但是，现在同时又意味着过去与将来，因为当现在的时间可被无限地分成一个个的小点，而这一个个的小点能迅速从过去飞向将来，或从将来飞向过去。这个小点不会延展，因为一旦有延展，便进入过去或将来的时间之中，因此，现在这一时间是没有丝毫长度的。亚里士多德那种客观的可以分为过去、现在和将来的时间是不存在的。确切地讲，依据时间在人的经验中产生的顺序，可以区分为过去的现在、现在的现在和将来的现在。过去的现在是人们心中的回忆，现在的现在是现在的直接感觉，而将来的现在则是现在心灵的期望。它们都依据人类心灵在现时的活动而存在，并不存在一种客观的独立于人类心灵的时间。因此，时间是心灵延展的方式。

奥古斯丁确立的时间观有如下特点：（一）时间是心灵的延展，是人类心灵的属性。它是一种属性而非亚里士多德所谓的独立的事物。（二）时间不可以度量，本身是没有长度的。现在作为一个不可再分割的点，决定了时间由一个个相继逝去的点组成。每个现在可进行无穷的细分，没有长度的时间不可能度量事物。（三）同样，时间并非无限的。它伴随着上

---

① ［古罗马］奥古斯丁：《忏悔录》，周士良译，商务印书馆1982年版，第247页。

② ［古罗马］奥古斯丁：《忏悔录》，周士良译，商务印书馆1982年版，第253页。

帝的创世而产生，在心灵的延展中存在。

在对宗教神学的反对中，认识论回到了亚里士多德的时间观。在科学的传播过程中，认识论所确立的时间观成为当前整个西方的主流时间观。在这里，起着决定性作用的哲学家是康德。由于中世纪哲学家将时间视为一种心灵的延展，时间成为上帝的附庸，没有信仰也就没有时间。这是宗教神学对时间观的极限推定。因此，康德认为，要捍卫人类的自由，让人为自然立法，首先就要让人自由地拥有时间。时间必须在人的先验能力领域进行论证。也正因如此，康德认为时间是人类"内感觉"的形式。人类先天拥有时间的感觉方式，这种感觉方式可以感知到事物变化的时间性。因此，外在事物的变化，必须依赖人类对时间的"内感觉"，"时间是我们心灵的内现象的直接条件，从而便是外现象的间接条件。"① 也就是说，在康德这里，作为人类内感觉形式的时间，是对象知识成立的必要条件。这种时间，对内可以将经验进行划分，对外可以将人类的感性直观与客观事物进行联系。时间意识是人类经验与外在范畴联系的中介。

康德的时间概念具有两个特点：（一）事物的存在依赖于主体所拥有的一些先验能力，即人类先天拥有许多能力，不需证明，其中，时间就是这样一种先天具有的能力。它是人们经验中的先天形式。时间给一切直观经验奠定了基础。在人们的现实经验中，我们不可能取消时间，但是，我们却可以获取纯粹的时间经验，也就是说，我们能从时间中去掉现象。所以，时间是一种先天的形式，是我们人类先天具有的一种形式。时间中，我们所获得的现象是可能的，离开了时间这种形式，人类无法获知现象。反过来，在我们的意识中，所有的现象都可以被去掉，仅留下时间的感觉，因此，时间这种形式感是不可能被取消的，时间是先天而来的先验形式。在这里，时间与空间相似，都是人类所拥有的先天能力。它不是从经验中抽象出来的经验性概念。没有时间感作为一种先天基础或认识条件，

---

① ［德］康德：《纯粹理性批判》，邓晓芒译，人民出版社 2004 年版，第 39 页。

同时、相继、连续等感觉绝无可能会进入人类的知觉中来。也就是说，在意识行动的过程中，时间是意识行动之前的条件，"只有在时间的前提下，我们才能想象某些东西存在于同一段时间中，或处于不同时间之内。"①（二）时间是一种直观形式。它不同于那些经过理性获得的知识，而是一种感性直观的形式。时间并不是由什么先天条件推论而来，它是感性直观的纯形式。

可以说，康德的时间观念，不仅确立了认识论"主体为自然立法"的基本信念；同时，也确立了西方哲学对时间意识的关注方向：康德之前，人们将时间视为一种客观的对象，时间的客观性来自于它作为度量之数或者来自于上帝的设定；康德之后，人们将时间视为一种主观的形式，时间的主观性来自于它是人类主体先验能力的一种直观形式。西方哲学史上的时间观，构成了现象学时间观反思的起点。

二、现象学的时间观

（一）胡塞尔对时间意识的改造

胡塞尔在探讨意识意向性如何构建事实以及事物在人的意识中显现的过程中发现：在现实世界中的某个事物，会多次进入人类的意识并被人类意识把握为同一个事物。而这多次事物的显现之所以被把握为同一个事物，原因在于：人的意识能分清这同一个事物的两次不同显现。而意识之所以能分清这两次不同的显现，原因正在于人有内时间意识。也就是说，当某一事物在人的意识中显现两次，形成两个印象时，内时间意识可使人们意识到这两次印象的前后，从而判断这两次印象是否为同一个事物。比如，在现实中，当我们两次看一个水杯，同一个水杯构成了两次意识或现

---

① ［德］康德：《纯粹理性批判》，李秋零译，中国人民大学出版社 2004 年版，第 35 页。

象。对于意识来讲，这两次显现就是两次意识现象，但这两次意识现象能辨别这是同一个水杯。人类的这种辨识能力，根源于人类内在的对时间先后的意识即内时间意识。也正因如此，要探讨事物在人的意识中如何显现，就必须首先探讨人的内时间意识。在某种程度上，人的内时间意识正是事物显现的基础。胡塞尔指出，人们的空间意识，本质上也同样依赖于这种内时间意识。正是因为内时间意识的先后概念，才构成了空间的同一性和广延性。从这一角度讲，我们上文所论及的现象学的空间概念，也必须回到空间产生的同一性问题上来，即回到产生这种同一性基础的时间性意识之中。这正是胡塞尔对时间意识的改造。而这一改造，构成了现象学运动时间观的基础。

胡塞尔利用印象、滞留、前摄等概念分析了个人的时间意识构造对象的过程，也利用感知、原意识与后反思等术语分析了绝对意识流的产生过程。因篇幅所限，我们仅涉及胡塞尔的时间观的一些基本特点。简言之，这些基本特点如下：

首先，胡塞尔区分了客观时间与主观时间。胡塞尔对现象学时间意识的界定，是以悬搁客观时间为前提的。在他看来，我们所接受的时间概念，并不是本质的时间。现象学所研究的时间，应是我们现实时间经验的基础。现实的时间是具体的、绵延的存在。它是一种客观的可以测度的时间，但并不是一种本真的时间。现实的时间仅仅是一种物理意义上的时间。这种时间依赖于人类意识对物理现象的构造。这一构造的基础，正是人类的内时间意识。因此，对胡塞尔来讲，对于人类的内在体验而言，客观时间是一种外在的、后发的和超验的时间，因为它不是被人类的体验所直接给予的。而现象学认为，这种客观的时间，并不是真正的"面对事实本身"。现象学在探讨时间本质时认为，这种外在的、后发的时间应该悬置起来。可以看出，胡塞尔实际上已经将客观的时间视为一种后发的时间，这种后发的时间奠基于现象学所谓的真正的时间。现象学的真正的时间是指人类意识现象的先后感，即原印象、原印象的滞留以及由这些印象所构建的意识意向性。也就是说，在意识进行意向性活动时，意识具有三种能力：原印象、滞留和前摄，其中，原印象是指意识正在进行的意向活动；在这一意向活动中，意识会向前追溯形成这一活动以前所发生过的意识，这就是前摄；同时，当前意识所形成的印象也会滞留在意识之中，构成下一次意向性活动的前摄经验。可以看出，在一个意向活动中，意识的前摄与滞留实际上构成了意识的先后。而这种意识的先后，构成了人的内时间意识中的时间概念。

其次，主体的内时间意识是意识意向性形成的基础，也是事物在人类意识中显现的奠基性条件。现象学追求事物在人类意识中显现的绝对的明晰性，在事物与人类的意识所构成的关系中把握事物。因此，从某种程度上来讲，主体通过意识意向性使事物显现的能力以及这种能力的来源，是现象学运动所追求的终极问题。从这一角度来讲，人类意识的原印象、滞留与前摄，是构成人类内时间意识的基础，而这种内时间意识，也是人类意向性能力中的一种基本能力。只有拥有了这种基本的能力，人类的意识意向性才能把握事物。因此，人类体验到的内在时间是外在时间的基础，所有事物在人类意识中的显现，都必须是以这种内时间意识现象为基础。在内时间意识中，时间对于个体对象的存在是一个实际的因素，因为在意识中分离的个体对象，如果他们在不同时间中处于分离状态，那他就不是一个对象；反之，只有这些个体对象连续地通过内时间意识所形成的绵延，它才可能是同一个个体对象。从这一角度来讲，内时间意识是人类意识所拥有的、构建事物的核心意识形式。

再次，内时间意识不仅是个体意识意向性的形式，也是形成交互主体发生的契机。胡塞尔前期所发现的内时间意识，是从个体的角度来考察的。后期的胡塞尔发现，仅仅从个体意识层面探讨意识的意向性，仍是一种先验唯我论，或者说是一种静态的现象学。因为这种考察不可能说明作为个体的人如何拥有一种意向性的能力。从人类社会发展的角度来讲，这仍是一种平面的考察。同时，这种考察也不可能说明人类社会中不同的主体为什么会拥有一种相同的时间观，即不能说明人类的交互主体性。因此，胡塞尔后期转向发生现象学。在这种发生现象学的考察中，胡塞尔发现：内时间意识是交互主体性形成的前提。

胡塞尔认为，任何一个当下的意识，都具有两种意向性能力：向后滞留的意向和向前期待的意向，即上文所说的滞留与前摄。而要追求意识现象绝对的明证性，一个反思的意识会对意识的滞留进行不停地追溯，追溯到一个再也不能向前追溯的点。在这个点上，意识已经没有内容了，而仅仅是一个无内容的形式或一个无相关项的纯粹意识。这种纯粹的意识是一个特殊的意识结构，它仅是一种可能性，可以用任何内容来填充，但又不是任何一种具体的内容。所有现实世界的意识者都会指向它，并在它的基础上形成。反过来讲，这种纯粹的意识，将所有有限的、具体的个体意识汇集起来，形成一个整体。而这些整体，都是这样一个纯粹形式的变种，是它不同程度的表现方式。现实世界中各种陌生的意识，在追溯到这个纯粹的形式或意识时，都会产生相通性，变成可相互理解的交互性主体。因为，当人们无限度地追溯人类意识形成的基础时，他们向历史的回溯都会集中到一个点上。在这个点上，他们是共通的，他们拥有相似的历史、相似的发展过程，这种共同的东西成为了人类某个个体意识与其他意识得以沟通的桥梁与基础，也是人类具有交互主体性的基础。

可以看出，胡塞尔认为交互主体性之所以成立，奠基于内时间意识现象中意识的滞留与前摄经验。当我们悬搁意识的现实内容，进行综合性悬搁，关注意识自身所形成的条件或"一个作为本己性的'自然'的基础层"① 时，就会通过内时间意识回溯到所有意识由之出发的纯意识形式。这种纯意识形式构成了各种意识产生的共同条件。而这些共同条件，使得由这个意识出发的各种意识具有了相互理解的基础，交互主体性因而形成。

---

① [德] 胡塞尔：《笛卡尔沉思与巴黎演讲》，张宪译，人民出版社 2008 年版，第 133 页。

　　胡塞尔对时间意识的考察对整个现象学运动都起着决定性的作用。也正是有了胡塞尔对时间意识的革命性论述之后，其后的现象学家都会或多或少地关注时间问题。在这方面，海德格尔的《存在与时间》以及其后期的《时间与存在》，都以时间与存在的关系为主题。而梅洛-庞蒂的《知觉现象学》、伽达默尔的《真理与方法》等都涉及对时间的理解。在这种理解中，胡塞尔的内时间意识是他们理解时间问题的基本前提。

（二）海德格尔的时间观

　　海德格尔转变了胡塞尔的基本问题，对他来讲，胡塞尔的现象学更多的是一种方法论。用现象学的方法，海德格尔探讨的是存在的问题，即"事物是如何存在的"这样一个哲学问题。但也正是因为海德格尔的这次转向，时间问题在他这里绽放出另一种哲学意义。我们今天所探讨的家园意识中的时间经验，正是在海德格尔存在论基础上对存在与时间的基本论断。

　　前期海德格尔认为：事物的存在，奠基于此在的生存体验，并在此在的生存体验中具有不同的存在样式。因此，此在的生存体验才是事物存在的基础。而此在的生存体验，伴随着此在一生的到时性（死亡）而具有不同的体验。对于此在来讲，他需要在理解自身的这种"向死而在"存在方式的基础上，进行本真生存。正是因为此在要"向死而在"，而"向死而在"本来就是一个时间问题，所以，时间问题成为海德格尔前期存在论的基础。也就是说，此在的存在方式，奠基于他对自己将要死亡的时间性的理解："在隐而不彰地领会着解释着存在这样的东西之际，此在由之出发的视野就是时间。我们必须把存在摆明为对存在的一切领会及解释的视野。"[1] 由此，时间就成为探讨此在生存的一种基本的视野。所有此在都在为自己的本真生存操心："此在的存在整体性即为操心，这就等于说：先于

---

[1]　［德］海德格尔：《存在与时间》，陈嘉映等译，生活·读者·新知三联书店2000年版，第21页。

自身的——已经在（一世界）中的——作为寓于（世内照面的存在者）的存在。"① 但"操心的结构的原始统一在于时间性"。②

在此在的操心过程中，此在随着对时间的理解筹划自己的操心，使自己能本真生存。在这里，海德格尔认为，此在要想本真生存，必须理解时间的到时性，即人必有一死。我们现在的时间，因这一终极的境域而焕发出不同的意义。因此，人类必须学会向死而在，并在这个过程中领会自身，筹划自身的生存。

在操心的生存过程中，此在的时间被区分为过去、现在和将来。在前期海德格尔的时间意识中，向死而在发生于将来，因此，将来在所有的时间中位于首位。没有了将来的能在，此在的"现在"就没法生存，因为生存的本来意义就奠基于将来的死亡。在这种面向将来筹划自己生存的过程中，此在不仅需要对现在被抛的存在进行理解和领会，他的曾在，即他在过去，筹划自身的方式也同样对他面向将来的筹划起着一个本质的作用。当然，他的曾在本身也源自于曾在的将来：对向死而在的理解。正是在这种对将来的筹划中，海德格尔将"先行到死"设定为将来的有终性。在这种先行到死中，我们领会到时间体验的结构规律，"对于一切人的本质而言这种规律体现了一种对于时间和生命的共同经验——即，我们生活于其中对于将来的开放视野日益变得狭窄了。"③"而我们的生命感觉就是由这参差不齐的视野所主宰。"④ 由于向死而在的时间性变化，这些视野构成了《存在与时间》的核心论题。

海德格尔后期意识到前期以此在对向死而在的理解为基础探讨事物存

---

① ［德］海德格尔：《存在与时间》，陈嘉映等译，生活·读者·新知三联书店 2000 年版，第 372 页。

② ［德］海德格尔：《存在与时间》，陈嘉映等译，生活·读者·新知三联书店 2000 年版，第 372 页。

③ ［德］伽达默尔：《西方的时间观》，载严平选编：《伽达默尔选集》，上海远东出版社 1997 年版，第 109 页。

④ ［德］伽达默尔：《西方的时间观》，载严平选编：《伽达默尔选集》，上海远东出版社 1997 年版，第 109 页。

在的原因是有失偏颇的，其主要的错误就在于从此在出发去论述存在。这一思路，实际上用时间来定义存在，用对时间的理解去定义事物的存在方式。所以，其后期又重新定义时间。在后期的海德格尔看来，时间必须通过存在进行定义，而非相反。因此，后期的海德格尔全面探讨了存在的性质，并在这一基础上重新定义了时间。

后期的海德格尔仍沿袭着现象学的方法，认为事物具有了存在这一现象，奠基于事物在人类意识中显现的过程。人类意识对事物的显现，是事物存在的基础。正如我们在上文中所论述的那样，任何一个此在，都生活于一个特定的世界之中。这个世界就构成了事物存在的基础。对于人类来讲，这个世界既是开启的，也是遮蔽的。一方面，它决定着人类此在的视域，开启着此在看问题的基本方向；另一方面，它也是遮蔽的，因为当此在在自身视域中进行筹划时，它必须闭锁自身，才能使此在自由地将其视域投向筹划的方向。后期海德格尔对时间本质的探讨，正是在上述世界的基础上形成的。这一时间观具有如下几个方面的特点：

第一，时间的分类与定性。在海德格尔看来，人们所拥有的时间，大致可以分为两种："本真的时间"与"空洞的时间"。前者即存在本体在人们的生存中在场，意即人们在自我的生存中能领悟到存在对自我的规定性："在当前中，在场被达到了。"① 因此，"在场状态意义上的当前与现在意义上的当前是如此的完全不同，以至于作为在场状态的当前不能以任何方式从作为现在那里得到规定。"② 存在在场的时间，就是本真时间："在场状态的当前与所有属于这一当前的东西就可以叫作本真的时间，尽管它根本不具有通常从可计算的现在系列的前后相继意义上描述的时间特性。"③

---

① ［德］海德格尔：《时间与存在》，载孙周兴编：《海德格尔选集》（上），上海三联书店1996年版，第675页。

② ［德］海德格尔：《时间与存在》，载孙周兴编：《海德格尔选集》（上），上海三联书店1996年版，第673页。

③ ［德］海德格尔：《时间与存在》，载孙周兴编：《海德格尔选集》（上），上海三联书店1996年版，第673页。

因此，"把时间和存在摆在一起包括了这样的指示：着眼于关于存在所言说的东西来探讨时间的本性。存在就叫作：在场，让在场：在场状态。"①而后者即存在的不在场，意即在此在的生存过程中领悟不到存在本体对自我的规定性。这时的时间，就是"空洞的时间"。存在论所追问的时间本质，就是第一种"本真的时间"。本真的时间并不是现实意义上的时间，而是存在显现的时间，是存在在场的时间，是此在领悟到存在对自我的规定性的时间，而非物理学意义上的流俗时间。

第二，此在需要在本真时间中逗留。对于此在来讲，它生存的目标应是尽量在本真时间中逗留，避免进入空洞时间。世界向人的显现，首先是一个事件，在现实的时间里，这一事件有可能是一个持续的印象，也有可能只是一瞬间的感觉，这就要求此在能"把持续获知为逗留和栖留。在场与我们相关涉，当前就叫作：面向我们——人——而停留"。②在这种生存中，此在忘记了现实的利害，进入了存在显现的本真时间，并逗留在这一时间里。这也是海德格尔倡导的诗意栖居的前提。

第三，存在论的时间结构。首先，存在论的时间结构不是现实意义上的线性时间。在认识论中，时间被定义为可测量的、匀速流动的、客观的与不可恢复的。认识论的时间是一种线性的时间，时间由过去流向现在与未来。与之相反，存在论的时间则不按现实的时间流动，它依据存在的在场而存在，而存在的在场性是不可预测、无法计算的。因此，意义就是此在筹划的何所向。在这种筹划的何所向中，此在领会到某某东西作为某物存在。因此，如果此在的生存的目的是领会和解释，也就是说，领会和解释作为此在的生存论结构，那么，此在所领会到的意义就被视为这种生存论结构的展开。从这一角度出发，意义属于此

① ［德］海德格尔：《时间与存在》，载孙周兴编：《海德格尔选集》（上），上海三联书店1996年版，第672页。

② ［德］海德格尔：《时间与存在》，载孙周兴编：《海德格尔选集》（上），上海三联书店1996年版，第673页。

在生存的一种性质，而不是事物本身的属性。事物的属性要依附于存在者本身，而意义则是此在生存本身的性质。只有当此在筹划了自身的何所向，此在就会产生自我特有的生存论结构。在这个结构的基础上，事物才具有了某种特有的属性。其次，由于世界的开启与遮蔽，对于此在来讲，世界有时是显现的，有时是闭锁的。世界的显现与闭锁依赖于某个特定的契机或某些特定的人类活动。我们将在下一章全面探讨这种活动。

第二节　家园意识中的时间意识

现象学对时间观的改造为生态美学的时间意识提供了哲学前提。正如我们上文所述，生态美学的审美经验，是一种家园意识。从空间上讲，这种家园意识就是人在自我意识领域将外部事物视为与我有关的家园中的一部分。那么，从时间上来讲，这种家园意识又有着什么样的内容呢？从某种意义上来讲，在现象学视野中，家园意识中时间意识的奠基作用远远大于空间意识，因此，探讨家园意识中的时间意识，对生态审美经验的建构有着重要的意义。

一、家园意识中时间意识的本质

胡塞尔确立了现象学时间观的基本走向：意识拥有意向性，事物在意识意向性中被构成，意识意向性在一个生活世界中形成。由于现象学哲学追求一个绝对的明证性，人们必须知道生活世界如何构成为人类的意识意向性。因此，对于现象学来讲，哲学的目标是关注生活世界对人类的规定性，从而实现哲学绝对的明证性。在这里，胡塞尔已经预设了现象学运动的走向。从时间的角度来看，胡塞尔实际上已经将时间分为两类：对生活世界的无知的时间与知道生活世界对自我决定作用的时间。对他来讲，后者具有更本真的意义，而前者是一种没有意义的时间。胡塞尔甚至不承认前者的时间是一种真正的时间："我们发现了那个极，一个同一者，它自身是非时间的。"①

胡塞尔所确立的时间研究的转向构成了整个现象学运动的基础。海德格尔对时间的论断，基本上也是沿着胡塞尔的哲学思路。在海德格尔那里，事物存在的基础经历过两种研究方式：前期以此在对向死而在的时间性领悟为基础；后期则以此在的世界为基础。在这两种基础中，时间都是海德格尔存在论的关键因素。

海德格尔的时间观在前后期有一个共同的特点：即都认为时间不应是客观的时间，而是存在显现的时间。海德格尔将这种存在显现的时间称为"本真的时间"。不论海德格尔前后期存在的基础发生过什么样的变化，他对时间的追求都是这种"本真的时间"。在《存在与时间》一书中，他区分了存在的本真状态与非本真状态："存在有本真与非本真状态——这两个词是按照严格的字义挑选来做术语的——两种样式，这是由于此在根本是由向来我属这一点来规定的。"② 当此在能领悟到他的存在使命，他就处于本真状态；反之，"非本真状态标识出了这样一种存在方式：此在可能错置自身于其中而且通常也已经错置自身于其中了，但此在并非必然地与始终地必须错置自身于其中。"③ 与之相应的是，时间也被区分为"本真的时间"与"非本真的时间"。其中，"非本真时间"的本质在于：在这种时间里，此在只是操心他要筹划的某事，海德格尔将这种时间称为"常人时间"：

---

① E. Husserl, *Die Bernauer Manuskripte über das Zeitbewusstsein*, S.278. 转引自方向红：《自我的本己性质及其发展阶段——一个来自胡塞尔时间现象学手稿的视角》，《南京师范大学学报》2013 年第 4 期，第 29 页。

② ［德］海德格尔：《存在与时间》，陈嘉映、王庆节译，生活·读书·新知三联书店 2006 年版，第 50—51 页。

③ ［德］海德格尔：《存在与时间》，陈嘉映、王庆节译，生活·读书·新知三联书店 2006 年版，第 298 页。

"所有发生的事件都从无限的未来出发"、"不断地通过现在"而"滚进无法挽回的过去"①。换言之，"非本真时间"是一种现实的、依据于物理上的可测度的时间。而"本真时间"发生于存在真理显现的时候。也就是说，当此在意识到自身终有一死的生存处境时，他理解了这一处境，理解了事物正是在自身这种"向死而在"的生存领悟中具有存在的。以这种方式被理解的时间，就是"本真时间"。海德格尔后期对事物存在的基础转到了世界与大地。但对于时间问题来讲，海德格尔仍然认为时间是存在基础显现的时间。在他看来，此在的世界是决定事物存在的基础。但在现实的生活里，这一世界经常是闭锁的。当世界闭锁时，尽管此在生活在一个现实的时间里，但这一时间并不是"本真的时间"。只有当世界敞开、事物存在的基础"去蔽"时，才有了"本真的时间"。

"自从海德格尔使人的此在的时间性和历史性的存在论意义成为新的主题，并把这种'本己的'时间同那种被度量的'世界—时间'明确加以区别以来，我们一直在重新维护时间作为我们生活的'存在论上的'结构因素所起的构成性作用。"② 从这一角度来讲，生态美学家园意识中的时间意识就是一种本真的时间。我们在上文中已经论述了生态美学家园意识的本质——将自然视为人类的家园，意识到自然对自我的构造性，意识到自然对生态环链的构造性，意识到自我与生态环链之间的关系。在这里，家园就是海德格尔的事物存在的基础，家园意识的本质就是事物存在的基础在人的意识中显现，即存在显现。这种存在显现的时间，就是海德格尔所谓的"本真时间"。

家园意识确认了自然构成人类存在的家园，我们在上文所有的章节里

① M. Heidegger, *Der Begriff derZeit, Gesamtausgabe*, Band 64, hrsg. von Friedrich -Wilhelm v. Herrmann, Frankfurt am Main: Vittorio Klostermann, 2004, S.121. 转引自方向红：《海德格尔的"本真的历史性"是本真的吗？—— 海德格尔早期时间现象学研究献疑》，《江苏社会科学》2011 年第 2 期，第 48 页。

② ［德］伽达默尔：《西方的时间观》，载严平选编：《伽达默尔选集》，上海远东出版社 2003 年版，第 109 页。

都对这个基本前提进行了论证。但是，在认识论思维中，自然并不是家园，而是人类达成自身目的的工具。因此，在认识论哲学指导下，在人类的意识领域中，自然作为自我家园的经验并不曾真正地发生。自然作为事物存在前提，这一意识也没有真正地在人类意识中在场，这正是形成生态危机的根源。在这里，生态美学构成了一种视野的倒转结构，即人类开始关注自然对自我的构成性，这才有了存在真理的敞开。在这一敞开过程中，"本真的时间"开始发生，而我们在现实中对自然进行算计的时间，本质上都是一种"非本真的时间"。

二、家园意识中时间意识的结构

家园意识中的时间经验是一种"本真时间"的经验。在现实中的非本真时间里，时间是物理学意义上的时间，它是均匀流动的、一往不复的。但家园意识作为一种"本真的时间"，并不是这种可测度性时间，而是一种不可预测、无法测度和可以循环往复的时间。

首先，家园意识的出现，并不是一种自然的事件，而是一个契机，它无法预测。在现实中，人们忙于算计自身的生存，自然在这种算计的视野中并不会显现出它对人类的构成作用。按照海德格尔的说法，自然构成了人类的世界，但在算计的视野中，由自然所构成的世界是闭锁的。只有在某个特定的时机里，人类不再算计自然，而是倒转自身的视野，关注自然对自我的构成性，"本真的时间"在这时才开始出现。因此，构建某个契机，促使人类视野关注自然对人类的构成性，是生态美学发生的时间基础。

其次，家园意识中的时间是不可测度的时间。家园意识所需要的，仅仅是一个契机。在这个契机的促发下，人类意识到自然正是自我的家园并在这种意识中逗留。这种逗留的时间不能测度，尽管这种逗留占用了现实的时间。但它与现实的时间是不同性质的时间，因此，不能用现实的可测度的时间去衡量这一时间。在这样的时间里，以下述方式追问："它是怎样开始的？它持续了多长时间？它怎样结束的？它在人们的心里是怎样存留并最终消失的？以及它在某处存留并如何能再次唤起？"[①] 如此提问都是不对的。家园意识中的时间，本质上就是一种逗留，逗留在家园意识之中。

再次，家园意识的时间经验是一种可重复或可循环的经验。"非本真的时间"是一种一往不复的时间，即"我们不可能两次踏入同一条河流"。但"本真的时间"本质上是可重复或可以循环的。这是由本真时间的特性所决定的。本真时间意味着存在的出现。在家园意识中，意味着人类意识到自然对自我的构成性，意识到自然作为自我的家园。对于同一个人来讲，这种家园出现的意识是可重复出现的。当受到某个契机的触发，人们倒转了自身的视野，就可让家园意识在人的意识中出现。而这个契机会不定时地重复出现，这就决定了家园意识的重复性。同时，家园意识的时间经验也具有可循环性，因为自然四季的节令循环导致了人类身体的感觉变化，从而导致了人们产生自然循环的经验以及人类生存于一种循环时间之中的经验，形成了时间的循环感。人类的有终性决定了每个个体在开始或结束时都会在时间的某个节点之上。而每个个体的生命，尽管有着自己的独特性，但它的出生、成长与死亡都有着共同的特点。一个生命出生了，另一个生命逝去了。从时间的角度上，意味着生命的出生起源于它，生命的逝去复归于它，每个生灵都处于宇宙发展这一巨大的若隐若现的尺度之中，人们对于这个尺度的理解，受制于人类的生命极限，正像一个无始无终的圆。这是一种循环经验，生命就是这样一种无止境的循环。这也是自然的本质规定，而家园意识正是自然规律的在场，这就决定了家园意识的时间经验本质上是一种循环的经验。在这里，现象学的时间观为循环性时

---

① Gadamer: *The Artwork in Word and Picture: So True, So Vibrant!* In: *A Gadamer Reader: A Bouquet of the Later Writings*,translated by Richard E. Palmer, Evanston, IL: Northwestern University Press, p.271.

间经验奠定了基础。

三、时间意识作为家园意识中空间意识的奠基经验

在上文中，我们在论述家园意识的空间意识时，预留了一个问题：由于空间感来自于人类的身体，人类通过身体与自然的同构性构建了自然与人类的联系。在这里，家园意识的产生来自于人类身体的中介。这也是生态美学最有力的"空间转向"。但是，由于身体总是处于某个特定空间中的身体，因此，身体所形成的经验总是一种"地方性"经验。在这种经验中，人类通过身体所获得的审美经验也总是地方性审美经验。众所周知，地方性审美经验带有明显的地方与个人色彩。这一色彩来自于处于不同地方的人所形成的不同的身体感觉方式。比如，人们处理人与自然关系的不同方式，人们对性别、年龄、阶层等问题的不同认识方式，人们对风景、节奏、比例的不同感觉方式等，都具有鲜明的地方特点。这些不同的地方特点，构成了不同的地方性审美经验。所以，"具体性和特殊性是'地方性审美经验'的主要特征。文化、习性、文化传统、语言、习俗、认知模式、象征符号等等，均为'地方性审美经验'的基本要素。"[1] 也就是说，在审美过程中，地方性审美经验是人类进行生态审美的基础。但是，由于生态美学所追求的终极愿景并不是基于地方性审美经验的环境美学，而是对人类生存于其中的共同家园——地球，甚至宇宙进行审美的生态美学。因此，上述以地方性审美经验为核心的空间意识有必要发展为能进行全球审美的生态经验。那么，如何化解基于地方性特点与基于全球化特点的审美经验之间的矛盾、使人们从囿于自我地方性审美经验的小我中跳出、走向对全球或宇宙的整体性审美？这是上文生态美学中的空间意识没有说明的问题。

---

[1] 王杰：《地方性审美经验中的认同危机——以广西那坡县黑衣壮民歌在南宁国际民歌艺术节上的呈现为例》，《文艺研究》2010 年第 9 期，第 77 页。

　　现象学对时间问题的分析为解决地方性审美经验与全球性审美经验之间的矛盾提供了基础。按照胡塞尔的研究，空间性经验是基于时间性经验的后发经验。空间性所形成的问题必须回到时间的视域中解决。时间的前摄、印象与滞留构成了意识现象的基础。当人们的意识进行意向性活动时，他首先对自我的意识进行前后区分，在这一区分的基础上，人们才能正常进行意识活动并进而形成不同的意识现象。因此，时间并不是意识活动展开的结果，而是意识活动之所以形成的原因。从这一角度来讲，时间意识是比空间意识更为源初的意识现象。"我们不应该再说时间是一种'意识预料'，而应该更确切地说，意识展开或构成时间。"①

　　上述地方性审美经验与整体性全球经验矛盾的本质其实是一个交互主体性问题，即在自我的意识领域内构建一个他者，将他者理解为共同体的一部分，构建越来越大的共同体。我们在上文探讨胡塞尔后期的发生现象学时曾提道：时间是发生现象学的基础。当人们进行综合的悬搁，追溯一个意识的绝对的明证性时，会回溯到一个纯粹的没有内容的意识形式。在这里，人们不能继续回溯，而其后的所有意识都是这个意识形式的变异方式。同理，别人的意识，也会回溯到这样一个纯粹的意识形式。最终，生活在一个共同体中的所有人的意识都可以回溯到这样一个纯粹的意识形式。这个意识形式构成了这个共同体中所有意识的基础，也就构成了交互主体性的基础。在这里，意识现象中的印象、滞留和前摄等经验，是能进行这种推导的基础，而印象、滞留与前摄的本质，正在于它是指意识现象的前后经验，即意识的时间性经验。

　　根据现象学对时间问题的看法，地方性审美经验的本质在于它是基于某个特定地方所形成的经验。要想让基于某个地方的经验具有全球性的视野，同样也需要对地方意识进行回溯。生态美学要做的，就是不断地回溯

---

① Maurice Merleau-Ponty, *Phénoménologie de la Perception*, Paris: Gallimard, 1945, p.474. 转引自刘胜利：《时间现象学的中庸之道——〈知觉现象学〉的时间观初探》，《北京大学学报》（哲学社会科学版）2015 年第 7 期，第 143 页。

地方性经验的来源，直到这一经验无法回溯到别的内容。而作为空间感的地方性经验，必然会回溯到构成这一经验的时间基础，即意识现象的前后经验，进而意识到所有意识的时间奠基和所有意识的共性。通过意识的时间性回溯，人们找到地方性经验产生的终极背景——地球。在这里，现象学要求的是一种极端反思的精神。传统的现象学主要在人文社会现象里追溯意识产生的那个终极的意识形式。在他们看来，语言构成了意识回溯的终极形式，这也是现象学运动始终重视语言的原因。自梅洛-庞蒂展开对身体现象学的研究，现象学才开始将身体的感觉纳入终极的意识形式，从而开启了现象学与生态问题的完美结合。从这一角度来讲，生态美学全面发扬了现象学进行极端反思、追求绝对自明性的精神，将地球纳入到意识所能回溯到的终极纯粹形式。从这一角度来讲，生态美学不仅是现象学运动的最新发展，也是将现象学基本精神推至极致的表现。

四、中国古代时间观对家园意识中时间意识的补充

在上文中，我们指出了家园意识的时间经验同时也是一种可重复或循环的经验。在这里，我们发现，由于现象学产生于西方以语音文字为中心的传统，这就决定了现象学的基本理论视野是西方的、分析的和逻各斯的。同时，在本文第五章第二节中，我们也分析了西方字母文字与中国表意文字对生态危机的影响，指出中国表意文字构成了一种回环往复的时间观，这一时间经验恰恰构成了西方线性时间观的补充。在这里，我们要具体探讨中国古代的时间观如何构成家园意识中时间意识的补充，以全面建构家园意识中时间意识的具体内容。

尽管现象学竭力打破线性的时间观，但是，由于现象学滋生于西方字母文字的语境之中，而字母文字的基础是表音。它是基于声音的现象。那么，在声音中发生了什么呢？首先，声音需要一个主体，这就要把人与其环境分开；其次，声音需要定位，要知道声音的来源，就需要把人在他所

处的环境中定出方位；再次，声音的传播是一往不复、渐行渐远的。这最后一条决定了以声音为基础的表音文字的时间信念，基本上会沿着一往不复、渐行渐远的方式定义时间。当我们把现象学的时间观与中国表意文字所形成的时间观进行比较的话，就会发现现象学打破了线性的时间观。但是，现象学对时间的基本信念仍是以字母的传播方式为基础的，或者以倾听的现象学分析为基础的。不同的现象学家都强调倾听的重要性，而"'倾听哲学'乃是基于拼音文字而形成的'语音中心论'的必然结果"[①]，可谓这一问题的变相注脚。

在现象学对时间的表述中，我们还可看到：现象学认为意识的印象、滞留与前摄是所有意识现象的基础。而这三种意识现象，仍将时间区分为前后。因此，在胡塞尔、海德格尔等现象学家的表述中，他们对意识现象的分析，仍是过去、现在与将来的划分方式。与一般的线性时间观相比，这一表述方式不再认为时间是线性发展的。但是，现象学对时间的基本信念，是认为历史滞留于现在，现在前摄于将来。而这种对时间的区分，仍然奠基于时间的先后，时间的先后仍有着时间线性发展的影子。可以看出，现象学对时间问题的探讨，仍然依据于时间的过去、现在与将来。这种对过去、现在与将来的依赖，本质上难以形成一种回环往复的循环性时间观。而要形成这种时间观，汉语作为一种表意文字的优势便体现出来了。

"当我们把视线转向汉语文献时，书写文字的独特性便清晰地显现出来。在这里，至关重要的是，与拼音文字不同，汉字的字形含有意义，这种意义正是倾听所忽略的，而只能在'观'中才得以显示。"[②] 对于中国文字来讲，尽管在文字形成的过程中，中国文字也历经改造，但在其改造的

---

① 潘德荣：《文字·诠释·传统——中国诠释传统的理代转化》，上海译文出版社 2003 年版，第 29 页。

② 潘德荣：《文字·诠释·传统——中国诠释传统的理代转化》，上海译文出版社 2003 年版，第 29 页。

过程中，由于文字是在"观"的基础上形成的文字，文字本身的形状、笔画与笔画之间的顺序等，都对文字的意义有着重要的暗示作用。相对于人类的听觉，视觉所观察的东西显然更强化事物的外形即再现性。由于声音的发出首先要有一个发声者，这就决定了西方字母文字在造字的过程中，人是其核心的因素，宇宙和世界观念都是在这一基础中才有可能形成。因此，字母文字的文明，本质上依赖于"人"的大写地位。而中国语言文字对造型和视觉的重视，表明了中国语言在造字过程中，人们通过外在的空间定义自身，又用自身定义外物，其中，外在于人的因素如天、地等对人类的自我定位是一种先在的因素。

正因如此，中国人的世界观是"天人合一"的。人通过天来定位人，又通过人来返回天，在人与天之间循环往复。在这里，我们可以用陶渊明的《饮酒》（其五）来说明这种人天定位的关系："结庐在人境，而无车马喧。问君何能尔？心远地自偏。采菊东篱下，悠然见南山。山气日夕佳，飞鸟相与还。此中有真意，欲辨已忘言。"作者在采菊时，在东篱下这个空间里见到自身，又通过自身望见到南山，在望见南山的过程中看到飞鸟，又通过飞鸟的相与还回到自身，这整个过程既是一个人通过外在事物看见自身的过程，又是一个自身构建外在事物的过程，最终，通过所构建的外在事物又回到了自身。这正是中国"天人合一"的具体写照，也是中国古代汉字所形成的一种循环往复的时间观的具体表现。

在循环时间观所主导的文化框架内，存在着两种时间经验，这两种时间经验形成了鲜明的对比：第一种是以自然的循环为参照的重复经验，自然被视为一个无始无终的浑圆，所有在自然中存在的事物必须服从于这一浑圆所形成的基本规律；第二种则是人类在自然中存在的状态，从现实的时间发展角度来讲，人类的生命是一种线性的发展方式，它只能是前进的，人类只能是从一岁长大，不可能反过来成长，这就决定了人类必然会体验到自己的韶华易逝、死亡逼近及其不可逆返性。而这种不可逆返性，与自然的浑圆构成了一个终极的对比。因此，如何在有限的时间内，感知到自然的循环，感知到自然的规律，就成了生命存在的一个基本任务。在中国古代哲学里，人类选择了顺应自然的节奏，中国时间经验里的时令、季节、节气等的循环，全面诠释了这种顺应的态度。正是在这种顺应的态度里，中国人的时间意识被改造为一种与自然同构的循环往复性的时间观。

因此，在家园意识的时间意识中，中国古代回环往复的时间观更符合自然的节律，它所表达的对自然的顺应态度也有利于家园意识的建构。但正如路易·加迪所言："在原始社会，时间不是以从过去到将来的线性方式流逝的；它要么是静止的，要么是循环的。"① 这种循环的时间知觉方式，很大程度上与人类并未彻底摆脱自然有关。这一时期，人类的意识服从于季节性的周期变化。人类的社会生活容易受到自然季节变换的影响，受到在季节变换基础上所形成的生产周期的控制。而这种影响和控制，使得人们相信自然界对人类社会的控制力量，进而导致了人们对自然界循环时间观"回环往复"的信仰。这一信仰同时也会表现在人们的社会生活和精神生活之中。中国古代的时间观，正是基于生产力的低下和对自然的顺应。尽管中国古代的时间观有着自身的问题与局限，但由于当前的生态危机已经威胁到人类的整体生存，中国古代这种顺应自然的态度，以及由此而来的回环往复的时间意识，对当前的生态美学建构仍有着重要的启示。而这些启示，有必要纳入现象学的视野进行全面的整理。

---

① ［法］路易·加迪等：《文化与时间》，郑乐平、胡建平译，浙江人民出版社 1988 年版，第 316 页。

第十章　现象学视野中生态审美经验的形成过程

第一节　现象学视野中形成家园意识的人类活动

在现象学看来，人类生活于特定的生活世界之中，每个人都拥有自己的生活世界，这是人类无法逃脱的宿命。人类的所有活动，都奠基于生活世界对人的构成性。但是，并不是所有的活动都能形成审美经验。现象学将人类的活动分为两种，一种是以使用为目的的功利活动，另一种则是不以使用为目的的游戏活动。而只有在后一种活动中，才有可能形成审美经验。作为审美经验的一种，生态审美经验服从于审美经验形成的基本前提。

一、现象学视野中人类活动的分类

在现象学看来，人类生存于自我的生活世界之中，这一生活世界决定了人能从事什么样的活动。人类从事着两种性质的活动——以使用为目的的活动和不以使用为目的的活动，都是以生活世界为基础的，但在这两种活动中所形成的对生活世界的意识则是不同的。这种不同，导致了人们不同的生活状态与意义领悟。可以说，现象学对人类活动的区分是我们探讨审美经验的前提。

（一）以使用为目的的活动

以使用为目的的活动是指以生活世界为基础、有着明确的使用目的功利性活动。这一活动有两个基本特点：一是它必须以生活世界为基础。由于我们都有自己的生活世界，或者说都生活于特定的生活世界之中，因此，生活世界决定了人类产生一个筹划活动并进而知道如何完成这样一个筹划活动。二是它必须是具有明确使用目的的功利性活动。当人们产生了一个以使用某物为目标的活动时，同时也会知道如何完成这样一个目的。现象学认为：生活世界的基础作用正在于此：人们不仅能产生某个使用目的，也知道通过什么样的手段完成这样一个目的。而人们之所以知道，正在于他的生活世界为他进行这样一种筹划提供了一种可靠性，也正是在这样一种可靠性中，事物进入人们的视野之中，成为一种存在，服从于人类的筹划。比如像喝水这样一个简单的日常活动，我们一旦产生了喝水这样一个使用目的，就必然知道运用水杯来完成这样一个使用目的。可以看出，要完成一个以使用为目的的活动，表面上看来有两个条件：一是人类的目的；二是为达此目的所进行的筹划。但是，这两个条件的形成，还有一个更具奠基性的前提：生活世界对这一活动所构成的可靠性。现实以使用为目的的活动要求人类必须忘记生活世界所构成的这种可靠性，才有可能自由地筹划这一活动。在现实喝水这一活动中，我们只有忘记生活世界对这一筹划活动的奠基性作用，才有可能自由地使用水杯完成喝水这一目的。这就是使用活动的本质。

认识论对人类活动的定义，本质上正是这一类型的活动。认识论认为人类可自由地筹划任何活动，认识能力正是这种自由筹划能力的基础。但同样地，认识论视野中的人类活动，也必须忘记生活世界对人类活动的奠基作用。而对这一奠基作用的忽视，导致人们只关注于活动而忘记了形成这一活动的可靠性基础，这种忘记正是生态危机形成的根源之一。

（二）不以使用为目的的活动

不以使用为目的的活动，顾名思义，是指那些没有使用目的，徜徉于、流连于一个自足世界中的活动，典型的如艺术活动、哲学的思考活动等。以艺术活动为例，这些活动的本质在于：在这种活动中，此在不再带有任何使用意义上的筹划。他被一个艺术作品所吸引，不自觉地徜徉在这一艺术作品的意义之中。这是一种卷入经验或遭受经验。通过对意义的体验，人们意识到自我的世界，意识到这一世界对自我的构成性。而一旦意识到自我的被构成性，同时也意味着人们意识到了自我的有限性，意识到自我只不过是一个在此的在者。因此，通过这一活动，人们就可以形成一种新的自我理解。以这种新的自我理解为基础，此在产生了新的看问题的方式。在这种自我限性的基础上，人们重新思考他的人生定向，产生了改变生活世界的需求。可以看出，不以使用为目的的活动形成了对特定生活世界的冲击，从而使得这一类型的活动是一种更为奠基性的活动。即："它不仅仅是在一种欢喜中惊恐和震动中被揭示出来的是'这是你！'它也对我们说：'你必须改变你的生活！'"[①]"与艺术经验相关的时间维度实际上是奠基性的。"[②]

在艺术中的经历使人们产生了一种自我有限性的经验。这种自我有限性经验必然要求人们能开放自身，成为一个谦卑的在者和有经验的人："成为有经验的人并不意味着人们完全知道了某事并在这种知识中固定下来，而是人们更为开放地面对新的经验。"[③]"经验具有一种解放自己向新的经验开放的功能。"[④]而生态美学的本质，正在于这样一种谦卑的经验，即知道自己是一个有限的存在者的经验。

---

① ［德］伽达默尔：《伽达默尔集》，严平选编，上海远东出版社 2003 年版，第 482 页。

② Richard · E. Palmer. *Gadamer in Conversation*. New York: Binghamton, 2001, p.76.

③ Richard · E. Palmer. *Gadamer in Conversation*. New York: Binghamton, 2001, pp.52–53.

④ Richard · E. Palmer. *Gadamer in Conversation*. New York: Binghamton, 2001, p.53.

二、形成家园意识的人类活动

自胡塞尔发现生活世界以来，生活世界理论就一直是现象学哲学运动的推动力之一。在胡塞尔那里，生活世界作为人类生存的基础，是人类视域形成的原因。而人类视域，则是事物之所以成为对象的原因与依据。胡塞尔认为：人类的意识可以使这一对象显现，但不能使这一对象之所以成为自身的背景或人类的视域本身显现。反过来，人类的意识可以使世界之中的事物被对象化，但是，作为对象之成为对象的背景或视域却不可能被对象化，成为意识本身的对象或论题。因为意识也生成于某个特定的生活世界之中。因此，生活世界作为意识的背景或人类视域的原因，它是意识得以形成的基础。当意识形成以后，意识就会拥有意向性能力。这种能力能使处于背景中的事物显现。但是，尽管意识能使事物显现，但生活世界本身却并不能在意识中显现。如果生活世界在意识中显现的话，就会使人们关注生活世界而非事物本身。从这一角度来讲，生活世界的显现意味着事物显现的遮蔽。因此，"世界的自身显现与世界相对于意识的显现之间并非如胡塞尔所设想的那样完全一致，而是存在着深深的裂痕和紧张的冲突。"① 晚期的胡塞尔利用时间与发生学的维度试图克服生活世界的裂痕。但由于胡塞尔并没有将生活世界作为其哲学追求的终极目标，导致其理论最终指向了先验意识、先验自我和先验主体性的生成。

真正让生活世界显现的哲学家是海德格尔。对于海德格尔来讲，尤其是他前期的《存在与时间》来讲，世界构成了人类生存的预先背景。而人类作为此在，是一种被抛入到这种背景中的此在。在这一背景之下，此在可以通过筹划意识到自己的存在，而使自己的生活世界显现。而此在的筹划，是一个发生在时间中的筹划。对于此在来讲，时间可被分为曾在、现在与将在。而随着此在的向死而在，此在对时间的筹划发生了变化，也就

---

① 吴增定：《〈艺术作品的本源〉与海德格尔的现象学革命》，《文艺研究》2011 年第 9 期，第 18 页。

是说，对于海德格尔来讲，将来的时间有优先的地位。这是因为，将来是面向着死亡，在面向将来的先行筹划或决心中，此在的本真存在才能显现出来。从"原始而本真的时间性的首要现象是将来"① 可以看出，在海德格尔的前期，时间是此在自身显现的条件。而正是随着此在自身的显现，此在的视域才有可能随着此在的显现而显现出来。也就是说，只有当此在"存在"时，当此在领会存在之所以可能时，"存在"才"有"其在。当此在不生存或不去领悟存在的意义时，存在并不在。

在海德格尔前期的哲学中，他实际上已经预设了此在"能存在"，这种"能存在"才使得生活世界的显现成为可能。在这里，我们仍然看到了先验哲学的余波。这一余波正来自于生活世界自身的矛盾，对于现象学来讲，生活世界一直有两方面的含义：一方面，它是一个预先被给予的世界或背景，是个人与他人共在的世界，相对于这一背景来讲，人类是被抛的存在；另一方面，它又是人类意识的意向相关项，必须通过人类的意识才能显现出来，而人类的意识本身又由这一生活世界所构建而成，意识本身具有时间性与历史的视域。简言之，意识由生活世界所构建，但生活世界的显现又需要意识的意向性活动才可能显现出来。这就使得生活世界与人类的意识意向性关系构成了一种循环。因此，如何使生活世界显现出来，构成了海德格尔后期哲学的重要问题。也正是在这一问题之中，现象学视野中审美活动的本质才真正确立下来。

在后期的海德格尔看来，对于此在来讲，世界是一个被预先给予的世界。但是，这个被给予的世界，既是澄明的，也是遮蔽的。那些只显现而不遮蔽的现象并不是真正的现象，或者说，不是现象的本质："真正的现象绝非意味着单纯的自身显现，而是同自身遮蔽共属一体。"② 因此，海德

---

① ［德］马丁·海德格尔：《存在与时间》，陈嘉映、王庆节译，生活·读书·新知三联书店 2006 年版，第 375 页。

② 吴增定：《〈艺术作品的本源〉与海德格尔的现象学革命》，《文艺研究》2011 年第 9 期，第 21 页。

格尔在其著名的作品《论艺术作品的本源》一文中提到了世界与大地。对于人类来讲，世界是预先被予的，而大地则意味着世界的遮蔽。世界与大地在人类活动中具有不同的作用，这一作用决定了人类活动的本质。

以使用为目的和不以使用为目的的活动，构成了现象学视野中人类两种基本性质的活动。通过上文的论述，我们可以看到：以使用为目的的活动，其基础在于海德格尔所谓的世界与大地。这一活动既需要生活世界为它提供基础，又需要遮蔽生活世界，以便能自由地进行这一活动。而生活世界的遮蔽，被海德格尔称为"大地"。简言之，以使用为目的的活动，是以世界和大地为基础的。因此，在这一活动中，由于世界的遮蔽，世界不可能进入人们的视野，人们也不会知道自己是一个被世界所决定的、有限的在者。而在不以使用为目的的活动中，这一活动并没有一个外在于活动本身的目标。人们沉浸在这一活动的过程中，获得某种意义。而所有意义的最终指向，都会与人类本身的生活世界联系起来。意义向人们指明了自我的生活世界。也就是说，在不以使用为目的的活动中，生活世界不再是遮蔽的，而是去蔽的。它不再被隐匿为大地，而是显现出来，进入人类的意识活动或经验中去。因此，从这一角度来看，不以使用为目的活动，正是现象学视野中审美经验形成的基础。也就是说，那些以使用为目的的活动，都有自己的何所向，即都是为了某个使用目的。在这样的活动中，世界为这种活动的筹划提供了基础。而世界必须隐匿自身，才能让这样的活动顺利地进行。而不以使用为目的的活动，比如艺术活动，是一种遭遇，此在在这种活动中遭遇了自身的世界。以海德格尔所举的神庙作品为例，在一个神庙作品中，这一作品建立了一个世界。在这一世界之中，质料因这一作品凸显出来。它没有使质料消失，反而使其出现。这一作品使构造它的所有质料都向人敞开：能够承载和持守的岩石，让人们看到了他的承载与持守；闪烁的金属，让人们看见了它发光的颜色；朗朗可听的声音，让人们看见说话的词语。

因此，在现象学的视野中，审美经验的本质并不是人类主体的自由经验，也不是一个有意味的形式，而是使生活世界显现的经验，"美是作为无蔽真理的一种现身方式。"① "美并非只是对称均匀，而是显露本身。它和'照射'的理念有关（照射这个词在德语中的意思是'照射'和'显露'）'照射'意味着照向某物并因此使得光落在上面的某物显露出来。美具有光的存在方式。"② 所以，审美的经验也被称为是一种耀现经验，"'耀现'不仅仅是美的事物的特征之一，它还构成了它的真实存在。美的标志——它把人类灵魂的要求直接吸引到自己身上——在于它建立在自己的存在方式上。"③ 美的这种耀现，类似于光的照射。这也是现象学经常将美比喻为光的含义："存在于美向外照射和可理解物的显示之间的紧密联系是以光的形而上学为基础的。"④

三、形成家园意识的艺术活动

（一）家园意识中艺术活动的本质

在现象学视野中，艺术活动是比日常活动更为基础的活动，因为在艺术活动中，胡塞尔所说的生活世界、海德格尔的世界、伽达默尔的传统等事物存在的基础，都会在艺术活动中显现出来。而上述这些显现的东西，正是生态美学家园意识的内容。家园意识正是将上述世界推进到自然、地球、宇宙等领域。同样地，哲学家对艺术活动的探讨为家园意识的形成提供了参考，在某种程度上奠定了探讨这一问题的核心方法。

---

① ［德］海德格尔:《艺术作品的本源》，载孙周兴编:《海德格尔选集》，上海三联出版社1996年版，第276页。

② Hans-Georg Gadamer. *Truth and Method*. Garrett Barden and John Cumming. NY:Sheed and Ward Ltd,1975, p.439.

③ Hans-Georg Gadamer. *Truth and Method*. Garrett Barden and John Cumming. NY:Sheed and Ward Ltd, 1975, p.439.

④ Hans-Georg Gadamer.Truth and Method. Garrett Barden and John Cumming. NY:Sheed and Ward Ltd,1975, p.440.

限于篇幅，我们不可能涉及现象学运动中所有哲学家对艺术活动的论述，只能依据现象学的基本精神分析艺术活动的本质。

艺术活动是一种不以使用为目的的活动。我们在上文中分析了人类的两种活动，以使用为目的的活动和不以使用为目的活动。艺术活动正是后者的代表。艺术活动的目的，并不是教会大家使用某物，而是一种纯粹的看、读、听。也就是说，艺术活动的本质在于形成一种存在论上的艺术经验。所谓存在论上的艺术经验，是指存在在人的意识中显现的经验。在这里，现象学对艺术经验的认识也是一个渐进的过程。这一概念直到伽达默尔才完全成熟。

在现象学的发展过程中，胡塞尔指出了生活世界对人类的决定性作用，由于我们每个人都有自己的生活世界，决定了我们每个人都有自己的"境域性"和"历史性"。在认识论的视野中，"境域性"和"历史性"从来未被探讨。胡塞尔开启的对"境域性"和"历史性"的研究，"表述了一种对一切科学努力的历史和文化境遇制约性的根本洞见。"① 胡塞尔发现了生活世界，他认为人类可以追求绝对的明证性和极端的反思精神，利用意识意向性回到生活世界，感知生活世界对我们的决定性。但是，在这里，从方法的角度讲，由于胡塞尔要追求的是一个作为公共视域最终来源的生活世界，"胡塞尔对这种二难推理的解决是把不同的生活世界视为本身乃是某个更基本普遍结构的变形。现象学研究就是深入不同文化生活世界底层到一个观念的'生活世界'——此世界是某个原始的、非历史性的意义构成的产物，换言之，是某个'先验主体性'的产物。"② 可以说，胡塞尔的这种追求，与人类境域性的根本存在方式之间产生了根本矛盾。也可以这么说，胡塞尔一方面认可人类的所有意识都在生活世界中被构成，

---

① Georgia Warnke.*Gadamer Hermeneutics, Tradition and Reason*. Polity Press. London:Cambridge, 1987, p.36.

② Georgia Warnke.*Gadamer Hermeneutics, Tradition and Reason*. Polity Press. London:Cambridge, 1987, p.37.

因而其视域具有境域性和历史性；另一方面，他又要求所有的视域必须进入到一种普全视域，回到一种绝对的明证性。这就导致了胡塞尔所认可的真理与方法之间的矛盾：方法并不能形成真理。

其后，海德格尔提出了世界，认为世界的显现与闭锁构成了存在的真理。但存在如何在人的意识中显现？人类的意识如何把握存在？海德格尔并没有形成一种行之有效的方法。相反，他把存在的显现视为"天、地、神、人"的四方共舞，将存在在人的意识中的显现进行神化。在他的眼中，存在的显现，只有哲学家凭着哲学追求才有可能形成。也就是说，存在显现的真理只能被少数人所拥有，这就阻隔了大部分人的真理追求之路。

对存在真理与方法之间关系的研究贡献最大的是伽达默尔的哲学诠释学。他将古老的诠释学传统放置于现象学和存在论的哲学背景中，为存在真理在人类意识中的显现提供了一种真正的方法。而这种方法，就体现在他所倡导的经验概念之中。在伽达默尔看来，上述以使用为目的活动与不以使用为目的的活动构成了两种诠释学经验：以使用为目的的诠释学经验与不以使用为目的的诠释学经验。我们在上文已经论述了在不以使用为目的活动中，存在真理不可能在人的意识中显现。存在真理不显现，构成了以使用为目的的诠释学经验的本质。而在不以使用为目的的活动中，存在的真理能显现在人类的意识之中。存在真理的显现构成了不以使用为目的诠释学经验的本质。伽达默尔认为，艺术活动所形成的艺术经验正是这种不以使用为目的的诠释学经验的典型代表。他还认为，一个真正的经验，并不是一个固定的知识，而是要形成一种真理的态度，即海德格尔所谓的去蔽："成为有经验的人并不意味着人们完全知道了某事并在这种知识中固定下来，而是人们更为开放地面对新的经验。"① 而"经验具有一种解放自己向新的经验开放的功能。"② 而能促成经

---

① Richard · E. Palmer.*Gadamer in Conversation*. New York: Binghamton, 2001, pp.52–53.

② Richard · E. Palmer.*Gadamer in Conversation*. New York: Binghamton, 2001, p.53.

验开放性的，正是伽达默尔所谓的在艺术活动中形成的艺术经验。从这一角度来讲，艺术经验正是艺术活动的本质。艺术经验的形成、效果，也是考量一个艺术活动是否成功的核心。

生态美学的家园意识，本质上正是将现象学的生活世界扩大到人类生存的边界，即不仅人类的历史、语言等人文现象决定着人类的思维方式，自然、地球、宇宙等也同样构成了生活世界的一部分，甚至于对于人类来讲，这一部分比人文世界更具有根本性，因为它是人类思维方式和全部存在的根基。因此，家园意识不仅直接决定着人类的境域性存在的基础，它还决定人类共同的命运。人类能否将各自的境域性存在方式扩大到人类、自然的整体基础上，形成面对生态危机的公共视域，是生态文明发展的关键。上文的现象学方法对这一视域的形成有着重要的启示意义。

（二）家园意识中艺术经验的特点

艺术经验的第一个特点：它是一种不以使用为目的的经验：在海德格尔的《艺术作品的本源》、伽达默尔的《真理与方法》等著作中，存在论已经从不同的侧面论证了人类的两种活动：以使用为目的和不以使用为目的活动。前者的代表是人类的日常活动，后者的代表则是艺术活动。艺术活动的本质就在于：它不是以使用为目的，而是以一个纯粹的"看"为目的：

> 手工艺品不是为了它自身，而是为了一个服务性的功能而存在的，它是一个技术的产品，它更像一个工业产品，而不像艺术作品。手工艺品是为了某些目的而制作的。和这相反的是，一个艺术家，即使他在生产的时候使用了机械的方式，他所生产的东西也是为了它自身，它的存在也仅仅是为了被注视或思考。人们允许艺术作品被展出并希望看到它被展出，这就是全部。只有在这时，它才是作品。它保留为由艺术家所创立的作品，作为他的作品，他可以签署

自己的名字。①

在艺术家那里，创立艺术作品的目的就是纯粹地"看"。艺术家创立某一艺术作品，其创立的目的就在于让人去看、去听、去体验。艺术家面对事物，对他来讲，这一事物并不是因为其有用而进入艺术家的视野，而是因其意义进入艺术家的视野。在存在论看来，这一过程就是一种惊异或意义关系的过程，是艺术家对所处环境产生了一种惊异的过程，是把艺术家从以使用为目的的日常活动中拉离开来的过程。艺术家的创作就是对这样一种惊异过程的记录。因此，艺术家的创作并不是一个主体的主动创作，而是被事物存在的显现所吸引并记录下这一显现的活动。

我们在上文分析了自然如何作为我们的家园，而我们的日常活动怎样使我们远离了这个家园。家园作为我们生存于其中的生活世界的基础，需要我们从现实的生活中抽离出来，进入艺术活动之中，通过艺术经验使家园进入我们的意识领域，形成我们对于家园的明确意识。用存在论的话来讲，"使存在的真理显现"。

艺术经验的第二个特点是：它是一个吁求结构。当艺术家记录下自己的惊异之后，就会将这一惊异表达出来，其目的就是希望有人再看到这一过程。因此，艺术家创作的目的就是：他吁求着读者去看、去想、去经验。在艺术作品那里，艺术作品的发表与传播，就是存在真理的发表，而非认识论视野中知识或信息的传播："现代世界中，我们说作品'被发表'。当然，'发表'这一术语不仅被用于诗，也指科学的发表以及别的信息的发布。但是，当涉及所谓'文学作品'的发表时，这个词有着特殊的意义。在这种情况下，'文学作品'这一术语告诉了我们有关存在和真理的东西，它不同于那种通俗文学或纯粹的学术性的专业'文学'。"②

---

① [德] 伽达默尔：《言辞与图像中的艺术作品——"如此的真实！如此的充满存在！"》，孙丽君译，载孙丽君：《伽达默尔的诠释学美学思想研究》，人民出版社2013年版，第325页。

② [德] 伽达默尔：《言辞与图像中的艺术作品——"如此的真实！如此的充满存在！"》，孙丽君译，载孙丽君：《伽达默尔的诠释学美学思想研究》，人民出版社2013年版，第325—326页。

如果说，科学知识的发表意味着知识的传播与应用。它本质上是一种以使用为目的的活动；而文学艺术作品的发表则意味着两个过程：一是事物存在的方式向艺术家显现并被艺术家记录下来；二是艺术家将自己记录下来的事物显现方式向别人展示。在这两个过程中，艺术家的记录同时暗含着向读者展示的愿望。这决定了艺术作品是一种吁求结构。读者对艺术作品的阅读，正是对艺术作品吁求结构的呼应。只有经过读者的阅读，艺术作品的吁求结构才真正得以完成。

艺术经验的吁求结构是艺术品创作与接受过程的本质。一方面，它展现了艺术活动不以使用为目的的基本特点：所有的艺术作品都只是一个吁求结构。它只是吁求着人们对它的理解，而非通过艺术经验获得征服世界的方法。通过这一吁求结构，人们对艺术作品的阅读就是一个理解过程。它仅仅指向理解，指向人们自身视野形成的过程。这一视野的形成过程使人类意识中产生了家园意识。因此，对这一视野形成过程的理解正是一种家园意识。经过这一理解，人们可以产生自我生存于家园之中的意识。

艺术经验的第三个特点是：艺术经验的本质正是存在真理的自身设入。在这种设入中，读者通过阅读所获得的存在真理与艺术家置入艺术作品中的真理具有同时性，即都是存在显现的时间。在这里，伽达默尔所坚持的时间观是海德格尔后期的"本真时间"时间观："在场状态的当前与所有属于这一当前的东西就可以叫作本真的时间，尽管它根本不具有通常从可计算的现在系列的前后相继意义上描述的时间特性。"[1] 即"本真时间"是存在的在场时间，而非流俗意义上的可测度时间。艺术经验的同时性即艺术家记录下的存在显现的时间与读者在阅读时所获得的存在显现的时间是同时的。这个过程尽管占用了现实的两个时间段，但从存在真理显现的角度来讲，这实际上是一个时间，具有同时性。"看和看到则是相同的，同样的，想某事和想到某事也是相同的。这两件事都意味着：在它的意义

---

[1]　[德]海德格尔：《时间与存在》，陈嘉映、王庆节译，生活·读者·新知三联书店2000年版，第673页。

中逗留，比如，'我们完全沉浸在某事之中'。"① 在这种同时性中，对于艺术家和读者来讲，在这一时间里所形成的经验，就是逗留，"逗留显然是艺术经验的真正特色。"② 而这种逗留，构成了人们对存在形成过程的真实经验。"我们艺术时间经验的本质就是学会以这种方式逗留。这也许是我们这些有限的存在和那些被称为永恒的东西相联系的唯一方式。"③

存在真理的自行置入，实际上指明了当人们被艺术作品所吸引时，他们是以什么样的方式进入对艺术作品的理解之中。逗留在艺术真理显现的过程之中。我们在上文具体分析了本真意义上的时间与流俗意义上的时间。可以看出，当人们逗留在艺术作品的存在时，人们进入了存在基础显现的"本真的时间"，进行了本真的生存。在生态美学的视野中，由于人们平时生活在离家的状态，只有在这种本真的生存中，才能生活在自己的家园之中。

艺术经验的第四个特点是：它是一种收获，是对存在真理的收获。伽达默尔通过对阅读一词的词源学考证，认为阅读正是收获，艺术经验的同时性也只有放置在收获的意义中才能得到完整的解释：

> 在德语中的读 [lesen] 这个词中，包含着许多与这个词相关的说法，如聚集 [zusammenlesen]、收集 [auflesen]、挑选 [auslesen] 或选出 [verlesen]。所有这些都同收获 [lese] 有关，也就是说，同葡萄的采摘有关，葡萄的采摘持续了整个的收获季节。但是，"收获" [lesen] 这个词也指下述这种事物，即：当人们学习书写和阅读时，人们是以拼出文字开始的，我们同样也可以找到这个词的许多余波。人们可以开始阅读 [anlesen] 一本书或结束这本书的阅读 [auslesen]，

---

① ［德］伽达默尔：《言辞与图像中的艺术作品——"如此的真实！如此的充满存在！"》，孙丽君译，载孙丽君：伽达默尔的诠释学美学思想研究》"附录"，人民出版社 2013 年版，第 334 页。

② ［德］伽达默尔：《在现象学和辩证法之间》，洪汉鼎：《真理与方法》（下）"附录"，洪汉鼎译，商务印书馆 2007 年版，第 634 页。

③ Gadamer: *The Relevance of Beautiful and Other Essay*. Nicholas Walker. New York: Press Syndicate of the University of Cambridge, 1977, p.45.

人们也可以深入阅读［weiterlesen］这本书，或者在这本书里检查［nachlesen］，或者人们也可以大声地朗读［vorlesen］。所有这些词都指向收获，而收获则是指收集能使人们获得营养的东西。①

艺术经验使人们收获了存在的真理。从生态美学的角度来讲，在这样的收获里，人们能够倒转自身的视野，回溯形成自我视野的家园，意识到家园对自我的构造性，并意识自我的有限性。也就是说，使生态的真理显现在人类的意识之中，这就是一种收获。而这种收获经验，正是离家的人类重新回到家园之中，确立自身家园意识的经验。

第二节　生态审美经验的形成过程

艺术经验是艺术活动的本质，也是我们探讨生态审美经验的基础。那么，生态审美经验的具体过程是怎样的呢？

一、生态审美经验的起点

在第七章中，我们已经论证了现象学视野中生态审美经验的本质与特点。生态审美经验本质上是肯定自我有限性的经验，并将构造自我的有限性回溯到自然，将自然视为自我家园的经验。因此，形成人类生态审美经验的基础，正在于现象学对"生活世界"及在此基础上重新寻找人类活动基础的努力。通过上文对人类活动的分析，我们可以看出：要形成生态审美经验，首先就需要理解自我是一个有限的存在者。那么，人们意识到自

---

① ［德］伽达默尔：《言辞与图像中的艺术作品——"如此的真实！如此的充满存在！"》，孙丽君译，载孙丽君：《伽达默尔的诠释学美学思想研究》"附录"，人民出版社2013年版，第343页。

我有限性的过程是一个什么样的过程呢？

我们在上一节论述了人类活动的分类，并论证了不以使用为目的的活动是审美经验形成的基础，提出：正是在艺术活动中形成的艺术经验，才是家园意识的基础。以使用为目的的活动，按照海德格尔的说法，是以世界和世界的遮蔽为基础的，此在只有忘记了世界对自我的决定性，他才能自由地筹划一个使用活动。因此，在这样的活动中，世界是遮蔽的，处于世界中的此在不可能意识到自我是被一个世界所决定的此在，他也不可能意识到"生活世界"构成了他所有意识活动和生存活动的前提，因此，在这一活动中，人类不可能意识到自我的有限性。只有在不以使用为目的的活动中，此在才有可能理解自我被自我的"生活世界"所构造，进而理解到自我是一个有限的存在者，是一个在此的在者。因此，使人们形成生态审美经验的基础，正是一个不以使用为目的的活动。

在我们现实的生活中，我们大部分都处于日常活动之中。而日常活动的本质，就在于它有着强烈的使用目的。在这种日常活动中，人类为了生计、为了安全、为了尊重而活动，这一活动的基本特色就是设立一种外在于这一活动的目标。海德格尔证明了：在这样的活动中，世界是遮蔽的，人类不可能通过这样的活动获得自我的被构造性以及有限性，因此，这一活动不可能形成生态的审美经验。认识论的哲学基础，正是将以使用为目的的日常活动视为人类全部活动的基础，并在这一基础上解释艺术活动，从而导致了人类完全意识不到自我的有限性，形成了现在的生态危机。而要形成生态的审美经验，首先就是要将自我从日常活动中拉离开来，进入不以使用为目的的活动之中，尤其是进入艺术活动之中。当然，按照马克思主义的说法，人类之所以能够将自身从使用为目的的活动中拉离开来，本质上是因为以使用为目的的活动造成了物质条件的繁荣。而物质条件的繁荣，一方面造成了生态危机，但同时也造就了走出生态危机的物质基础。

由此可知，生态审美经验的起点，正是一种不以使用为目的的态度，即海德格尔所谓的诗意生存。那么，如何才能使人类具有这样一种态度呢？

古希腊哲学认为，人类文明的产生，来源于对自己无知的认识，即人们惊异地发现自己的无知。一个有充满惊异感和困惑感的人，会很容易地意识到自己的无知。[①]"惊异就是对无知的意识，或者说是求知欲的兴起。"[②] 正因如此，亚里士多德认为人们之所以进行哲学探索，正是始于惊异。惊异是人类产生所有知识的前提性条件，包括哲学："不过在柏拉图和亚里士多德那仍旧能够找到对哲学—科学思想的原动机引发问题的一个回答。这个回答便是：哲学—科学的思想是从惊异中产生的。"[③] 古希腊哲学的"认识你自己"，本质上正来自于这种惊异。

尽管惊异是人类知识的前提，但惊异其实是源于自己的无知。然而，在人类对知识的追求过程中，人们已经逐渐忘记了无知与惊异的关系。当柏拉图追求理念之时，他实际上开启了哲学的两个方向：柏拉图式和反柏拉图式。前者追求知识的体系化、抽象学或逻各斯化；而后者则追求知识的片段化、感性化。这两个方向的目的都是以不同的方式追求知识，但都在追求知识的过程中忘记了自己的无知。亚里士多德更是创建了各种知识的结构。从这时起，惊异就被导向了对知识的追求。随着人们在追求知识时获得的满足越来越多，人们逐渐远离了惊异这种态度，更忘记惊异由之起源的无知。从这一角度来讲，亚里士多德认为：知识与惊异是相对立的。尽管人们通过惊异才有追求知识的动力，但当人们获得知识后，知识会消解惊异感。这就使得整个的哲学运动充满了悖论：人们因惊异而追求知识，因知识的获得而不再惊异，"哲学将会是

---

① ［古希腊］亚里士多德：《形而上学》第 1 卷 98a12—13，转引自张世英：《论惊异》，《北京大学学报》（哲学社会科学版）1996 年第 4 期，第 36 页，有改动。

② 张世英：《进入澄明之境——哲学的新方向》，商务印书馆 1999 年版，第 207 页。

③ ［德］克劳斯·黑尔德：《当代的危机和哲学的开端——论胡塞尔与海德格尔的关系》，路月宏译，倪梁康校：《现代哲学》2002 年第 4 期，第 81 页。

靠结束惊异而完成其目的。"① 因此，如何使人们在获得知识的同时保留惊异，是每种哲学流派都应该思考的任务。但是，历史上鲜有这样的哲学流派，能将保留惊异和获得知识同时作为自己哲学的起点，将惊异作为一种哲学发展的原动力，推动自己哲学理论的完善。因为，哲学总在追求知识而非保留惊异，这也正是现象学哲学不同于传统哲学的原因。

认识论更是将人类对知识的追求发展到极致，当笛卡尔说"我思故我在"时，他实际上已经将知识的标准限定了"我"的所思之中，限定在主体之中。因此认识论哲学态度的第一个问题便是不再惊异。随着知识的增多，人类已经拥有了充分的自信，具有"为自然立法"的能力。随着这种能力的增强，认识论哲学产生的第二个问题就是不再认可自己的无知。我们在上文中论述的认识论的主体形而上学正是这种态度的体现。主体不需要论证自己能力的来源，不需要论证自己知识的界限，更不去论证自己视域的有限性，使得认识论哲学是一个盲目自大的哲学，是一个过度张扬人类主体性的哲学，是一个不相信自己无知的哲学。这种对自身无知的遗忘正是认识论"人定胜天"态度的来源。认识论所谓的主客统一，只是通过人的认识能力把主体与客体统一在一起。在这种统一中，主体获得了关于客体的知识。由于这一知识有利于主体，主体在知识中获取了巨大的满足感。在这种满足感中，主体不再惊异。

这种不再惊异的主体离开了其原初浑一的"诗意"境界。"这也就是为什么黑格尔把'惊异'和'诗和艺术的立场'只限于从原始的主客不分到主客二分的'中间状态'的原因。"② 在认识论哲学中，随着知识的获取，惊异终止了，随之而来新奇也结束了。相对于充满惊异感的"诗意"的人类来讲，世界变成了一种"散文式"的世界。在这一世界之中，人们最终所能达到的，只是一些表达客体本质的抽象概念。在这些抽象概念中，哲

① ［古希腊］亚里士多德：《形而上学》第 1 卷 98a12，转引自张世英：《论惊异》，《北京大学学报》（哲学社会科学版）1996 年第 4 期，第 36 页。
② 张世英：《论惊异》，《北京大学学报》（哲学社会科学版）1996 年第 4 期，第 39 页。

学在开端之后，逐渐远离了惊异、新奇和诗意，变成了枯燥乏味、苍白无力和脱离现实的代名词。

现象学哲学态度正是起源于对上述这种世界散文化的反思。它恢复了哲学的惊异。首先，现象学追溯了惊异之被遗忘的原因，并认为在古希腊哲学的开端处，就存在着对惊异的遗忘。在这里，尽管胡塞尔与海德格尔的哲学产生了一定的分歧，但二者都认为古希腊哲学开端于遗忘。不同的是，胡塞尔认为古希腊哲学遗忘了生活世界，而海德格尔则认为它遗忘了存在。这种遗忘导致了当代社会的诸多问题，"远在思想的古希腊开端就已准备好了此种对于生活世界或存在的遗忘，同时也就在这种处境中出现了胡塞尔所谓的哲学和科学的创建（Erstiftung），同时，一种关于开端处境的历史灾病谱系的分析方法就得以毛遂自荐——这是一种大胆的尝试，引人注目的是两位思想家一致将其称之为'思义'（Besinnung）。"[①] 其次，现象学分析了惊异的结构，改变了惊异运动的方向。在这里，海德格尔作出了卓越的贡献。他观察到：迄今为止，人们关于惊异的所有解释，可以说都遵从了发自惊异的运动。但由惊异所形成的知识，自开始以来，便把哲学带离了惊异的情绪。正因如此，海德格尔指出了哲学的惊异与非哲学的惊异之间的根本区别：非哲学的惊异所追求的是一种知识，而哲学的惊异所追求的并不是简单的知识，而是形成这种知识的背景。只有追溯到这一个背景，哲学惊异的运动才能由一种惊异走向另一种惊异，作为哲学源动力的惊异态度才能保存下来："非哲学惊讶的各个形式可分解为三种基本的类型：'惊讶于'意外的新事物、'惊羡于'卓越的精英和'惊叹于'伟大的东西或崇高的东西。"[②] 在上述三种情况之中，人们惊异的原因都来自于下述事实：惊异是被不寻常的

---

① ［德］克劳斯·黑尔德：《当代的危机和哲学的开端——论胡塞尔与海德格尔的关系》，路月宏译，倪梁康校：《现代哲学》2002年第4期，第77页。

② ［德］克劳斯·黑尔德：《当代的危机和哲学的开端——论胡塞尔与海德格尔的关系》，路月宏译，倪梁康校：《现代哲学》2002年第4期，第82页。

东西所激发起来的。这些不寻常的东西引起了惊异者的注意力，是惊异者关注这些不寻常之物之所以不寻常的原因。而这一关注的角度，所带来的仅仅是有关这一不寻常之物的知识。从本质上看，只有当惊异者不仅注意到这一不寻常之物，同时也注意到这一不寻常之物所形成的背景，人们才能得以保留惊异。但是，由于惊异之背景不仅来自于事物的不同寻常，同时也来自于注意者自身的世界。这一世界仅仅以隐蔽的方式起作用，并没有形成注意力的课题。也正因如此，注意者自身的世界一直没有进入到惊异的研究过程之中。

正因如此，海德格尔要做的，就是使惊异关系回到寻常之物的背景，而不再仅仅是寻常之物本身。他认为，使哲学得以苏醒的惊异，必须彻底地与其他惊异类型区分开来：它不仅关注寻常之物，同时，比这种关注更为根本的是，它更为关注形成这个寻常之物的背景。也正是在这一意义上，海德格尔说："说哲学开始于惊异，意思是哲学本质上就是某种令人惊异的东西，而且哲学越成为它之所是，它就越是令人惊异。"①

可以说，海德格尔对惊异方向的改变不仅使得人们能在哲学探讨中继续保持惊异的态度，而不是走向知识的终结；同时，他改变了探讨惊异运动的方向：惊异不再指向寻常之物，而是指向其背景。如果对知识的追求，导致我们终结了惊异的运动，最终导向对自我知识的确信；那么，对寻常之物所形成的背景的追求，则导致我们"惊异地意识到原来寻常之物是这样被构成的"，最终导向了对自身无知的认识，并在这一认识的基础上，保持惊异的态度，开放自身。

从这一角度来讲，生态审美经验的起点，正是这种哲学的惊异态度。它不再是仅仅追求知识，它还继续追求形成这些知识的背景，并不停地确证自己的无知。上文我们所提到的在艺术活动中所形成的艺术经验，本质上正是这样一种惊异。

---

① 张世英：《进入澄明之境——哲学的新方向》，商务印书馆 1999 年版，第 216 页。

　　不同的哲学流派都曾研究过艺术活动所形成的这种惊异。但在认识论哲学中，艺术的惊异是指艺术活动所带来的新奇感、振奋感或敬畏感及由这些感觉所带来的追求知识的动力。这种新奇感首先来自于艺术家对陌生感的有意识的追求，这在形式主义文论中表现得最为明显。俄国形式主义认为：艺术的目的就是要使人感觉到事物本身，而非仅仅知道事物。而要使人们感觉到事物，需要特殊的艺术技巧——尽量使对象陌生、使形式变得相对困难，从而增加感觉的难度和感觉时长。在这里，人们对事物的感觉过程，就是人类审美的目的，延长感觉正是审美的手段。正是在这种陌生感中，人们产生了好奇。这种好奇一方面使人的感觉更为敏锐，另一方面也使人产生了追求知识的动力。在这里，艺术所形成的惊异就是一种合目的的形式。这也是生态美学将认识论美学称为形式美学的原因。认识论对艺术惊异的认识，实际上将艺术导向了知识，其结果就是我们在上文所说的结束了惊异的运动。

　　现象学对生活世界的追求，尤其是海德格尔对哲学惊异的论述，导致艺术活动不再是追求认识论知识的运动，而是追求惊异之本质的运动。纵观我们上文对艺术经验的论述，艺术经验所形成的意识走向，正是一种惊异的运动。首先，艺术经验所指向的是一种惊奇。正如海德格尔所说，真正的惊异是一种惊异于某物的结构。在艺术经验中，人们的惊异来自于对自我生存于某个世界中的惊异。这是一种结构性惊异：它不再是指向对知识的探讨，而是探讨知识之所以成立的前提性背景。其次，艺术经验所形成的惊异，是一种真正的无知性惊异。艺术经验使得人们倒转自身的关注视野，由关注自我所形成的知识转向形成这一知识的自我世界的结构，并进而意识到自我世界和自我世界对自身的限制。当人们意识到自我世界对自形成我限制的时候，人们同时也就意识到自我的无知，并在无知的基础上形成开放，形成真理的态度。因此，通过艺术经验，人们获得了一种真正无知的经验，一种真正惊异的经验。这是一种哲学的惊异。因此，哲学的惊异促使人们关注那些会导致两难的问题，并试图回答这些问题。因此，对于哲学的惊异来讲，这种惊异并无特殊的高级含义，"它不过是一种短暂的激情、一种'遭受'，它构成了这样一种刺激，即不断前行地以科学的方式解决某些两难。"①

二、生态审美经验的过程

如上所述，生态审美经验起自于人们的诗意栖居的生活态度，即从以使用为目的的日常生活中抽离开来，进入不以使用为目的的艺术活动即诗意栖居之中。这种抽离使人们惊异地意识到自身的世界，意识到自身的有限性，意识到自我的无知，也就是说，获得了惊异。以这种惊异为基础，人们开始了艺术活动。在生态美学中，人们的艺术活动大致可以分为两个阶段或两个过程：艺术创作与艺术欣赏。

（一）艺术创作

在现象学看来，当人们从以使用为目的的日常活动中抽离出来，意识到自身的有限性生存处境时，他就处于惊异之中，就在从事一种艺术活动。从这一角度来讲，每个人都有可能是艺术家，每个人都有从事艺术创作的可能性。尤其是随着现代社会剩余的增加，为人们提供了更多地从日常活动中抽离出来的机会与可能性。这也是"人人都是艺术家"的广义含义。其中，某些人，不仅能产生惊异，也有能力将这种惊异记录下来，并向人展示，这一过程就是现象学视野中的艺术创作过程。具体而言，这一过程是这样的：某一事物（或某种想法）引起了艺术家的惊异，艺术家产生了创作的冲动，将这一引起他惊异的事物表达出来。当艺术家意识到自己的家园，意识到自己就站立在家园之中时，他也就进入对存在之基础的追问之中。所以，对于艺术家来讲，他的创作并不是一种主体的活动，而

---

① ［德］克劳斯·黑尔德：《当代的危机和哲学的开端——论胡塞尔与海德格尔的关系》，路月宏译，倪梁康校：《现代哲学》2002年第4期，第81页。

是其生活世界的显现。这一显现的方式将艺术家囊括于其中，形成艺术家的惊异感。艺术家只是将引起他惊异的事物记录下来，艺术家的技术就在于他能将这种惊异表达给人看。这就是艺术创作的起源。

正因如此，艺术家的生产不同于手工艺品的生产，艺术家的生产被称为"创作"，而手工艺品的生产则被称为"制作"，我们上文已经描述了创作与制作的区别。艺术家的创作过程又可以区分为两个过程：一是灵感的产生过程；二是惊异的记录过程。在某个特定时间，人们从日常生活中抽离出来，或者说，现实生活中某个契机，使得人们从日常的生活中抽离出来，生活世界从艺术家的头脑显现出来，艺术家感觉有话要说，从而促使艺术家将这一显现记录下来，成为他想要诉说给别人的一种"潜在的结构"。因此，艺术家的创作并不是一个主体的创作，而是生活世界的显现。这种显现，也不可能用主客分立的方式进行解释，而是主客形成之前生活世界所显现过程。艺术所记录下来的，正是一种惊异——惊异于自身是被生活世界所构成的。"惊异更是一种创造性的发现，诗人在这里超越了平常以'散文式的态度'所看待的事物，而在其中发现了一个新世界，好像是第一次见到一样，这就是创造。"① 而与这种创造相比，那种将灵感记录下来书写是次要的："诗最终用文字固定下来，变成'文学作品'[一种可读的东西]，以及音乐变成乐谱对于它们来讲都是次要的。对于这两者来讲，书写性是次要的，并不是诗和音乐的必要条件。"② 艺术家创作的目的就在于：他将这一引起他惊异的事物表达给人看。因此，艺术创作的本质就是将艺术家的这种惊异记录下来，艺术创作的目的就在于将艺术家经历过的惊异传达给那些潜在的读者。艺术作品在被创立的过程中，就具有一个现象学意义上的意向：它本身只不过是一种呼求结构。这一结构还要求

---

① 张世英：《新哲学讲演录》，广西师范大学出版社 2004 年版，第 226 页。

② ［德］伽达默尔：《言辞与图像中的艺术作品——"如此的真实！如此的充满存在！"》，孙丽君译，成中英、潘德荣主编：《本体与诠释》第六辑，上海人民出版社 2007 年版，第 251 页。

着它的被看、被读、被欣赏。在没有被读者看到之前，艺术作品都是不存在的。它只是一个潜在的经验。而艺术作品中的惊异感同样对读者构成一种吸引力，它将读者从日常生活的活动中拉离开来，进入艺术作品的存在之中，用自己的经验回应了艺术作品的吁求结构。

在现实中，语言、社会、自然构成了人们的生活世界的来源与人类的最终限制，艺术作品就是对这一世界的回溯。当人们意识到自然是人类所有限制性来源的终极性因素、意识到自然构成了人类的生存之本时，也就意味着人类具有了家园意识。

（二）艺术欣赏

如果说，艺术创作活动的本质就是艺术家将世界的显现记录下来，形成了艺术作品的吁求结构。那么，艺术欣赏的活动就在于它将艺术家在艺术作品中记录下来的世界显现成为读者的艺术经验。在使艺术作品形成一个完整结构的过程中，通过读者活生生的艺术经验，使生活世界显现在读者的意识之中，促使现实中读者的视野转向生活世界本身，倒转读者的关注视野，使生活世界在读者的意识中显现出来。通过这一现实的倒转视野的事件，使艺术家设立在作品中的生活世界显现的惊异感在另一个读者那里得到实现，呼应了作品的吁求结构。

在这里，由读者所完成的艺术作品的实现事件，就是艺术活动所形成的家园意识的一次普及性事件。在现实的世界里，我们不可能要求每个人都是艺术家，都能从日常的使用活动中抽离出来。因此，如何将人们从以使用为目的的日常活动中抽离出来，艺术的欣赏活动就成为这种抽离的动力或契机。通过艺术欣赏活动，人们意识到自我生存于一个世界之中，被这个世界所决定，世界构成了自我的有限性。而这种自我的有限性经验，又决定了我们必须开放自身。

艺术作品拥有一种能力，它能吸引遭遇它的人们：即当人们遇到艺术作品时，艺术作品就能把人拉进艺术作品的存在之中。艺术作品拥有一种统治权。在这里，海德格尔、伽达默尔、梅洛-庞蒂等人都认为艺术作品有一种力量，能将遇到艺术作品的人们拉离日常生活，进入艺术活动之中。伽达默尔认为，游戏对它的游戏者具有权威，人类的选择权表现在：可以进入这一个或那一个游戏，但是，一旦他进入某一个游戏，他就要服从此游戏的规则和秩序，严肃地对待游戏。谁不严肃地对待游戏，谁就是破坏游戏的人。这就是游戏的严肃性，游戏的严肃性决定了游戏的权威。

艺术本质上正是一种游戏活动，具有游戏的权威。艺术作品的权威来自于艺术作品所拥有的和谐感："在图像中，一切都和谐得各得其所。这就促使人们离开模仿关系。这就是作为一个图像所拥有的'统治权'。"①在这里，和谐并不是指模仿意义上的形式的和谐，而是人类与自身存在处境的和谐。正如我们在上文中区分使用活动与艺术活动时所指出的，使用活动的本质在于它以世界为基础，但只有人类忘记了这个世界，人类才能自由地筹划这个活动。因此，在这样的活动中，尽管人们生存于一个特定的世界之中，但是，人们并不能意识到这个世界的存在。也正因如此，人们不可能与自身的世界和解，甚至于人们根本不会产生自身与自身所处世界和解的问题。只有在艺术活动中，艺术活动使人们倒转自身的视野，意识到自身生存于特定的世界之中。也只有在这样的活动中，人们才有可能产生与自身所处的世界和解的问题。艺术活动正是这样一种不以使用为目的的活动。当人们进入艺术活动时，人们意识到自我生存于一个特定的世界之中，人们不仅收获了自我形成的经验，也随着艺术活动的进程而意识到自我的成长经验。在这种成长中，人们感觉到自我的成长与艺术经验同步进行，各得其所。人们与一首诗、一幅图一起发生、一起成长，这就是图像与人类的和谐，这种和谐使得"图像有它自己的统治权。甚至于当面临着一幅奇妙静止的生活画或一幅风景画时，人们也会这么说，因为图像

---

① ［德］伽达默尔：《言辞与图像中的艺术作品——"如此的真实！如此的充满存在！"》，孙丽君译，载孙丽君：《伽达默尔的诠释学美学思想研究》，人民出版社 2013 年版，第341 页。

之中，一切都和谐的各得其所"。①

艺术作品的统治权使艺术活动具有一种力量，这一力量能将读者吸引进艺术作品的吁求结构之中。我们在上文论述了现实中人们的两种活动，一种是以世界为基础的使用活动；一种是意识到自己生存在一个世界之中的不以使用为目的的活动。存在论与哲学诠释学者认为后者是一种更为本真的活动，是人类独特的存在方式，是人类为自己的生存赋予意义的方式。但是，在这里，存在论与哲学诠释学都需要回答这样一个问题：人类为什么会拥有这样一个活动？这样的活动为人类带来了什么？换言之，这样的活动有什么力量，能将读者吸引进这种性质的活动之中呢？

艺术活动的力量在于它保存着存在真理并使存在真理向读者显现，而读者之所以能被艺术作品所吸引并通过自己的阅读完成艺术作品的吁求，就在于它是存在真理的活动本身。而使存在真理显现，正是人类存在的本质：

> "真理（Aletheia）"并不仅仅意味着"去蔽"。当然，我们说"它"出现了，但是出现的东西本身还有它的特殊性。这种特殊性包含在下述事实之中：艺术作品以这样的方式实现自身：它既取消自身，同时也确认自身。希腊人称之为"美的耀现"的东西属于一个世界的秩序，我们可以通过布满星星的天空看到这个世界秩序的表现。因此，由手工艺人或机器生产的产品和现代意义上的艺术之间的区分应归结为根本意义上的"出现"。②

也就是说，艺术作品所拥有的力量，本质上正出自于人们对自我世界

---

① ［德］伽达默尔：《言辞与图像中的艺术作品——"如此的真实！如此的充满存在！"》，孙丽君译，载孙丽君：《伽达默尔的诠释学美学思想研究》，人民出版社 2013 年版，第 341 页。

② ［德］伽达默尔：《言辞与图像中的艺术作品——"如此的真实！如此的充满存在！"》，孙丽君译，载孙丽君：《伽达默尔的诠释学美学思想研究》，人民出版社 2013 年版，第 338 页。

的感知，对自我有限性的认识，即对自我家园的意识。日常的离家活动，都是在家的基础上的筹划活动。在这种活动中，人们并不知道自己被家园决定。因此，在人的意识中自我并没有发生。而随着对艺术作品的欣赏，随着艺术经验的形成，自我与艺术作品一起发生、一起成长，这正是艺术活动所拥有的能力，也是艺术作品统治权产生的源泉。

第十一章　生态审美经验对构建
生态意识的作用

　　我们在上文中已经论述，生态美学与认识论美学的根本不同在于：它不是一种无目的的目的，或有着独特意味的纯形式，而是有着明确伦理诉求的美学。生态美学的最终目的在于：它使人类在自我审美经验的基础上产生明确的生态意识。这种生态意识包括两个部分：生态小我与生态大我。生态审美经验对构建生态意识的作用，表现在它促进生态小我与生态大我产生的过程之中。

第一节　生态小我的产生

一、生态审美经验为反思认识论思维提供了一种冲力

　　我们在上文论证了生态危机形成的根本原因在于认识论思维方式。在认识论思维方式中，人类将自身视为自然的主人，将自然视为被利用的对象，认为自然可被人类意志自由支配。所以，人类不顾自然的规律，按自身的意志对自然进行任意改造，包括对自然的破坏性改造，这一思维方式最终必然会导致生态危机。可以说，认识论思维是形成生态危机的基础。我们可以从两方面进行说明：第一，认识论思维使得人与自然形成一

284

种割裂的关系。认识论将人与外物两分，认为人类是主体，而外在于人的存在都被视为客体，其中，自然就是人类面对的最大的和最为根本性的客体。在这种主客关系中，人与自然的关系就是人类认识自然、改造自然并利用自然达到自己目的的关系。可以看出，认识论思维实际上将人从自然中分离开来，割裂了人与自然之间共属一体的关系。自然成为人类的工具，这是形成生态危机的直接原因。第二，在认识论割裂人与自然关系的过程中，认识论极端地抬高了人类的主体地位，因为在认识论主客二分的过程中，能进行主客二分的，正是人类主体。这就形成了人类对自我能力不受限制或人定胜天的错觉。人类成为自然的上帝，代替自然本身成为自然的意志。这是形成生态危机的根本原因。"只有到了现代，具有认知能力和道德判断能力的主体才掌握了上帝的立场"①，主体的上帝地位蕴含着一种可怕的倾向：既然主体能力是不证自明的，那么，人类的能力就可以无限发展、不受制约。所以，主体形而上学必然会导致主体能力的无限扩张，人定胜天正是这种扩张的结果。在人定胜天的思维中，自然成为人类索取与征服的对象，在对自然的无限索取与征服过程中，酿成当前的生态危机。

要构建生态意识，就要反思形成生态危机的思维方式。但正如现象学所发现的那样，所有人类的知识建构奠基于人类意识的意向性。但人类意识意向性并不是先天的，而是在特定的传统和现实中形成的。用胡塞尔的话来讲，每个人都有自己的"生活世界"，这一生活世界有着自身的传统、观念或思维模式。当人们生活在这样一个生活世界之中时，生活世界慢慢地铸造了人们的意识。而这些意识，又重新构建了人们意识意向性的基础，决定着人们接受事物的基本模式。现象学对生活世界的研究，表明认识论奠基于"主体形而上学"的哲学是一种无根的、不科学的哲学。此后，

---

① ［德］哈贝马斯：《关于上帝与世界的对话》，曹卫东译，根据曹卫东的介绍，这篇文章最初发表于《政治神学年鉴》(*Jahrbuch fuer Politische Theologie*) 1999 年（第三卷），国内论文刊于文化研究网（http://www.culstudies.com）。

现象学开始对意识意向性的构成因素进行追溯与反思。这一追溯与反思构成了现象学追求"科学哲学"的根本动力，也成为对认识论哲学最为彻底的反思，为生态意识提供了一定的哲学基础与思维方式。在这一思维方式中，生态审美经验不仅是人类生态意识中一种构成元素，它还构成了生态意识反思认识论思维的冲力。

首先，现象学的审美经验，本质上是一种对于自我的反思经验。"对于胡塞尔来讲，特别有一种奇迹超过于其他奇迹，即'纯粹的自我与纯粹的意识'。"① 这种纯粹的自我与纯粹的意识，具有一种构建能力。人们看到的或体验到的整个世界，本质上都由这种纯粹的自我与纯粹的意识构建而成。因此，反思纯粹的自我或纯粹的意识的形成，是现象学哲学追求的动力。这一动力，本质上正是一种对于自我的反思经验。

对纯粹自我的反思体现在审美活动中，"对于主体而言，它们作为现象才是现象；正是主体在一块画布上的风景面前把自身确立起来，主体从自身之中把悲剧性的东西产生出来，并且使这个事件充满了戏剧性。因此，我们又可以反映这些事实了，正是在这些事实之中，主体对这个现象世界的构造发生了。"② 所以，"宜人的风景，开心的是我；但是情感，是我对风景的归属，而反过来，风景是表达我内心的信号与密码。"③ 在现象学的视野中，一些现象之所以美，就来自于这些现象确证了人类意识的形成过程，在于通过这一过程得到"我"作为一种纯粹自我的证明。现象学运动对审美经验的本质界定有一个共同的方向，那就是强调意识意向性得以形成的基础，强调对自我意识之所以形成的过程进行反思。而生态审美经验的本质正是将构建人类的生活世界推进到自然领域，并将自然对自我意

---

① ［美］赫伯特·施皮格伯格：《现象学运动》，王炳文、张金言译，商务印书馆 2011 年版，第 132 页。

② ［德］盖格尔：《现象学美学》，艾彦译，载《面对实事本身——现象学经典文选》，东方出版社 2000 年版，第 254 页。

③ ［法］保罗·利科尔：《论现象学流派》，蒋海燕译，南京大学出版社 2010 年版，第 242 页。

识的形成过程进行了全方位的反思。从某种意义上，现象学运动就是对人类意向性能力形成因素和形成过程的研究。这一研究向度决定了现象学视野中的审美经验正是反思自我形成过程的经验。通过在意识中建构自我的形成过程，人类意识到自我是由一个特定的生活世界构成的。生活世界的有限性决定了自我的有限性，审美经验就是对这一有限性的领悟。在这一领悟中，人们与自我的有限性和解、安于自身有限的存在方式，这就是海德格尔所说的诗意栖居的本质。

在上文中，我们论述了海德格尔对人类两种活动的区分。这一区分集中解释了审美经验的本质：在海德格尔看来，生态审美经验正是一种不以使用为目的的活动所形成的经验。在这种不以使用为目的的活动中，人们倒转自身的关注视野，关注形成自身的那个世界，并意识到：正是这个世界构成了现在的自我。在海德格尔的描述中，我们可以看出，科学活动、以认识为目的的活动，都具有一个强烈的使用目的，因而本质上都属于这种以使用为目的的活动。而在审美活动中，由于这一活动不是以使用为目的，人们就不必关注这个活动的目的本身，而是沉浸在这一活动的过程之中。这种沉浸，使得审美活动隔离了人类的日常活动，进入艺术作品的世界之中。在这一世界中，人们惊异地意识到自我的情感、自我的意识，并因而关注自我情感与意识形成的原因，追溯形成自我的世界。

其次，在现象学的视野中，生态审美经验与生态意识之间构成了一种整体与部分的关系。生态审美经验是生态意识的一部分，生态意识囊括了生态审美经验。但这种部分与整体的关系并不是认识论的线性关系，而是一种循环关系。认识论的审美经验本质上是由人类意识的本质所决定的，是人类意识的一部分。这一部分代表了人类主体的自由感，代表了一种"无功利的功利性"和"无目的的目的性"。认识论的各种美学理论，其基础都在于这种对自由主体意志的追求。在这一追求中，人类将外在的规律内化为自身的目的，通过一次次实现自身的目的，使得人类社会按人类的意志前进，构成了人类历史无限进步的理念。这是一种线性的思维，主体构成了这种线性思维的起点。但在现象学的思维中，生态审美经验与生态意识之间的关系并不是线性的思维方式，而是整体决定部分、部分推动整体的循环方式。一方面，生态意识作为一个整体，包括生态价值观、生态真理观、生态审美观。其中，生态审美观是生态意识的一部分，其内容受到生态意识的决定和制约。没有生态意识的整体性改变，单靠生态审美观的单维突进，不可能形成真正的生态审美观；另一方面，在现象学视野中，意识意向性是一个生成的、历史的概念，人类的生活世界决定了其意识意向性的基本能力和基本构建方向。在这一过程中，生态意识构成了一种新的意识意向性前提，其发展必然会推动审美经验的发展与改变；同时，审美经验的发展与改变又形成了生态意识赖以存在的新的生活世界，这一新的生活世界又重新构建了生态意识形成的意识意向性前提，二者形成一种循环往复的互动关系。这也是探讨生态审美经验与生态意识关系的前提。

再次，在现象学视野中，相比于生态真理观与生态价值观，生态审美观来源于生态审美经验，而后者作为一种原初的感性经验，构成了反思认识论的冲力。这一冲力体现在两个方面：第一，生态审美经验强调对自我形成过程的反思。作为一种自我有限性经验，它促使人们关注自我的构成性，由此关注自我有限性的来源，关注自我意识的形成过程。这种对自我世界、自我形成过程的反思正是对认识论基础——主体形而上学——最为彻底的反思。第二，生态审美经验作为一种冲破旧传统的力量，对认识论思维形成了一种冲力。生态意识不是无源之水和无本之木，其产生也有自身的生活世界。从这一角度讲，认识论思维模式构成了生态意识产生的前提和传统，构成了形成生态意识的生活世界的一部分。对于生态意识来讲，认识论构成了一个稳定的存在秩序，就伽达默尔的话来讲，构成了一个已在。要冲破这一存在秩序，就要寻找这一存在秩序的基础并考察这一基础的"科学性"——即考察这一基础有没有前设。在这里，现象学视野提供了一种思路，而现象学的生态审美经验则提供了一种现实的路径。可以说，认识论以人类自我为目的去看待外物，这也正是我们日常生活中以使用为目的的活动的思维根基。现象学证明了使用活动本质上是一种后发的活动，其依赖于通过不以使用为目的的活动而形成的自我意识。而自我意识的形成才是一种前在的活动。也只有在以审美经验为代表的不以使用为目的的活动中，人们才可以倒转自身视野的结构，反思自身的世界、反思自我意识的形成、反思认识论的盲点。"每当艺术发生，亦有一个开端存在之际，就有一种冲力进入历史中，历史才开始或者重又开始。"① 而生态意识的本质，在于使人们意识到自己是生态环链的一部分，自然是构成了自我最为原初的条件，自我的有限性本质上来自于自然对自我的构成性。在这一过程中，生态审美经验对自我有限性的反思构成了生态真理观与价值观的基础。

二、本真时间的生成与地方性经验的产生

艺术活动使人们逗留在艺术经验之中。艺术经验的本质在于：它不是一种以人类的使用为目的的经验，而是一种遭受经验。当人们被艺术作品所吸引时，这并不是一种主动的行为，而是一种被动的遭受行为。人们在进入这种行为的时候，并没有任何功利性目的，而是仅仅被一个艺术作品所吸引，逗留在纯粹的"看"、"听"或"读"艺术作品的过程中。胡塞尔、海德格尔、伽达默尔等人不停地论证这一过程是"本真"时间的发生过程。我们在上文中论证了家园意识时间经验的本质与特点，在艺术经验中，所发生的就是这种本真的时间意识。

正如我们在第九章第二节所提到的，家园意识中的时间意识是一种本真时间的发生经验。这一经验只有在艺术活动中才能产生。也就是说，当人们逗留在一个艺术作品中时，随着艺术经验的生成，人们倒转了自身的

① [德] 海德格尔：《艺术作品的本源》，孙周兴译，载孙周兴编：《海德格尔选集》，三联书店 1996 年版，第 298 页。

关注视野，意识到这一世界对人们的构成性和自身世界的有限性。这一过程就是人们对世界的敞开过程。按照现象学生活世界理论，由于生活世界与人的一体性，人们需要一定的活动才能够让生活世界向人显现。海德格尔将这种显现定义为存在的真理，将存在真理显现的时间定义为本真的时间。而人们通过艺术经验所收获的，正是这种存在真理的显现。因此，进入艺术经验的时间，就是一种本真的时间。艺术经验就是本真时间的发生。也只有在这一时间里，人们才能探讨世界对自我的规定性以及自我的被构成性。

由艺术经验所形成的"本真时间"尽管也占据了现实的时间，但是，人们并不能用现实的时间来度量它或定义它，它是一种更为基础的时间。我们的现实时间，实际上只是一种后发的时间，是基于一种现存传统的时间。本真的时间则是对这一传统进行反思的时间。而对一个传统进行反思，需要一种冲力、一个契机。艺术经验所形成的正是这样一个冲力或契机。如果说语言构成了生活世界的本质，那么，本真的时间就是"走向语言的途中"："当我们归属于被传呼者时，我们就听到了。"① 如果历史构成了人类生活世界的本质，那么，本真的时间就是"效果历史意识"，即"历史的存在意味着对自我的认识永远不能完成。一切自我认识都是从历史地在先给予的东西开始的，这就是黑格尔所谓的'实体'，因为它是一切主观意见和主观态度的基础，因此，它就规定并限定了根据传统的独特的历史性去理解所有传统的可能性。"② 如果人类身体的感觉构成了人类的生活世界，那么，本真的时间就意味着对身体构成性的理解。总之，本真的时间意味着人类存在基础的显现。从家园意识的角度来讲，这意味着形成人类的家园显现在人类的意识之中。只有在本真时间的基础上，人们才有可能形成生态的审美经验。

---

① [德] 海德格尔：《演讲与论文集》，孙周兴译，生活·读书·新知三联书店 2005 年版，第 228 页。

② Hans-Georg Gadamer. *Truth and Method*. Garrett Barden and John Cumming. NY:Sheed and Ward Ltd, 1975, p.269.

　　生态意识的直接体现就是空间意识的生成，从个人的层面上来讲，空间意识首先表现为地方性空间意识，即：人们意识到自我生存于某个空间之中，这个空间为他提供了所有的能量。他的身体、意识等，都依赖于这个空间给予他的种种支持。在这种地方性空间意识之中，人们首先产生了如下意识：我生存于其中的空间构建了我本身。也正因如此，由于我生存于其中的空间是一个有限的地方性空间，那由这一地方性空间所形成的地方性空间意识也是有限的。而要克服这种有限性，就必须向一个更大的空间开放自身。

　　当生态审美经验使人们惊异地意识到自身所具有的那些独特视域时，人们开始反观自身，意识到自我的身体处于某个地方之中，自我的思维、自我的视域等，都会被某个地方所构造，形成了自我独特的视域。而人类之所以产生各种意识，奠基于人类身体对其生存处境的感知过程。而身体所处于其中的那个生存处境，不仅拥有着独特的人文、社会环境，也拥有着独特的地理、自然环境。在某种程度上，这种独特的地理、自然环境也是形成人文、社会环境的基础之一。当我们意识到这些时，我们实际上已经进入了生态审美过程。

　　正是意识到地方对自我的构造性，人们意识到地方乃是自我生存的家园，不仅人类所能产生的意识由这一家园所塑造，人类的身体也由这一家园所支持，而身体同样是意识形成的前提性条件。由此，人们意识到自我的有限性并进入家园意识之中，并由此形成一种开放的态度。这种开放的态度，正是生态真理观产生的基础。

三、生态审美经验对构建生态真理观的作用

　　每种哲学视野，都会有自身特有的真理观，生态意识也须构建符合生态原则的真理观。生态真理观不仅能扬弃认识论真理观，而且能促使人们形成整体的生态意识，将自身视为自然生态环链的一环。从这一角度来

看，生态审美经验是生态真理观的基础，对构建生态真理观起着重要的作用。

不同的哲学思潮，有着不同的真理观。古希腊时期、认识论时期和现象学时期，真理观的本质都不相同。在现象学的视野中，这种不同，本质上来自于对个人视域与公共视域的态度与反思。所谓个人视域，是指个人看问题的角度。这一角度因不同的生活世界而不同。每个人都生活在自己的生活世界之中，这导致了每个人都有自己独特的个人视域。而所谓公共视域，则是指某一群体共同的看问题的角度。由于人们生活在一个共同的群体或文化中，其面对的问题、所处的环境等都有其共性，从而形成了一个群体或文化的公共视域。个人视域与公共视域之间既有矛盾，也有融合。而不同的哲学思潮对个人视域与公共视域之间的关系也有不同的认识，这一认识构成了真理观的不同向度：在古希腊时期，文化处于初创时期，人们首先关注的是真理的个人视域。对古希腊人来讲，真理首先来自于个人视域，这是一种自然的态度，因为外部世界首先就是单个人的世界，这一世界决定了人们的个人视域。在个人视域之外，是否存在着一个大家认可的公共视域？哲学的态度就是：某些人开始从个人视域中觉醒，希图寻找一个公共视域。古希腊的真理观就奠基于对这个公共视域的追求过程。最终，古希腊哲学家意识到个人对事物的理解基于自身的私人视域，但私人视域并不能构成大家公认的真理。真理意味着必须有一个被一群体所共同接受的公共视域。追求真理，也就意味着构建这个公共视域。那如何构建这一公共视域呢？在这里，古希腊人发现了人类的精神，并认为，每个人都有对公共视域的追求。这种对公共视域的追求，正是人类精神的独特之处。这种独特的追求公共视域的精神，即人类的精神，使人类具有向公共视域敞开的能力。正因如此，人类的精神是公共视域之所以成立的基础。公共视域的形成奠基于人类的精神。

认识论哲学正是从古希腊人所发现的人类的精神起步，将人类的精神发展成主体形而上学。在认识论看来，人类的精神，不仅使人类超越于别的物种，也使人类具有可以不受任何限制地发展自我的精神能力。康德哲学"哥白尼式革命"的意义与价值正是来自于他全面论证了人类的精神能力，全面确立了认识论的思维方式。随着以认识论为基础的自然科学的传播，人类的精神作为主体的能力，构成了人类社会赖以存在的基础。精神的能动性成为认识论视野中最为广泛、最为基础的公共视域。在这一公共视域中，认识论的真理观也被称为主客符合论，即主体的意识与客体符合时，便构成真理；反之，则构成非真理。但主体与客体的符合，本质上仍来自于主体的认知。这一认知的本质，仍是一种对自我力量的设定。可以说，符合论真理观成立的基础正在于主体的精神（对主体精神的设定，仍是主体精神的体现），主体的精神具有一种认识或探索的力量，是一种新的形而上学。而对主体精神的盲目自信，则是形成生态危机的根本原因。这种对主体精神的设定，不仅消泯了人类的个人视域，认为所有人类都具有某种"先天图式"，并将这一"先天图式"上升到人类的本质属性，认为全世界的人类先天地具有某种图式。主体先天具有某种图式，构成了认识论的公共视域。因此，认识论真理观的后果，正在于以科学的名义，将西方某一段时期的真理观向全世界推广，将生态危机推向全人类。

　　现象学的真理观来自于对认识论真理观的反思，尤其是来自于对认识论真理观基础的反思。在现象学的视野中，认识论对主体能力的设定是不证自明的，也是不科学的。现象学发现了形成主体能力的生活世界，将认识论线性思维方式还原为一种循环性思维方式。在现象学看来，人们生活于其中的生活世界构建了其个人视域，个人视域又构成了人们探索外在世界的力量；在不同的个人视域的融合与对话中，又形成了一个个的公共视域，而这些公共视域逐渐形成了某个文化共同体的更大的公共视域。这些更大的公共视域，重新构成了个人生活世界的外在环境并再次改变了人们的生活世界，继续影响着人们的个人视域。可以看出，现象学的真理观本质上奠基于人们基于个人视域所形成的向外在于自我的世界开放的态度。通过这种开放的态度，人类不停与他人视域相融合、修正自我并形成新的公共视域，促进整个文化的开放和新文化的形成。在这里，人类能否形成这种开放的态度是现象学真理观能否形成的核心。

如何才能形成上述这种开放的态度呢？不同的现象学家所提供的答案不尽相同：哈贝马斯认为是反思的意识是构成这种开放态度的根本；海德格尔认为此在不以使用为目的的活动所形成的诗意栖居是构成这种开放态度的根本；伽达默尔则认为是"效果历史意识"才是构成这种开放态度的根本……尽管如此，现象学运动的共性在于：他们都倾向于在个人视域形成的过程中去寻找形成开放态度的关键。对个人视域形成过程的反思，构成了这一开放态度形成的根本。由于个人视域是在个人生活世界的基础上形成的，而任何个人的生活世界都是有限的，这就是个人视域的有限性。一旦人类在自我意识领域中形成对自我有限性的反思，人类就会产生向一个更大的公共视域开放的可能性。这个过程就是真理。

可以说，现象学的真理观奠基于对自我有限性的反思或理解，这种对自我有限的反思或理解是人们形成开放态度的关键。在这里，如果说，自我有限性来自于人们发现自我生存于其中的世界，这个世界构成了人类的"家"，那么，现象学就发现了人类都生活在不同的"家"中，因而人类都是一个有限的存在者。因此，如何使人类自觉地意识到形成自我的那个"家"，是现象学运动的重要发展方向。这个方向开启了生态的思维方式。从这一角度来讲，现象学真理观奠定了生态真理观的发展方向。在生态真理观中，自然构成了人类的家或终极限制，是构成人类生活世界的根本。意识到自然对人类的限制，并在这一限制内活动，就构成了生态真理观的核心内容。

那么，生态审美经验在构建生态真理观中起什么样的作用呢？在上文中，我们已经分析了，现象学审美经验的本质就是对自我有限性的经验。这种自我有限性的经验，构成了开放真理观形成的基础。审美经验本质上是不以使用为目的的经验，不同于以使用为目的的日常生活经验，审美经验使人们倒转了自身的关注视野，由关注使用目的转向了对自我使用目的之所以产生的"可靠性"的反思，转向了对自我被构成性的反思。也正是在这种反思过程中，人们才意识到自我的有限性。自我有限性的意识形成了人们开放自身、形成更大的公共视域的冲力。可以说，在审美经验中，人们通过对自我有限性的反思形成了一种开放的态度，这一过程构成了现象学的真理。所以，在现象学的视域中，审美经验是形成真理的基础。在这样的真理观中，当人们反思或理解到自然对自我的构成性并由此意识到自然是自我有限性的终极来源时，也就形成了生态的真理观。

生态真理观的具体形成过程如下：通过生态审美经验，人们倒转了自身的关注视野，由使用为目的转向了领悟自身的被构成性，在反思形成自我的各种因素的过程中，个人经历、传统、语言和文化被一层层地反思，最终，彻底的反思意识使人们意识到：传统、语言、文化等因素的形成，基于某种特定的自然环境。因此，自然是形成自我的终极因素，"在自然中存在"是人类对自我存在状态的最终领悟。从这一角度来讲，生态真理观不仅将现象学真理观延伸到生态文化之中，也克服了现象学意识意向性理论中的唯心主义成分。其后，在体验到自我最终是被自然所构成的这一经验之后，人们也就理解了关爱自然就是关爱自我和人类，理解了向自然的过度索取也是向人类的挑战。在这一过程中，以生态审美经验为基础的生态真理观构成了一种生态智慧，这一生态智慧反过来促使人们"诗意地栖居"。

四、生态审美经验对构建生态价值观的作用

在生态意识中，人们不仅要纠正认识论所形成的主客相符真理观，也要纠正在认识论基础上形成的价值观。在认识论中，由于将主体精神设定为世界的本原，自然成为符合主体需要的工具。人们面对自然的态度，就是将自然视为人们要利用的某物。价值观的本源，就在于以主体的需要为导向。主体的需要构成了人与自然之间的中介。以主体的需要为基础，人

们对自然进行任意的索取和改造，自然成为人类实现自我需要的工具。自然的工具化，正是认识论价值观的最终结果。

生态意识要求人们必须构建一种生态的价值观。"土地伦理是要把人类在共同体中以征服者的面目出现的角色，变成这个共同体中的平等的一员和公民。它暗含着对每个成员的尊敬，也包括对这个共同体本身的尊敬。"① 如果说，生态真理观的核心在于对自我有限性的认识及在这一基础上对世界和人类的关系进行重新定位。那么，生态价值观的核心就在于：用这一新的定位指导人们的精神，形成一种新的价值判断体系，将生态真理转变成人类行为的指南。

现象学构建了不同于认识论的价值观。胡塞尔认为，人类生活于特定的生活世界之中，这是一种境域性存在方式。胡塞尔用"充实性"概念构建了人类价值观的转向。由于现象学是有关事物在意识中显现的学说，当事物在意识中显现时，就产生了一个显现得好与不好的问题。胡塞尔用"充实性"概念为这一显现的好与不好提供了标准。充实性这一概念也有效地补充了现象学关于意识显现的理论问题。由于现象学运动以"意识是关于某物的意识"——即意识具有意向性——为基础，那么，胡塞尔还必须说明意识显现的质量问题，即什么样的意识显现是充分的显现？由于意识在人们的生活世界中产生，当人们反思形成自我意识的条件时，或者用海德格尔的话来说，当人们追溯存在的原因时，意识总是处于不停地反思与追问之中，不停地反思各种指明联系。同时，意识所反思的对象，也总是受到各种条件的制约，本身也是被另一些意识所构建，从而使得意识的显现并不必然就能反思到意识得以形成的所有条件。因此，意识必须不断地追溯形成意识的所有指明联系和所有条件，从而彻底地发现自身被给予的原初体验。胡塞尔对科学哲学的追求，本义上正是要追溯形成意识的所有条件。在这里，"意向的'关于某物的意识'并不具有静态的特征，而

---

① ［美］奥尔多·利奥波德：《沙乡年鉴》，侯文蕙译，吉林人民出版社1997年版，第204页。

是从根本上具有一种动力学的标志：要达到这种充实的趋向。"①

也就是说，在事物向意识显现的过程中，意识所追求的最终显现应是那种本原的显现。其标志就是：意识不能进一步被指明，再也不可能被追溯到另一起源，这一状态就是充实。充实性是胡塞尔现象伦理学的基础，也是其价值观的基础。

胡塞尔所开创的以充实为方向的价值观，对生态价值观具有重要的启示意义。以充实为方向的价值观的核心，是一种充分的、彻底的反思，反思并发现自身被给予的本原体验境况。这种本原体验境况发生在如下情景之中：只有当我们的反思意识不再进一步进入其他指明联系时，意识的反思才得以结束。可以说，生态价值观的基础，正在于胡塞尔充实概念的提出。在这种充实概念中，当人们反思自我的被构成性时，只有彻底地反思到这一步——人们意识到自然是构成人类终极的限制性因素，才真正达到了充实。充实性正是生态价值观的本质，这表现在如下两个方面：

第一，以充实为方向的价值观强调反思和理解。认识论的价值观是一种单向度的线性发展方向。主体产生需求，按自我需求改变世界，因此，认识论的价值观以主体为基点，向外在的目标作无尽的探索，这是一种单向的探索过程。在这一过程中，人类不断产生新的需求并进行着新的行动，却从不对自我的需求进行反思。但是，以充实为方向的价值观则强调关注反思的彻底性，必然要求将视野转向自身，强调对自我构成性的反思和理解，强调发现"所有的指明联系"。作为个体的人，必须反思到形成自我的所有指明性联系，才能达到充实。在这种充实状态中，每个人都意识到他者对自身的意义，当然也包括自然对自身的意义。

第二，以充实为方向的价值观强调人与自我的和谐。认识论的价值观强调人与外在事物的关系以及在这种关系中所形成的主体的自由感。自由感构成了认识论真、善、美的核心和最终的价值性追求。因此，认识论的

① ［德］克劳斯·黑尔德：《现象学的意向性伦理学》，《南京大学学报》2001年第1期，第17页。

自由感强化人与外物的征服关系。但以充实为方向的价值观，强调的则是人与自身存在状态的和谐关系。充实就是找到形成自我的所有指明联系，而当人们找到形成自我的所有依据时，他也就理解了自我所赖以形成的所有条件。在这种理解中，人们产生了与自我和解的动力。在反思自我的过程中，人们了解了自我形成的条件与自我能力的极限，并进而能对自我需求、自我的发展等问题产生了明确的自省。在自省中，自我与构成自我的各种元素和谐相处。因此，以充实为方向的价值观，培养人们与自我和解的能力。这体现在生态意识中，就是自然作为构成人类自我的因素，构成了人与自我和谐相处的终极根源。人与自身的和解，同样也构成了生态价值观的建构方向。

在现象学的视野中，审美经验对构造以充实为基本方向的生态价值观所起的作用表现在三个方面：

首先，生态审美经验是充实价值观得以形成的前提。在以使用为目的的活动中，此在与外在事物发生关系的前提是世界的可靠性。这一可靠性使得此在可以自由地筹划他的使用行为。世界越是可靠，此在的活动越是自由。那么，人类如何才能意识到世界对自我的规定性呢？在这里，现象学认为，只有当人们切断一个事物的使用目的，将这个事物作为这个事物本身而非使用器具来看，形成这个事物的所有指明联系才有可能进入人们的关注视野，引起人们的注意。也就是说，在那种不以使用为目的的审美活动中，"由于用具的不为人注目要归功于世界的隐蔽性，因此我们可以期待，在一个用具事物以其不为人注目的可靠性而非对象地遭遇着我们的体验中，世界作为世界也可以非对象化地从它的隐蔽性中显露出来。"[1] 这一不以使用为目的的活动不仅可以使人们反思到事物之所以成为事物的所有指明关系；同时，人们也通过对这些指明关系的反思，构成对自身世界的反思。只有进入对自身世界的反思，才有可能形成一种彻底的和"充实

---

[1] ［德］克劳斯·黑尔德：《现象学的意向性伦理学》，《南京大学学报》2001年第1期，第20页。

性"的反思。可以说，离开了不以使用为目的活动，就不可能形成生态的审美经验。而没有生态的审美经验，人们就不可能进入对自我构成性的反思，因而就不具备形成充实性价值观的可能性。

其次，生态审美经验是构成充实价值观的基础。充实的价值观，首先需要人们倒转自身的关注视野，但以使用为目的的活动是在自身世界的基础上一种向前的筹划。这种向前的筹划以人们自身的世界为基础。但人们只有忘了自身的世界，才能更自由地筹划自身的活动。因此，这一活动不可能形成一种倒转视野。但是，在审美经验中，审美经验的本质在于它为人们提供了一个惊异的机会。人们遭遇一个艺术作品时，通过与这个艺术作品遭遇的经验，人们惊异地意识到"这就是我的生活"。以此为起点，人们向构成自我的生活世界回溯。这种倒转自我视野的结构，使得人们开始反思构成自我的元素。只有人们开始反思，充实价值观才有可能形成。

再次，充实价值观需要一个充分的反思，生态审美经验为这一充分的反思提供了条件。胡塞尔所提到的"不再进入别的指明关系"，只是意识活动的极限。随着反思的深入，某一视域的形成，总是关联着其他的视域，这就需要一个充分的反思。在这一充分的反思中自然才有可能作为一种终极性限制进入人类的意识之中，指导人们的行为。因此，充实性价值观，一定会反思到一个极限性构成元素——自然。自然构成了人类生存的起点和限制，同样也构成了充实性价值观回溯的最终对象。在这一充分反思的过程中，生态的审美经验作为本质上不以使用为目的的经验，隔绝了人们将自然视为需求目标的可能性。自然作为一种被静观反思而非行动索取的对象，不再被视为仅与人类的需求有关，自然本身具有了一种独立的品格，被"确认自然界的价值和自然界的权利"①。相应地，生态审美经验的家园意识也成为生态价值观的基础。

---

① 夏东：《环境建设的伦理观》，《哲学研究》2002 年第 2 期，第 19 页。

第二节　生态大我的产生

一、生态大我的要求

尽管生态问题要求将人类视为宇宙中普通的一员，但是不可否认的是，人类与生态系统中别的存在物仍有着根本性的不同：人类是一种有意识的、能自我反省的、追求意义的存在者。人类的意识使得人类不可能等同于一般的存在物。因此，这就要求人类在自我的意识领域中构建一种自我与生态环链中别的存在物共属一体、平等共生的意识，以顺应当前生态危机对人类提出的挑战。也就是说，人类要在自我的意识领域构建一种生态的自我。这种生态的自我，能将狭义的、局限于人类的自我扩大到整个生态系统，并认为人与其他生物具有同样的生存权利与实现自我的权利。而要在人的意识领域构建这种生态自我，一方面，要求人对自我认同从人类社会中扩大和加深开来，将人类视为自然或生态环链的一部分，缩小人类与自然的疏异感；另一方面，它又要求人类坚持自身意识意向性的构造能力，在自我的意识领域中构建这种生态感。也就是说，这种生态自我，既要能从所有的存在物中看到自我，也要从自我中看到所有的存在物。

从生态自我的角度来看，我们上一节论述的生态意识的产生过程，仍局限于生态小我的产生。在生态审美经验提供了冲力之后，人们在这一冲力的基础上反转自身的关注视野，关注到自我生存的家园，从而产生了家园意识。但作为人类的一员，家园意识的产生，并不能解决生态危机全球化的步伐。目前，生态问题已经成为一个全球性的问题，它以前所未有的方式，使人们日益意识到我们人类共存于一个地球之中。我们在前文所述的将生态危机转移至第三世界的做法，本质上就在于将自身从普遍联系的全球性视域中脱离开来，本质上仍局限于生态小我的圈子里。要克服这种生态危机转移的做法，我们还需将生态小我上升到生态大我，构建人类命运共同体。所谓生态大我，是指"将'自我与他人以及世界的不可分割的联系'的健全人格，实现人的内在自然（心理）与外在自然的和谐。"[①] 也就是说，将狭隘的地方性自我的观念上升为全球性视野的观念。

生态大我要求人们意识到自我与整体是共属一体的关系，在这里，整体不仅是指人类的群体、社会或民族、国家，它更是整体的自然。生态大我，首先要求人们意识到自我与整个大自然密不可分、意识到自我利益和整个生态系统的利益相辅相成、意识到整个自然界的所有物种和生命共同体等都属于生态系统的一部分。也就是说，生态大我首先就要求人们意识到生态系统中的众生平等原则，摒弃人类中心主义，进入生态中心主义。在这里，由于生态大我不再是一个与自然完全隔绝的主体，而是一个与自然没有绝对界限的自我，是生态环链中的一部分，因此，在这里，生态自我不再仅仅是自我的代言人，也是生态系统的代言人，正因如此，它才被称为生态大我。

要构建生态大我，需要如下几个层次的内容：（一）生态大我要求人们克服自我狭隘的地方性意识，形成自我生存于地球或宇宙之中的生态宇宙学，即在自我意识的领域中，不仅意识到地方是自我生存的处境，也能意识到地球乃至于宇宙都是自我生存的家园，我们应该像爱护自身生存的地方一样爱护这一家园。（二）生态大我要求人们构建一种公共视域，将上述地球作为人类家园的观念构建为所有人普遍认同的公共视域。（三）生态大我要求取消人类与自然之间绝对的分离状态，自我不再仅仅是人类的代表，也是生态圈或生态环链的代表。（四）使生态大我观念形成为人类普遍的信仰，形成为人类普遍的真理和伦理选择，需要具体有效的方法。可以说，生态审美经验对构成生态大我的作用，正体现在上述几个方面之中。

---

① 王岳川：《当代西方新文论教程》，复旦大学出版社 2008 年版，第 486 页。

二、地方性意识向全球性意识的提升

西方深层生态学的研究指出：人们对生态文学、生态艺术的解读具有一种危险。美国生态批评家劳伦斯·布伊尔曾指出了环境写作的问题。他认为环境写作的直接危险来自于讴歌自身的地方性经验而排斥全球性经验。这种排斥是某些环境文学形成"有毒叙事"的根本。进而，他呼吁拓展人类地方感的认同范围，建立一种生态的全球想象力。通过培养人们对别的地方的想象力，突破自我狭隘的地方性经验。这种全球性的地方想象力，也被称为"生态宇宙主义"。在生态宇宙主义的基础上，厄秀拉·海斯在其《地方感和全球感》中，希望人们突破传统地方意识或家园意识的局限，将地方意识上升至全球意识。这就为生态美学的家园意识提出了更高的要求：人们如何将自我的地方意识上升到全球意识？

当前，在地方性经验的探讨中，人们对全球化对地方性经验的影响有两种态度：一种认为全球性化导致了地方性经验的缺失，强调构建独特的地方性经验，认为在地方性经验中，最为关键的是建立一种"地方依恋"，意即把地方与人们的情感联系在一起。也就是说，地方不仅是人类生存的资源，也是人类安全感、快乐感和美感的来源。这就要求人们在进行地方性写作的时候，要留意和尊重我们所居住的这个地方以及我们居住于其中的方式。"对生态批评家来说，关注地方可以引导人们对它们的依恋，这种依恋不仅仅引起读者对它们重要性的认识，还能引导他们关爱和保护那些所描绘的地方。"① 这种对地方的依恋甚至于构成了"生态地区主义"，要求人们全身心地关注一个地方，将这个地方视为自己唯一的人生家园并为这一家园付出相应的尊重与责任。另一种则认为上述对自己所居地方的过度关切本质上仍是一种人类中心主义。而且，在全球化的今天，一个纯地方性的经验也是不可能的："地方是多种形式的、流动的、没有界限的，

---

① Rick,Van Noy. *Surveying the Interior: Literary Cartohers and the Sense of Place*.Reno: University of Nevada Press, 2003, p. XVI.

地方是在一起编织的、在某一特定场地相遇的全球化多面性中的一个独特表达。"① 因此，只有将全球都视为自身存在的地方，形成"全球性地方意识"，才能构建一种真正的生态的地方性经验。

本文认为，上述论述方式本质上都有自己的合理性，在某种程度上，它们都符合现象学的基本原则：强化意识意向性形成的基础。不同的是，二者对地方经验与全球经验如何构建人的意识有着不同的看法，并因此提出构建地方性经验的两种路径。前者更多地强调地方性经验作为全球化的基础，认为任何全球化的经验都必然会被构造为一种地方性的经验。因此，并没有一个通约意义上的全球化。因为每个人都有着自己的地方依恋，全球化的进程必然会被这种地方依恋所改造。后者则认为地方是全球的一部分，并没有一个能独立于全球化之外的地方。在地方经验中，一个地方的经验会与另一个地方的经验相缠绕，并通过别的地方性经验才能识别出来。

在现象学原则中，上述二者的区别并不是根本性的，二者只是关注全球性经验与地方性经验的不同侧面。如果我们引用诠释学经验的循环，就会意识到：地方性经验是人们赖以生存的基础，一旦人们意识到自我的有限性并形成开放，就会发现，地方性经验正是人们进入全球性经验的根基。也就是说，通过地方性经验，人们具有了与另一个地方性经验对话的基础。在这种对话过程中，人们逐步开放了自己的视野，走向对全球经验的理解之中。理解，正是地方性经验与全球性经验沟通的桥梁。

现象学对绝对明证性的要求，对彻底的科学哲学的追求，为地方意识上升至全球意识提供了一个基本的路径。我们在论述现象学的基本精神时曾提出，现象学所追求的是一个绝对的明证性，它怀疑所有未经证明的理论。也正因如此，当我们将生态美学的家园意识作为生态审美经验的本质时，也需用这种绝对的明证性来反思家园意识的来源。在上一节中，我们

---

① HubbardPhil et al. *Thinking Geographically: Space, Theory and Contemporary Huaman Geography*.London & New York: Continuum, 2002, p.224.

提出了"充实性"这个概念，即在一个意识的反思过程中，人们必须对这一反思过程再进行一个充分的反思，使构建意识的所有条件都显现出来。在家园意识中，当人们反思到构建自身的地方性家园时，一个充实的反思会意识到：在这个家园之中，全球性正是家园存在的基础。

要达到这种地方与全球经验的理解，就需提供一种进入本真时间的冲力，我们在上文所论证的生态审美经验对生态意识所形成的冲力，依然适用于地方性经验走向全球性经验的过程。

三、生态审美经验对构建生态公共视域的作用

我们上文所述的生态真理观、生态价值观，本质上仍囿于个人意识的领域。生态真理观、生态价值观，不仅需人们在个人意识领域中建构自然对自我的构成作用，也需要将这些观点的核心向度形成为人类的公共视域或共识。生态危机的形成是一个全球性问题，只有构成一种世界性共识或世界性的公共视域，生态危机才有可能得到根本的解决。

现象学重新发现了个人视域与公共视域之间的关系，厘清了认识论的前提及其有可能导致的后果。现象学认为：我们每个人都只能生活在自己的个人视域之中。因此，个人视域是我们探索外在事物的唯一依据。同时，由于我们每个人的生活世界不仅是自己的世界，也是公共世界的一部分，甚至于有可能就是公共世界中切下来的一部分，因此，公共视域也是形成个人视域的前提。而公共视域的形成，奠基于上文所说的个人的开放态度，但开放态度并不必然会形成公共视域。只有许多个体形成对话，并在对话中取得共识，公共视域才有可能建立起来。

可以看出，在个人视域的基础上形成一定的公共视域，关键的一环正在于对话的形成。通过对话，不同的个人视域形成共识、形成不同范围的公共视域。对于生态意识来讲，要将生态真理观和生态价值观构建为一种新的世界性的公共视域，需经如下步骤。审美经验对构建生态公共视域的

作用也体现在这些步骤之中：

第一，在个体审美经验的基础上，个体对构成自我的元素进行反思，意识到自我的被构成性，并进而意识到正是这一系列前提，如自我的经历、公共体的历史、传统、文化、语言及其所处的自然等构成了自我的现在。在这一对自我构成性的反思过程中，个体意识到自我的有限性及这一有限性的来源。其中，自然作为自我有限性来源的终极性因素进入人们的意识之中。对自我有限性的理解与反思构成了个体的人向公共视域开放自身的前提，这一过程就构成了个体对真理追求的起点，也构成了个体充实性价值观的起点。

第二，在个体开放自身的前提下，个体的人进而意识到：他人与自己一样，也是由各种限制性因素所构成。而他者的生活世界不同于自我，这种不同来自于他者所处的自然环境、文化、传统及历史等因素，进而，他者也是有限的，他者的有限性决定了他必然也会开放自身，追求真理。同样地，由于他人构成了自我意识相关项，对他人的想象也构成了充实价值观的一部分。

第三，在自我和他者开放自身的过程中，自我与他者形成对话，两者的个人视域逐渐融合，构成相对的公共视域。在不同的对话过程中，公共视域逐渐形成。在公共视域形成的过程中，某些决定着人类意识的元素逐渐被人们所把握，处于共同文化体中的人们逐渐意识到某种传统、语言构成了"我们"，而每个人都生活在某个特定的共同体中。"我们不可能回避将决定我们命运的共同体，犹如不可能通过低头躲闪就希望雷电不加害于某个人一样。"①

第四，相对的公共视域仍有着自身的被构成性和有限性，因此，这些相对的公共视域会继续对话并形成更大的公共视域。也就是说，当人类以对话的姿态反思人类文明的终极来源时，就会发现人类文明所使用的基本

---

① ［德］伽达默尔：《赞美理论》，夏镇平译，生活·读书·新知三联出版社1988年版，第132页。

工具是语言，而语言的本质在于它是一种由人所创造的工具，人们只能使用语言进行思维，但是，当人们用语言进行思维时，也就意味着人类只能与自身的创造物进行对话，也就是说，人们的对话，在一种极限的层次上，只能是人类与人类自身的对话。在这一对话中，缺失了关键的一极——自然。语言的使用，导致了人们的对话不再指向自然，而只指向意识本身：

> 形象书写系统——象形文字系统、表意文字系统以及别的字符系统，必须依赖于我们对开放的自然领域的原初感知，只是随着音标字母的出现，以及古希腊人对这一系统的修正，使得被记录下来的图像失去了和更大的表意系统的联系。现在，每一个图像都被人类严格地指向某物：每个字母都只单纯地与人类的手势和嘴唇有关。这一图像系统不再具有向更多非人类系统开放的窗口功能，而只是变成人类自身形象的镜子式的反映。[1]

正是在这样的图像系统中，通过语言，人类的意识变成了人类自身的独白。自然在这一独白中沉默，人类只是在与自己对话。可以说，人类文明只能用语言作为思维工具，决定了人类的思维最终必将陷入人类的独白，而不是人类与自然的对话，这是所有人类文明的本质，也决定了人类的文明本质上就具有忽视自然的整体倾向。只有对这一倾向有足够的警醒与反思，人类才有可能形成尊重自然的生态文化。当然，人类只能用语言来思考，这是人类的本质，也是现象学思维的限度。现象学作为认识论的反动，本质上是对文明的反思。但现象学对文明的反思，仍处于语言的框架之中。从这一角度来讲，生态现象学对人类之外的生物智慧的发掘[2]，一方面是现象学精神的发展，另一方面也是对传统现象学过于强调文化和

---

① David Abrams, *The spellofthe Sensuous. Perception and Language ina More- than-Human-World*, New York:Pantheon Books, 1996, p.138.

② David Abrams, *The spell of the Sensuous. Perception and Language in a More- than-Human-World*, New York: Pantheon Books, 1996.在第一章中，作者记录了他在巴厘岛的经历，他考察了巫师的力量、动物的智慧等，在巴厘岛学会了与动物沟通，但在回到文明社会后，逐渐丧失了这一能力。

语言的现象学道路的反思。

最终，基于不同文化传统的人们形成了最终的公共视域：在所有那些构建人类的元素中，有一个元素参与了构建所有的人类文化共同体，这一元素就是自然。因此，一方面，自然是人类的终极限制，人类起源于自然，人类的能力，归根结底最终被自然所构建；在这里，"先验现象学恰如生态学一样，也是一种反叛性的科学：它削弱和相对化了现代自然科学的有效性诉求，指出：自然科学的事实是在一个沉默的、尚未特意专题化的、然而又始终在先作为前提的基础（即生活世界或生活世界的经验）之上的高层级的思想性构造物。"① 另一方面，自然不仅构建了人类的能力，它同时也构建了自身的生态系统，生态系统同样也是构建人类意识的元素之一。人类不过是自然生态的一个环节。这些环节，同样也是人类生存的宿命。因此，作为生态环链中的一节，人类的行为，必须顺应生态环链对自身的规定和生态环链运行的规律。这样，生态文明才有可能形成一种世界性的公共视域。

可以看出，在上述对话的过程中，审美经验所构成的对自我有限性的经验，正是对话得以进行的动力。自我有限性的意识才能使人们去开放自身。可以说，"胡塞尔的先验现象学不是这样一个计划吗？这个计划要求从有限性中爆破出来，以及在理性的自我形态及世界形态的无限视域中觉醒过来；而相比之下，对于生态哲学来说，任务在于重返大地，重返人和自然无所不包的大地的家，走向自我满足和自我限制。……人在将来不应该再是自然的征服者，而应该仅仅成为生物共同体中的一名普通的市民成员。"②

四、作为生态环链代言人的生态大我的形成

在上一节中，我们论述了个人生态意识的形成。个人生态意识的形

① ［德］U.梅勒:《生态现象学》，柯小刚译，《世界哲学》2004年第4期，第88页。
② ［德］U.梅勒:《生态现象学》，柯小刚译，《世界哲学》2004年第4期，第87页。

成，仅仅意味着个人意识到自我生存于自然所构成的家园之中，自然构成了人类生存的极限条件，对自然的毁灭也是对人类的毁灭。在这里，人们的生态意识本质上是基于一种自我感。由于自我来自于大自然，人们出于对自身命运的关心来关心自然。如果生态意识仅仅到达这一层次，仍然处于一种人类中心主义的视野之中。人类对自然的尊重，本质上来自于一种自我的需求。这种对自然的尊重，所彰显的不过是人类的自私，自然仍然是人类中心主义视野中的自然。因此，人们在这种经验中所形成的自我意识，并不是真正的生态大我。真正的生态大我是将自身作为生态系统中的一部分，将自身作为生态系统中与别的物种平等共存的一部分，即我们不仅要有下述意识："我保护雨林意味着我是雨林的一部分，我实际上是在保护我自身。"① 同时，我们还应为别的生命提供一种最大化的共生："从原则'最大化的多样性'和最大多样性包含着最大的共生这一假定，我们能得到原则'最大化的共生'！进而，我们为其他生命受到最小的压制创造条件。"② 这就需要在上述生态小我的基础上继续拓进，营造出生态中心意义的生态大我。

上述这种生态大我，要求我们不仅能意识到自然是自我的家园，也同时要求我们意识到自我就是生态环链的一部分。在自我意识之中，我们不仅能意识到我不仅仅是一个个别的人，我也是人类不同种族、性别、阶层和所有生态环链中的别的生态存在物的代表。这是深层生态学的诉求。而深层生态学的这种诉求，不仅是现象学对绝对明证性追求的极端表现，同时也是现象学基本原则与生态诉求的结合。

也就是说，生态大我所构建的，是一种新的更为成熟的人性。这种新的人性不仅认可自己所具有的人性，而且认可所有事物所具有的人性，

---

① Val Plumwood. *Feminism and the Mastery of Nature*. New York: Routledge,1993, p.177.

② Arne Naess. *Self –realization: An Ecological Aapproach to Being in the World*. The Fourth Keith Memorial Lecture in Community Science. Moudoch University, Australia, 12 March 1986, in George Senssions, *Deep Ecology for 21ᵗʰ Century,* Boston: Shambahala.1995, p.239.

同时，这种新的人性"把自己认同于所有生命的存在物，不管是美的丑的，大的小的，还是有感觉无感觉的。"① 那么，如何才能形成这种新的人性呢？

要构建这种新的人性，仍然要回到我们上文所论述的家园意识之中。首先，家园意识是一种人与自然共属一体的意识。在这里，人与自然不再是主客对立的关系，而是人生存于自然之中。当人生存于自然之中时，自然的生态系统就以生态环链的方式为人类提供着所有的支持，人类就是这种生态环链的一部分。其次，家园意识是人类的一种意识。人这种具有意识的存在物，不同于生态环链中别的生物，它们作为生态环链的一部分，是不自知的，而人类则是自知的。人类曾努力地挣脱过生态环链的束缚，但是，人们同时也意识到了生态危机对人类与自然界的影响。因此，人作为有意识的生物，一方面，意识能力使人类逸出自然界，追求主动性与自由感。但通过生态危机的教育，人们逐渐地意识到人隶属于生态环链，意识到"作为一个物种的人只是他们所栖居的生物圈的一部分"②。另一方面，意识能力也使人类能回归自然界，放弃自我的优越感，主动回归生态环链。再次，家园意识正是人类的意识能回归到生态环链的基础。当人类意识到自然、生态环链是自我的家园，人类才具有了与外在于我的生态环链中的每一个存在物对话的能力，才能从意识上回归到生态环链。最后，家园意识之所以构成人类与外在存在物对话的能力，本质上在于家园意识正是一种本真时间的体现。作为一种生态的审美经验，在家园意识中，生态环链中别的存在物不再仅仅作为一种使用意义的用具，而是一个个活生生的生命。这个生命，本质上与人类在生态环链中的作用是平等的。在整个生态环链的存在过程中，这个生命本身也有着自己独特的地位和作用，拥有着自己不可代替的价值。一旦人们的家园意识延伸到万物平等的生态观

---

① 何怀宏编：《生态伦理——精神资源与哲学基础》，河北人民出版社2002年版，第502页。
② 韦清琦：《打开中美对话窗口——访劳伦斯·布依尔》，《文艺研究》2004年第1期，第66页。

念时，这时的人已经具有了一种新的人性。这种新的人性安于自身在生态环链中的位置并尊重别的存在物的位置，这是一种真正的生态环链意识，也是人与他者、自然相处的根本之道。

至此，家园意识所构建的生态小我完成了一种自我回归的运动，具有了全球性经验，同时也要相信，所有的他者也会产生这种全球性经验。在此基础上，在人类意识领域中推进人与万物等跨物种的平等意识，从而走向了真正的、全方位的生态大我。在对生态大我的构建过程中，可以看出，家园意识所要求的反思，是一种彻底的反思：它要求人们不仅反思到自己所处的语言与文化对自我的构成性，要求人们反思到自身所处的地方对自我构成性，要求人们反思到整个人类和地球对自我的构成性，更要求人们反思到整个宇宙对自我的构成性。也就是说，生态美学所要求的反思，本质上要求人们作为一个有意识的存在者。但这个存在者，必须通过自己的意识想象无意识的生态环链系统，并把自己放置于这个系统之中。但是，自从人类有意识以来，意识的第一个特点就是将自我与外在于我的东西相区分。在这个区分的过程中，意识必须认识到自我有能力将我与他者区分开来，因此，意识的区分实际上是以意识认为自身有能力进行区分为前提的，这种对自身有能力的信任，构成了意识现象存在的基础。也正是这种对自我能力的信任，人们才有了古希腊的"认识你自己"和认识论"我思故我在"的追求，同样，也才有现象学对绝对明证性的追求。而生态美学所要求的彻底反思的精神，本质上仍来自于对意识能力的信任。不同的是，由于生态美学对意识追溯的彻底性，它对意识能力进行了一个彻底的反转：一方面，它仍然信奉人类的意识有一种能力，能将意识的自我与非我进行区分；另一方面，它又信奉这种意识的自我通过意识的回溯能回溯到无意识的生态环链系统中去。从这一角度来讲，生态美学的追求，既可以视为是一种对意识能力的反思，也可以视为对人类意识能力的绝对自信。

第十二章　现象学视野中生态美学的大众化路径

第一节　构建生态的语言观

我们在上文中论述了生态审美经验的基本理论，对于现实的生态语境来讲，这些理论为构建生态思维提供了重要的理论前提。但是，要把这些理论用于解决现实的生态危机，构建大众的生态意识，我们还需要一个重要的环节——生态实践。

目前，不同的学科都对生态问题发表了许多重要的理论并将这些理论与现实的生态语境进行联系。对于生态美学来讲，要想被大众所接受，要克服的困难还有许多，比如，在现实中，形式感的形成是一个长期的过程。马克思曾提出："五官感觉的形成是以往全部世界历史的产物。"[①] 因此，如何使人类现存的形式感与生态美学所要求的家园意识进行对接，使人们能克服自身的恐惧去接受荒漠的自然？另外，从生存的角度来讲，资源的有限必然导致人们对自身地方感的重视，如何使人们克服生态地区主义走向生态宇宙主义？因此，尽管我们在上文对生态美学的方法、路径等进行了理论上的剖析，但这些理论如何应用于现实中的具体问题，仍需我

---

① 《马克思恩格斯全集》第 42 卷，人民出版社 1979 年版，第 126 页。

们进行进一步探讨。

要将生态美学的基本理论推进实践，我们要做的第一件事情就是对我们当前的语言观进行反思。20世纪的哲学思潮，不论是科学主义思潮还是人文主义思潮，都对人类的语言进行了反思，都认为语言不仅仅是人类思维的工具，而是人类思维的前提。语言不仅使得所有的文明得以流传，还使人类能够提出问题。人类的历史凝结在语言之中，人类对将来的筹划、人类能提出的所有问题，等等，都提前被语言所规定。因此，语言是存在的家。它是人类历史的载体，是人类思维的前提，也是对将来的定向。要使生态美学被大众所接受，最根本的方法就是对我们生存于其中的语言进行反思，构建生态的语言观。

近几年来，生态语言学已经获得了长足的发展。"生态语言学把生态学的概念、原则与方法运用于语言研究，也把生态学中的'生态系统'的概念移植到语言学领域，转指'语言世界系统'和'文化系统'。"① 对于本文来讲，全面探讨生态语言学的发展与问题并不现实。本文之所以关注生态语言学，是因为语言是人们意识活动的前提，是构建人类共同体的标志，是人类与自然联系的中介。因此，要使生态美学成为人们的主动选择，首先就要使人们拥有一种生态的语言学。

一、现象学视野中的语言观

传统的语言观认为语言是人类思维的工具，随着20世纪初西方哲学的"语言论转向"，人们认识到，语言绝不是人类思维的工具而已，而是人类文化的载体。整个20世纪对语言的探讨可分为三个方向：第一个方向是由弗雷格、罗素开创的分析哲学方向，强调对语言进行逻辑分析，认为逻辑、理性是语言的本质。这一方向的理想是以数学逻辑的理想语言来

---

① 曾繁仁：《生态美学基本问题研究》，人民出版社2015年版，第184页。

取代日常语言，以使语言所代表的意义更为明确。第二个方向是由索绪尔开创的结构主义语言学方向，他们强调语言的本质是语法、句法、词汇、语音等要素，认为应对语言进行结构化研究。这一方向的理想是一种"理性主义"语言。第三个方向就是由胡塞尔开创的现象学语言观，海德格尔存在论的诗性语言观、伽达默尔的诠释学语言观、梅洛-庞蒂的身体现象学语言观，都属于现象学语言观的分支。现象学语言观的形成与发展是一个很大的题目，本文仅探讨现象学语言观的一些本质特点以及现象学探讨语言问题的方式。

当胡塞尔用意识意向性消泯了主客体的界限时，语言的本质就已经现象学化了。在胡塞尔看来，由于传统语言观将语言视为表情达意的工具，为了准确地表达意义，传统语言强调对语言的语法、结构等形式方面的研究。与此不同的是，胡塞尔在意识意向性的基本前提中探讨语言现象。在他看来，当人类的意识进行描述、判断、肯定、怀疑、希望等活动时，由于意识活动涉及某个对象，从而产生了语言表达式的意义。而语言表达式的意义，则必须通过进行意向活动的主体来进行确定。在后期胡塞尔生活世界的理论中，他又进一步对语言问题进行修正。在他看来，语言的本质涉及两个方面：一是语言对生活世界的构成性。众所周知，生活世界是一个我们不得不生存于其中的世界，对于任何人来讲，我们都是被抛入某个生活世界之中。那么，生活世界以什么样的方式给予我们？在这里，语言首要的本质就在于它在生活世界传承过程中的作用。二是语言在个人意识意向活动中的作用如何构建具体的意义。"它与任何其他的物理客体一样，是在同一个意义上'被给予'我们，即是说它显现，在其中这个和那个感觉体验中以某种方式'被统摄'与此相关的感知体验或想象表象在它们之中，表述在物理的意义上构造出自身。"[1]

可以说，胡塞尔为现象学探讨语言问题提供了一个方向，其后的海德

---

[1]　[德] 胡塞尔：《逻辑研究》（卷 1）第 2 部，倪梁康译，上海译文出版社 1999 年版，第 382 页。

格尔、伽达默尔、梅洛-庞蒂等人，都受到胡塞尔这一探讨方式的影响。海德格尔将语言分为诗性语言与日常语言，伽达默尔晚年则提出言辞与图像的区别，梅洛-庞蒂所提出的创造式语言，无不在胡塞尔所开辟的生活世界与意识意向性理论所指引的基本方向之中。概而言之，现象学视野中的语言本质包括如下几个方面的内容：

第一，语言是生活世界的载体。胡塞尔的语言现象学指明语言并非表达的工具，而是一个更为基础性的事件。这一思想被海德格尔、伽达默尔等人所继承。在现象学看来，由于我们每个人都被抛入一个世界之中，这就决定了我们每个人都有自己的存在天命。其中，语言就构成了这个存在天命的表现形式，也是这个存在天命传承的载体。对于我们个人来讲，语言所构成的这个世界，是我们生存于其中的前提，也就是说，我们每个人都只能生存在语言所构成的世界之中。语言同样塑造了人类共同体，它不再仅仅是人们一种表情达意的工具，也不再是一种传达的手段，而是通过语言，我们和世界、和我们的同类连接在一起，因此，语言是"精神联系的一种表现，一种体现。"① 晚年伽达默尔继续将存在分为三个等级：混沌、已在、混沌向已在的变化，混沌指那些尚未进入人类视野、尚未在固定的存在秩序中取得明确地位的事物，而已在则是那些已经拥有了固定存在位置的事物。伽达默尔认为事物拥有自己固定的存在秩序的标志就是拥有自己固定的名称，也就是说，在语言中有自己明确的地位。从这一角度来看，语言构成了人类生活世界的界限。

第二，语言是对被抛的人的一种定向。"语言不再是此在展开状态的表达或证明，而本身成了使人遭受的被展开状态。"② 当人类被抛进一个存在天命之中时，人类的意识尚未形成意向性能力，人类的意识意向性正是在由语言所形成的存在天命中形成的。伽达默尔论证了由语言所构成的这个被抛状态如何决定了我们意识中的前定、前理解，也就是说，由语言所

① ［法］梅洛-庞蒂：《知觉现象学》，姜志辉译，商务印书馆 2005 年版，第 254 页。

② 洪汉鼎：《诠释学：它的历史和当代发展》，人民出版社 2001 年版，第 209 页。

构成的传统决定了人们思维的方向，决定了人们价值观与世界观的基本方向，构成了人类独特的境遇性存在方式。"人类对世界的一切认识都是靠语言媒介的。第一次的世界定向是在学习讲话中完成的。"① 我们在上文曾提到中西不同语言观对生态危机的影响，本质上就来自于语言对人的思维的决定性作用。在语言所构成的这个世界之中，人类的历史由语言所传承，人类的价值观、世界观等，都会受到他生存于其中的语言的影响。从这一角度来讲，语言是人类生存的界限，生存于世首先就是生存于一种特定的语言之中并被这一语言传承的文化所影响。

第三，日常语言奠基于诗性语言。尽管语言构成了人类生活世界的边界，但语言也并不是不变的。现实的语言可分为日常语言和诗性语言，前者是一种作为交流的工具性语言，而后者则是指一种原初的语言现象。在海德格尔那里，由于世界的闭锁性，这个世界很少显现出来，因此，海德格尔认为，要使世界显现出来，需要一种诗性的语言："命名不是对已经存在好的东西贴标签，而是就存在者的本质所是把存在者带出晦暗而使它作为存在者显耀。"② 因此，命名是一件神圣的事情，只有诗人，才能进行命名："诗人命名诸神，命名一切在其所是中的事物。……由于诗人说出本质性的词语，存在者才通过这种命名而被指说为它所是的东西。这样存在者就作为存在者而被知晓。诗乃存在的词语性创建。"③ 从这一角度来讲，海德格尔说语言是存在的家。

第四，语言的创造过程与身体、空间有着重要的联系。对这一联系进行深入思考的是梅洛-庞蒂。在语言问题上，梅洛-庞蒂重新回到言语现象，即回到言说者的具体言说过程，认为具体的言语才是语言的本质。而形成言语的基础，在于人有一个身体。"身体是我们在世界中的定位"④，

① ［德］伽达默尔：《诠释学》，载洪汉鼎编：《理解与解释——诠释学经典文选》，东方出版社 2001 年版，第 491 页。
② 陈嘉映：《海德格尔哲学概论》，生活·读者·新知三联书店 1995 年版，第 312 页。
③ ［德］海德格尔：《荷尔德林诗的阐释》，孙周兴译，商务印书馆 2002 年版，第 44—45 页。
④ ［法］梅洛-庞蒂：《知觉现象学》，姜志辉译，商务印书馆 2005 年版，第 191 页。

而"言语是我们的生存超过自然存在的部分"①。梅洛-庞蒂运用大量的心理学与科学实验证明，在言语中，首要的是身体的姿势："姿势如同一个问题呈现在我的面前，它向我指出世界的某些知觉点，并要求我把这些知觉点连接起来。当我的行为将这一路径看作是自己的路径时，沟通就实现了。"② 因此，言语是身体的姿势，言语的意义不仅来自语言本身的规约，更来自身体的感觉及表达。如果说，在胡塞尔、海德格尔和伽达默尔那里，语言还是人类被动接受的规约，人是置身于语言所构成的存在之中，那么，梅洛-庞蒂则证明了语词并不完全是外在于人的，而是内在于人的，人的身体对语词的知觉构成了语词意义的基础。我们不仅要通过身体与世界打交道，我们的身体还能把其他物体结构化为自己的一部分。其后，身体将其他物体结构化以后形成一种新的经验。在这种新经验的基础上，身体通过其他物体与世界打交道。在语词现象中，人们可以直接用语词与世界打交道。在语词使用的过程中，我们为了表达思想，并不需要回想语词，只要读出语词或写出语词就行。因此，可以看出，我们在语词的使用中，语词已内化为我们身体的某一种感觉。而由于感觉的内化，使我们能自由地运用语词，"就像我不需要回想身体的位置就能在空间中运动一样。"③ 概而言之，语言是身体在空间中的创造。正因如此，人的身体与空间的关系总是处于一个不断变化的过程之中，从而使得语言的意义是一个变化过程。"言语是一种动作，言语的意义是一个世界。"④ 任何语言系统都是活的，跟随着人类身体感觉的变化而变化。在这里，梅洛-庞蒂已经将语言视为具有生命力的事物，语言是有机的。而人类语言变化的历史，恰恰证明了梅洛-庞蒂的这种有机语言观。

---

① ［法］梅洛-庞蒂：《知觉现象学》，姜志辉译，商务印书馆 2005 年版，第 255 页。

② Mealeau-Ponty. *Phenomenology of Perception*. London: Routledge & Kegan paul Ltd, 1962, p.185.

③ 杨春时、刘连杰：《梅洛-庞蒂的身体主体性语言观》，《贵州社会科学》2008 年第 3 期，第 22 页。

④ ［法］梅洛-庞蒂：《知觉现象学》，姜志辉译，商务印书馆 2005 年版，第 240 页。

二、现象学视野中构建生态语言观的基本路径

现象学使语言问题发生了三个方面的变化：（一）语言由工具上升为存在本体。语言不再仅仅是表情达意的工具，它是人们生活于其中的生活世界本身，它传承着生活世界。当人们身处于某个生活世界时，语言已经提前规定着人们的思考方式，人们所形成的意识或对将来的筹划等都提前受到语言的规定，或者说，语言提前规定了思维的方向。（二）在生活世界形成的过程中，语言的命名本质上就是创造一个新的生活世界的方向。因此，语言又可分为日常使用语言与诗性语言两种，其中，日常使用语言奠基于诗性语言。（三）语言不仅是外在于人的结构或规约，语言同时也是内在于人的身体中的创造。人的身体与空间的关系是语言意义产生的根本。即使相同的语词，在不同的身体条件下也会呈现出不同的意义，因此，语言是活的，它随着人类身体的变化而变化。

现象学对语言观的改造，为构建生态的语言观提供了一种思考的方向。当前，人们已经从不同的角度论述构建生态语言学的方法。从现象学的角度来讲，结合我们在第五章和第二节所论述的不同语言观对生态危机的影响，要构建生态的语言学，包含如下几个方面的问题。

（一）反思不同语言观的盲点

根据严格的现象学精神，如果我们反思上述两种语言观，就会发现，在生态危机的形成过程中，语音文字与表意文字都有自己的问题。奠基于声音现象的语音文字，强调时间的一往不复，强调把说话的人与环境分离开来，形成主客分离思维模式，这一模式又形成了线性时间观念和无限进步的理想，这是认识论从西方文明发源的根本原因。但语音文字对人的意识能力的信仰、对自身意识的反省能力，也是形成现象学思维的基础。同样地，奠基于书写现象的表意文字，则强调"天人合一"的环境观念，形成通过环境定位人、通过人反观环境的思维模式，这一模式又形成了的循

环往复的时间观和"天下大事，合久必分，分久必合"的循环历史观。这同样也是中国文明缺少科学思维的原因。用现象学的话来讲，中国文明缺少对绝对明证性的追求。但文字中心对生态问题的关注，是根植于这一语言之中的，这构成了表意文字所形成的文明与自然天然的和谐感。因此，在生态美学方法的构建中，两种语言观都有着自己的优点，同样也有自己的盲点。

当前，两种语言文字都已经形成了自己独特的文化圈，并对生活于其中的人们形成了一些共同的定向。可以说，生活在两种语言观中的人们，其价值观、世界观与审美观都或多或少地被这两种语言隐而不彰地决定着。但是，正如我们在第十一章所指明的那样，构建生态的小我与生态的大我，需要人们反思自身思维的局限，反思构建自我的世界，意识到语言对自我意识的构成性，意识到自身的有限性，从而开放自身，与处于不同语言观中的人们进行对话，逐步形成生态问题的公共视域。

（二）图像在生态美学中的作用

不同的语言观意味着不同的思维方式。但是，即使秉承着最为严格的现象学精神，也会发现，人们的反思本身也是在语言中进行的，反思赖以进行的工具、人们对反思的筹划、反思所能到达的限度等等，都是提前被语言所规约的。因此，纯粹使用语言，仍然会形成语言的不可通约性。要克服这种不可通约性，让处于不同语言观中的人们联合应对全球性的生态危机，本文认为，伽达默尔晚年对图像问题的论述对这一问题有着重要的启示意义。

我们在上文曾论述过，伽达默尔晚年将存在分为三个等级：混沌、已在和混沌向已在的变化。其中，已在的标志就是在语言中取得了固定的地位。那么，如何才能促使已在重新走向混沌呢？对于当前的生态问题来讲，人类原有的存在方式本质上就是已在，而生态观的建立首先就需要打破这个已在。伽达默尔认为图像是打破已在的方式，在他看来，当人们将语言中的存在物转化为图像时，人们已经将这一存在物由已在推回到混沌。在这种推回的过程中，人们已经对另一种存在方式的生成积蓄了精神能量，或者为另一种存在进行了初步的定向。①

当前，随着信息技术的发达，我们所处的时代，图像正在成为传播的主要载体，也有人将这一时代称为读图时代。根据伽达默尔对存在等级的划分方式，读图时代本质上就是一个重估传统、重建传统的时代。人们看图像、阅读作品，本质上并不是为了获取生理上的快感，而是将某个特定的传统进行一种新的定向，以使传统发生变化。因此，在当代，图像的泛滥解构了人们心目中约定俗成的意义理解，使读者心目中固定的阅读模式受到质疑，进而构成为一种新的传统。这种对传统的重新解读，正是生态美学产生的根基。而图像的泛滥，必然有利于人们建构一个新的传统，包括建构生态的价值体系。由于图像的力量来自于它能将混沌向已在变化过程中的精神能量保存下来，因此，阅读图像，就是回到已在生成的过程之中，这就从根本上回到生态危机产生的根源之中，有利于厘清认识论与生态危机之间的关系。

（三）构建人与自然之间的膜性语言观

目前，建构生态语言学有两种路径：作为隐喻的生态语言学与作为批评的生态语言学。前者强调将生态学的原则、概念和方法移用到语言学研究，因此，语言是一种活生生的物质："语言也有生命，它也会产生、生长与死亡；语言世界系统也是一个开放的、有活力的、能够自我组织进化的过程，语言的兴衰变化存在于它与环境之间的交互作用之中。"② 后者则强调对语言进行生态的话语批评："主要从生态学的角度对语言运用亦即

---

① 伽达默尔晚年在其作品《言辞与图像中的艺术作品——"如此的真实！如此的充满存在！"》中对这一问题进行了全面的论述，译文见孙丽君：《伽达默尔的诠释学美学思想研究》"附录"，人民出版社 2013 年版，第 317—350 页。

② 曾繁仁：《生态美学基本问题研究》，人民出版社 2015 年版，第 177 页。

具体语篇或文本的话语进行分析，指出其中的生态和非生态因素。大量的话语批评文章主要集中在对诸如政治言论、绿色广告或其他环境文本的批评分析上。"①

　　按上述两种倾向分析，现象学视野可谓隐喻生态语言学的哲学基础。其本质正是强化人类的感觉、在人的感觉领域中进行环境想象。而要进行这种想象，就必须强化人类感觉、语言与自然之间的联系。在梅洛-庞蒂的身体现象学中，他已经发现了语言在具体环境之中创生、变化的基础与方向。其后，美国现象学家大卫·亚伯拉姆以梅洛-庞蒂的身体现象学理论考察语言的进化。通过对原始部落语言的考察，他发现：语言并不是一个固定的统一体，也非仅仅是人类的创造物，而是人与自然之间的一种交流。语言与自然之间的关系是一种有活力的膜，"与其说语言所形成的障碍是一种障碍，不如说是一种可渗透的膜。"② 也就是说，大卫·亚伯拉姆认为，语言作为人与自然的中介，这种中介并不是一种阻隔，而是一种有机的膜。语言与自然之间通过人类的身体以及身体的全部感觉联系起来。他以希伯来语的元音为例：希伯来字母一开始并无元音，只有代表着不同地方经验的辅音。当人的感觉发生变化时，这一辅音在能听懂的前提下，其发音方式并不完全相同。辅音不同的读法代表了不同的感觉。但元音的加入，使得辅音具有了共同的读法，辅音随感觉不同而变化的读法遭到破坏。但元音的加入有利于固定的书写习惯。因此，元音是字母文字固定语音的标志，是书写文字对语言感觉能力的剥夺。因此，从起源上看，作为人与自然的中介，语言与人类的感觉是紧密联系在一起的。目前，由于书写文字的霸权，语言与人类的感觉之间的联系不再像其起源时那样直接。而恢复这种联系，使语言重新变成人与自然之间的有活力的膜性语言，正是生态语言学的任务。通过将语言重新纳入人与自然之间的关

---

① 曾繁仁：《生态美学基本问题研究》，人民出版社 2015 年版，第 178 页。

② David Abram: *The Spell of the Sensuous: Perception and Language in a More-than-human World*. New York: Random House Inc. 1996, p.256.

系中，可以发现，从这一角度来讲，语言是活的，文字是语言系统的细胞。要构建生态文明，就要增加这些细胞的活力，加大语言与自然之间的联系。

（四）发掘汉字的生态智慧

正如我们在上文所述，作为表意文字的汉字，由于以"观"为核心，并在造字过程和字的系统化过程中强调气的作用，因此，汉字与自然之间的联系比字母文字要大得多。目前汉字所具有的生态智慧并没有得到有效的发掘。尽管也有部分西方哲学家如海德格尔等现象学家关注到中国传统文化，但在字母文字体系中长大的西方哲学家并不能完全了解汉字的造字方式和汉语的精髓，尤其不能理解汉语中的时间意识与气韵流动的感觉。因此，汉字中所具有的生态智慧，仍需中国学者以世界性的眼光进行深度发掘。

汉字的生态智慧大致体现在两个方面：一是膜性语言观。汉字的意义并不是十分固定，每一个汉字都是一个意群，随着具体的语境而发生变化。汉字惊人的造词能力就是一个明证。西方语言总是通过造新字来适应新的事物，而汉字却总是通过旧词的合成来适应新的事物。这在形成汉字模糊性的同时，提高了汉字的诗性表达。李泽厚先生曾将中国古代称为"诗的国度"，本质上就来自于汉字本身所具的这种模糊性。这种模糊性提高了汉字单字的适应性，使其比精确的字母文字更具有一种细胞般的柔韧性。二是对气的推崇。汉字本身强调气韵流动的特点，使汉字思维不同于西方字母文字影响下的思维。与观和听相比，气的流动，需要一种全身的感觉，而汉字对气的推崇，必然使得在其影响下的思维仍能重视一种全身性的感觉；同时，气的流动，本质上来自于自然界，对气的重视，增加了语言与自然之间的联系。

（五）增强语言与感觉之间的联系

目前，需要传承的文化体非常庞大，使得人们已无暇关注语言与自然之间的联系，而是倾向于将语言视为一种精神的产物，重视语言的抽象表达能力。但任何知识的产生，与活生生的自然和感觉都有着密不可分的关系。如何扩展语言与感觉之间的联系，以下几个方面可提供一些初步的参考：首先加强艺术的影响力。众所周知，艺术是为感觉力服务的学科。艺术丰富和发展了人的感觉力，使人不再是一个单面的人。这方面有许多美学家都已提供了论证。席勒、海德格尔等人从不同侧面论证了艺术的作用。其次，发掘口头传承文化。由于口头传承文化没有被完全书面化，在口头传承中，语气、语调的存在为语言与自然之间的联系提供了新的佐证。

由于书写文字强大的规约性，语言与人类的感觉之间的联系越来越少，语言成为一种自足的体系。索绪尔的语言观正是将语言视为这样一种体系。其中，文字的意义要与其他文字相比较才能彰显出来。这种语言观实际上是以书写文字为对象对语言进行的考察，并不符合语言的起源。而且，这种语言观严重割裂了语言与人类感觉活生生的联系，使语言丧失了与地方性经验、自然一起变化的能力。但是，目前，索绪尔的语言观是语言学研究的主流，这也同时说明了构建生态语言观所面临的问题与难度。

第二节　现象学视野中的生态批评

我们上文对生态美学具体方法的论述还需要进入更为具体的实践层面。从方法本身的角度来讲，上述对生态审美经验、家园意识等问题的描述，还需推进到现实的层面。上述理论化的探讨仅仅是一个学理的问题，我们还需继续将这种学理性知识应用到现实的生态实践之中。生态美学所推崇的家园意识，要求人们进行不以使用为目的的活动，获得艺术经验，进行海德格尔所谓的诗意栖居，意识到自己的家园以及自身的有限性，并形成开放。因此，从理论上讲，所有的艺术活动，都会形成这种家园意识，而所有的艺术作品，都会使人们获得艺术经验。但是，现实中人们对自身有限性的反思，并不会必然沿着现象学对充实的追求。这种反思有时会停留在语言层面，有时会停留在传统层面，有时会停留在文化层面，有时会停留在自我的地方性经验的层面，有时会停留在地区层面，有时会停留在地球层面，有时还会进入到宇宙层面……因此，这就需要对人们的艺术活动进行一个有意识的引导，引导人们将对自我的反思提升到一个更深的层次。而这种引导的方式，就是生态批评。

国内学者曾繁仁教授对生态批评的研究具有重要的启示意义。他不仅是生态美学的理论开拓者，更是生态批评的践行者："当前，生态存在论审美观的研究已经深入到对其具体美学内涵的探讨阶段。这种探讨的重要途径之一就是通过生态存在论审美观的视角对某些经典作品的审美解读，从中探索出某些规律性的东西。"[1] 在这里，曾繁仁先生所谓的经典作品，不仅包括传统的经典文学作品，例如《白鲸》《查泰莱夫人的情人》《诗经》等，也包括对《周易》、儒道释以及中国风水思想的解读，更包括对中西思维方式的解读。这些解读为生态批评提供了重要的典范。

一、现象学视野中生态批评的对象

随着生态危机在世界的蔓延，生态批评也随之成为显学。但对于生态批评成为显学的原因，人们有不同的认识。这种不同的认识与生态美学、生态文学、艺术等概念有关，反映了不同哲学对生态批评的对象、原则、任务等方面的不同认识。这种不同首先表现在生态批评的对象上。

大致来讲，人们对生态批评对象的认识有三种：第一种是认为生态批评是一种文化批评，认为生态批评就是将生态基本原则应用于文化分析、

---

① 曾繁仁：《生态美学导论》，商务印书馆 2010 年版，第 373 页。

文化批评之中，正因如此，生态批评是一种跨学科批评。生态批评的对象不仅包括文学、艺术，更包括文化分析。这派理论认为生态危机的来源是人类整体的文化走向，因此他们将批评的视野转向人类所有的文化，寻找形成生态危机的文化根源。因此，这派理论认为生态批评本质上就是一种文化批评。但是与别的文化批评相比，生态批评有着自己独特的视角：如果说其他文化批评囿于性别、种族、阶级、大地等单一的视角的话，那么，生态批评则超越了这种单一视角的局限。目前，生态批评并没有一个统一的方法或理论。维系生态批评成为一种批评流派的，是进入这一批评中的批评者都在关注生态或环境问题。但是，他们关注这一问题的方法以及进入的思路和依据的基本理论都不相同。可以说，生态批评是批评界在生态问题上的众声喧哗。从这一角度上讲，"生态批评，是借用现代生态学的观点，从生态视野观察文化和文学艺术的一种批评，是探讨文学艺术乃至整个文化与自然、社会及人的精神状态的关系的批评。"[①] 第二种则认为，生态批评是一种文学批评，是继女性主义、新历史主义、后殖民主义批评之后一种新的文学理论思潮与文学批评方法。它产生于日益严峻的生态危机，是日益高涨的生态诉求在文学艺术领域中的回应。而作为文学批评的生态批评，其首要的原则就是生态原则。也就是说，生态批评并不是将生态学、生物学、数学或任何其他自然科学的研究方法直接应用于文学批评或文学分析，而是将生态哲学的基本观念引入文学批评。在将生态原则引入文学研究的时候，生态批评本质上就是"对文学与自然和环境之关系的研究"，是"在一个环境危机的时代进行的文学研究"，是"本着致力于环境主义实践的精神进行的关于文学与环境之间关系的研究"[②]。第三种则认为生态批评是对生态文学的批评。生态文学是随着生态危机的发展而逐步繁荣的文学现象。它强化

---

① 刘文良：《范畴与方法：生态批评论》，人民出版社 2009 年版，第 3 页。

② Lawrence Buell. *The Environmental Imagination: Thoreau, Nature Writing, and the Formation of American Culture*. Harvard: The Belknap Press of Harvard University Press, 1995, p.430.

生态主题，希望人类负起生态责任。生态文学是 20 世纪中期兴起的一种文艺思潮。在这一时期，由于生态问题的恶化，生态文学主张通过文学对人与自然的关系进行新的思考，要求文学传播生态伦理，认为生态文学将环境保护作为自己明确的主题和主要特点。可以说，生态文学对困扰人类的生态危机表现出强烈而沉重的忧患意识，对增强人类的生态保护意识有着重要的意义。因此，有一部分学者认为生态批评应以生态文学为批评对象，以期快速地形成人们的生态意识。

第三种对生态批评的认识，是最狭义的生态批评，在其产生之初就广受质疑。在许多批评家看来，生态批评研究和评论的对象应是整个文学领域，而绝不仅仅是生态文学领域，或者说，绝不仅仅是描写自然景观的作品或"自然书写"的文学。是否描写自然绝不能成为生态批评展开的必要条件。相反，在现实的文学批评中，"没有任何一部文学作品，不管它产生于何处，完全不能被生态地解读。"[1]第三种生态批评的概念和第二种有相似的地方，即都认为生态批评是将文学与生态问题结合起来，但是，由于它也认为生态批评是对文学的批评，因此，我们也可将第三种生态批评概念视为第二种的变体，其基本特征就是强调生态批评是一种文学理论或文学批评，是在全球性生态危机意识激发下的对文学与自然关系的研究。与第一种相比，第二种与第三种理论都可被称为生态的文学批评。而第一种则可被称为"生态的文化批评"，其核心特征则是认为：生态批评是一种文化建构、文化理论或文化批评，是用生态意识或生态视角对各种文化现象的评析，在评析过程中侧重考察某种文化现象对自然的态度及其环境与生态的观念。因此，按照这一分析，当前人们对生态批评的态度，大体上可以分为两类，生态的文学批评与生态的文化批评。

通过上文的分析，我们可以看出，在现象学的视野中，家园意识的

---

[1]　王诺:《欧美生态批评》，学林出版社 2008 年版，第 69 页。

来源是人类不以使用为目的的活动或海德格尔的诗意栖居，存在论、哲学诠释学将这一活动称为艺术活动，将这一活动中收获的经验统称为艺术经验，认为正是艺术经验倒转了人们的关注视野，关注到世界对自我的构成性和自我的有限性，并在此基础上形成了自己的开放性。因此，家园意识的来源，并不仅仅在文学活动之中，而是在所有的艺术活动之中。而通观我们上文对艺术活动的定义，艺术活动是一种典型的不以使用为目的的活动。因此，从这一角度来讲，生态批评的范围，应包含所有的艺术活动。

现象学将所有的人类活动区分为两种：以使用为目的的人类活动和不以使用为目的的人类活动。在所有的不以使用为目的的人类活动中，人类都有可能倒转视野，关注自身的被构成性，形成自我的有限性经验，也就是说，产生家园意识。从这一角度来讲，生态批评的对象，也不应局限于纯粹的艺术活动之中，艺术活动是一种典型的不以使用为目的活动，但在那些非典型的不以使用为目的的活动中，比如哲学活动，也会产生家园意识。从这一角度来讲，生态批评的触角，也可以进入这一类型的活动之中，通过对这些活动中的生态智慧的总结，提升人类的生态素质。在这里，产生争议的是对中国风水和中医理论中生态智慧的理解。中国风水理论是中国古代择地而居的经验性总结，这种择地而居的思维方式本身就是对家园的场所进行选择。而场所的构建，依赖于人们对自我处所的反思。这种反思，正是人们对自我构成性的反思。场所构成了身体的直接感觉，而身体与处所的相互渗透，使得人们成为环境的一部分。从这一角度来讲，人们所产生的环境经验，不仅使用了整个人类的感觉系统，而且由于感觉系统的历史性，单一个体所产生的环境经验，也是整个文化共同体的表现。因此，在人类的环境经验中，人们不仅能"看到"人们活生生的世界，还能步入这个世界，与这个世界共同活动，并回应这个世界的要求。因此，这种对自身场所的关注正是对自身构成性的关注。它并不是对一个使用目的的筹划，而是属于不以使用为目的的活动。从这一角度来讲，人们对《周易》《堪舆集成》等中国风水理论的解读、对建筑的生态解读，都是一种生态的批评。① 同样地，中国中医理论对身体与自然关系的关注，本质上正是通过自然定位身体、通过身体感知自然的生态实践，它与西医单纯从科学的角度和纯抽象的方式看待身体也有着本质的区别。它本质上正是对身体被构成性的强调，同时，也是对身体构建意识意向性能力的强调。"春生，夏长，秋收，冬藏，是气之常也，人亦应之。以一日分为四时，朝则为春，日出为夏，日入为秋，夜半为冬。朝则人气始生，病气衰；日中人气长，长则胜邪，故安；夕则人气始衰，邪气始生，故加；夜半人气入脏，邪气独居于身，故甚也。"（《内经·顺气一日分为四时第四十四》）这种将自然之气与人的身体状况相联系的方式，正显现了身体被建构过程中所发生的事实。而身体被建构的过程，也是身体构建意识意向性能力的来源之一。② 也正因如此，对古老中医理论的解读也是生态批评的对象之一。② 我国生态美学的代表人物曾繁仁先生的生态批评，正是这样一种全方位的批评。

综上所述，现象学视野中的生态批评，关注的是人类家园意识的产生、内涵与发展。因此，它绝对不是一种纯文学的生态批评，而是一种偏于文化的生态批评。生态批评的对象随着人们对生态问题的反思而发生变化，具有强烈的实践性与普适性。它是一种跨学科的批评，随着生态运动的发展，其内涵也越来越复杂，其领域也将越来越大。生态批评的对象，不仅包括文学作品，甚至包括"一切有形式的话语"，可以说，生态批评的空间，有可能涵盖到一切文字作品。从发展趋势上讲，生态批评所涵盖

---

① 曾繁仁先生在《生态美学基本问题研究》（人民出版社 2015 年版）的第十五章《择地而居》（第 269—399 页）中全面分析了中国古代风水理论的生态智慧。本文认为这也是一种生态批评。

② 曾繁仁先生在《生态美学基本问题研究》（人民出版社 2015 年版）的第四章《气本论生态生命哲学与美学》第二部分（第 58—68 页）中全面分析了中国古代养生理论的生态智慧。本文认为这也是一种生态批评。

的范围，不仅包括生态的文学批评，包括生态的艺术批评，也包括生态的美学批评、生态的哲学批评和生态的文化批评等。与生态美学作为一种理论演绎相比，作为文化的生态批评是对文化现象的一种梳理。也就是说，生态批评是由下而上的，生态美学则是由上而下的，二者的目的相同，但路径不同。

二、现象学视野中生态批评的基本原则

目前，学术上对生态批评的基本原则大致有如下几种看法：反人类中心主义，非人类中心主义，相对人类中心主义，弱人类中心主义，生态中心主义和生态整体主义。反人类中心主义、非人类中心主义、相对人类中心主义、弱人类中心主义，都强化对人类中心主义的反动，认为生态危机的形成根源于人类中心主义，因而生态批评的原则就是对反对人类中心主义。根据对人类中心主义的反对程度，它们被赋予了不同的名称。而生态中心主义则直接将生态原则作为生态批评的核心原则，本质上仍是反人类中心主义的延续。纵观这几种生态批评的原则，可以看出，它们所纠结的核心在于：生态批评应该是以"生态中心主义"为原则，还是以"人类中心主义"作为其基本原则？而分析这一问题的关键在于：这两种主义的根本，就是在对中心的认定不同，也就是说，生态中心主义与人类主义中心都强调存在一个中心，不同的是，二者所认可的中心不同。前者认为生态为中心，而后者则认为人类为中心。但如果我们关注生态中心与人类中心的思维方式，可以看出，它们仍然是以中心与非中心的区别作为生态批评原则的基础，即认为：生态与人类是相互对立的两端，在生态批评的原则中，必须在这两端中选取其中一个。

在现象学的视野中，如果将生态与人类对立起来，就会发现，生态中心与人类中心都会有自己的问题。人类中心主义是形成生态危机的基础，它不可能形成生态的基本原则。以人类为中心，不可能符合生态的基

本原则。而生态中心主义看起来非常符合生态的基本原则，但生态中心主义也有着自己的问题。生态中心主义的目标将人等同于生态环链中一般存在，要"构建一个与其他生物、生物与非生物、人类与非生物之间毫无主次上下之分的大一统世界"①。但这种大一统的目标显然是一种不符合事实的"乌托邦"：一方面，拥有意识的人类不可能等同于生态环链中的一般存在物，人类要存在和发展，必然会产生人与生态问题之间的矛盾；另一方面，生态中心主义要求人等同于生态环链中的一般存在物的同时，又要通过生态批评担负起构建生态中心的伦理指向，而这更是不可能完成的任务。由此可见，人类中心主义与生态中心主义都不可能真正地成为生态批评的根本原则。

人类中心主义与生态中心主义之所以经不住现象学思维的推敲，原因在于：二者都将生态与人类对立起来，以中心和非中心的思维面对人与自然的关系以及由此派生出的生态问题。这不符合现象学的基本原则。现象学的首要原则就是在意识意向性中探讨人类知识的可能性，而意识意向性的核心正在于它消泯了主体与客体的区别，摈弃了二元论思维方式，探讨事物在意识中显现的意识现象。因此，在现象学的思维方式中，并不存在二元论，而中心与非中心的区别，本质上也是一种二元论思维。生态问题的本质在于：人类是生存于自然之中的，人与自然的关系是一种整体性存在，而非对立的关系，这是探讨生态问题的前提。"生态的视角强化自然的概念，是一种整体的视角。在真正的生态视角中，自然就是所有的存在事物，这一事物并不与其他事物相区分而存在，其中，人类也是自然的一部分。自然与人类的关系并不是相互区分的关系，而是人无条件地从属于自然。自然就是一个整体，而且是唯一的。"②

---

① 刘文良：《当前生态批评理论研究的缺失》，《云南社会科学》2007年第5期，第132—133页。

② 孙丽君：《生态女性主义批评的困境与出路》，《外国文学评论》2011年第2期，第199页。

综上所述，现象学视野中生态批评的基本原则，应是生态整体主义原则。这一原则坚持通过意识意向性来探讨事物。在意识意向性中，人的意识能力与事物是统一在意识意向性整体的思维过程之中。没有意识的意向性，就不存在事物和人类的思维。同样地，在人与自然的关系中，自然是一个整体，人类只是自然中的一个部分。人类全部能力，本质上都是在自然的基础上才能产生。生态批评的基本原则，首先必须尊重这种自然的整体性原则，即把生态作为一个系统的整体，将维护这一整体的利益视为人类行为的最高价值，而非单纯地把人类的利益作为最高价值。在这一整体性原则中，中心与非中心的区别都会破坏这种整体的完整性。生态中心主义与人类中心主义的问题正是对整体性的破坏。

但由于人类在生态环链中的存在不同于一般的存在物，用现象学的术语来讲，人是具有意识意向性能力的存在物，这就决定了生态批评的生态整体主义原则具有一定的人类学视野：即生态整体主义原则是在人的意识中构建出来的基本原则；人类学视野则是指这一原则必须通过人类的意识能力并在人的意识领域中呈现。因此，人类的意识能力是构建这一原则的基础。从这一角度来讲，生态批评的所有文本，都是人类意识的产物，这就决定了生态整体主义原则必须与人类学原则和谐共存。这一特点昭示了生态批评的难度：一方面，它必须坚持生态整体主义，而生态整体主义要求从生态环链的角度看待人类；另一方面，生态整体主义原则必须在人的意识领域中完成，而一旦意识到自己有意识能力，就有可能使人逸出生态环链。如何把握生态整体主义与人类学原则的矛盾？这是生态批评最根本性的悖论，也是现象学思维对生态批评基本原则的最大贡献。

生态整体主义与人类学原则之间构成了根本性的矛盾，现象学视野中生态美学的家园意识是解决这一问题的方向。我们在上文中已经论述了家园意识的基本内涵，同样地，家园意识也是生态批评所要坚守的基本原则。只有通过家园意识，人们才有可能在自身的意识领域关注自身的有限性，关注自然对自我的构造性，并进而意识到自然对人类的决定性即生态整体主义原则。在这种意识中，人类用概念构建了整体生态哲学，同时用自我的意识体验了整个世界的生命。只有通过这种意识，人类才能在自然中生存，才能恢复、重建被他破坏了的整个生物圈。

三、现象学视野中生态批评的根本任务与方法

生态批评不同于一般的文学或艺术批评，生态批评有着自己明确的伦理导向。这是生态美学不同于一般美学的地方。从生态批评的实践来看，我们可以看出当代文学工作者强烈的生态道德责任。这一生态道德责任使得生态批评与纯粹审美主义的"为艺术而艺术"和"为形式而形式"的批评有着明确的界限。

要使生态批评完成上述任务，就必须在人的意识中推行生态整体主义原则。而这个原则，正如我们上文所说的，本身就具有一定的逻辑困境：生态整体主义要求人将自身等同于生态环链中一般的存在物，而在意识中推行生态整体主义原则实际上又认可了人类不同于一般存在物的独特地位。也就是说，生态整体主义原则即要在人的意识领域推行，同时又要承认人作为生态环链的一部分，这就是生态批评基本原则的根本矛盾。这一矛盾对生态批评提出了一个巨大的挑战。本文认为，家园意识是完成生态批评任务的根本方法，也是解决上述矛盾的关键。

首先，家园意识是完成生态批评伦理导向的根本方法。在家园意识之中，人们才有可能意识到社会、自然对自我的构成性，意识到自我生存于某个特定的地方并进而意识到地方与地球之间的关系。而一旦人们意识到这种关系，人们才有可能意识到自然的整体性，这时，生态整体主义才有可能作为一种伦理导向或行为准则。

其次，家园意识是解决生态整体主义与人类学原则根本矛盾的核心。正如我们上文中所分析的那样，要解决生态整体主义与人类学之间的矛

盾，人们不可能放弃自己的意识能力，这是人类的标志。这就要求生态整体主义原则必须在人的意识领域内进行。也就是说，解决上述矛盾的方向，必定是某种意识，而生态整体主义不过是对这一意识的一种规定或要求。家园意识正是这样一种意识——它是人类的一种意识，但是，它不是认识论视野中主体的自由意识，而是那种意识到自然构造了人类，被构造的人类是一种在生态环链中的存在者、与生态环链中其他的存在者构成了生态环链并进而也构建了人类的有限自我的意识。正因如此，这一存在者认可自身的有限性。而基于这种自我有限性的态度，人们愿意维护生态环链整体的和谐与稳定，并认为"树木、昆虫、植物、人、岩石没有孰先孰后之分，而是共同构成了一个统一的整体"①。

通过我们上文对家园意识的解读，可以发现，要构建家园意识，需要人类进入本真的时间，并在这种本真的时间中进行充分的反思。因此，对于生态批评来讲，首要的就是对本真生存状态或诗意栖居能力的呼吁。我们在上文已经提到了不以使用为目的的活动是生态美学产生的基础活动。因此，生态批评要想达到其伦理导向，就必须使人们从以使用为目的的活动中解放出来，从事艺术活动，获取艺术经验。在此基础上，生态批评还需促进人们的充分反思。正如我们在上文所说，人们在艺术经验中的反思，随着人们反思能力可反思到不同的层次：有的反思到语言层面，有的则反思到文化层面，有的反思到自然层面，而有的则进入宇宙层面。由于生态批评的基本原则是生态整体主义，这是一种彻底的反思，它不仅要求人们反思自我文化或社会的局限，同时还要求人们反思整体人类的局限。在这种反思之中，人们一方面既是独立的反思主体，另一方面则又是整体人类中的一名成员；既需要将人与所有外在于他的人类成员分开，又需要在意识领域中将自我与他人联合起来。如何促进个体的人走向群体的人再走向地球的人，这正是生态批评的核心任务。

----

① 张旭春：《生态法西斯主义：生态批评的尴尬》，《外国文学研究》2007 年第 2 期，第 66 页。

第三节 现象学视野中的生态文学与生态艺术

我们上文中所论及的生态语言学与生态批评，仍局限于学术的或专业的范围之内。在现实的生态美学大众化的过程中，生态语言学与生态批评的影响仍是有限的。因此，我们需要一种影响更大、更为快速的手段。在我们上文的论述中，我们可以看到，在现象学的视野中，推动生态美学的基本活动是一种艺术活动，也就是说，我们需要在艺术活动中推动生态美学的大众化。另外，在现象学的视野中，所有的艺术活动，都会形成一种家园意识。不同的是，不同的艺术活动对家园意识的建构定位于不同的地方。专业生态批评对读者的影响力，仅仅是对作品的个人化解读，其影响范围是有限的。在影响力上，专业生态批评也缺少对大部分读者的冲击力。这就使得生态批评并不是最好的推动生态伦理的方式。要使生态美学被大众所接受，最核心的活动还是艺术活动。而要快速使生态问题成为人们关注的对象，并快速认同生态伦理，这一活动应是生态文学与生态艺术。

对于生态文学与生态艺术的定义，目前有广义与狭义之分。广义的生态文学与生态艺术是指以生态的基本原则对文学和艺术作品进行解读。在这一定义下，正如我们上文所说，不仅所有的文学与艺术是生态文学与生态艺术，那些不以使用为目的的活动所形成的所有文本都有可能变成生态文学与艺术。另一种则是狭义的生态文学与生态艺术，指那些具有明确生态主题和生态诉求，旨在提升人们生态素养的文学与艺术，其标志就是创作者是否有意识地传达生态理念。① 以生态文学为例，生态文学是文学的一个流派，其总体特点是关注生态问题、追求特定的生态伦理。也就是

---

① 在这里的生态文学与艺术是特指当代传播生态理念、追求生态伦理的文学与艺术流派。中国古代的山水画可进行生态批评和生态解读，但作者并未有意识地以生态理念进行创作。因此，不包括在本文所指的生态文学与艺术的范围之内。

说，生态文学的基本原则是生态整体主义。它是以生态整体利益为最高价值，以表现自然与人的关系以及探寻生态危机的根源为根本任务，在其作品中充斥着生态责任、生态预警、生态理想和文明批判。相应地，生态艺术则是指在这一原则下创作出的绘画、音乐、建筑艺术、影视等艺术门类。本文所使用的生态文学与生态艺术是指狭义的生态文学与生态艺术。由于这种狭义的生态文学与艺术关注生态问题，追求生态伦理，并追求将生态原则推向大众，在生态美学大众化的过程中，其影响力远远大于生态批评或生态美学等学术理论。也正因如此，本节将生态文学与生态艺术作为生态美学大众化、推进生态美学实践的重要方法进行探讨。限于篇幅，本节对生态文学与生态艺术的思考，将不得不使用一些有影响力的文学与艺术作品或艺术流派，以期快速说明生态文学与艺术在生态美学大众化中所起的作用。

一、现象学视野中生态文学与艺术的基本特征

生态文学与艺术是有着明确生态诉求的文学与艺术作品。在认识论的视野中，文学与艺术是追求人类主体自由的方式。也就是说，在文学与艺术中，人类形成了自己特有的形式感。这种形式感彰显了人类的自由精神。因此，文学与艺术是这种自由精神的表达。但是，在生态文学与艺术领域中，由于以生态整体主义为原则，人类自由的主体精神正是形成生态危机的起源。同时，在人们的接受体验中，由于人们传统上以强化自我的自由为方向，以控制人类自由为方向的生态文学与艺术必然面临着人们的接受难题。这就决定了生态文学与艺术有着自己独特的表达生态诉求的方式。这种独特的表达方式体现了生态文学与生态艺术的基本特征。

(一) 以描写生态危机为起点

生态文学与艺术是在严重的生态危机背景下成长起来的文学与艺术种

类。以卡逊的《寂静的春天》为例，这部作品正是一部直接描绘生态危机的作品。在生态文学与艺术家看来，我们的时代，正是处于一个深刻变更的时代。这需要我们对这一变更进行归纳并对自我的道路进行选择。摆在人类面前的有两条路，一条是我们自认为舒适的、平坦的超级公路。我们在这条路上已高速前进了许多年，但是，我们不知道的是，这条路通向的是灾难。而另一条"很少有人走过的"的路，这条路能为我们提供唯一的保住地球的机会。生态文学家与艺术家呼唤人们选择后一条路。以这一思想为方向，生态文学家与艺术家在作品中直接描绘生态危机给人类所形成的危害。这也是美国作家蕾切尔·卡逊的《寂静的春天》之所以受到生态文学与艺术家们厚爱的原因。这一作品虚构了美国中部一个被农药所破坏的城镇："以明确的、富有诗意却有浅显易懂的文字具体论述了杀虫剂破坏美国的空气、土地和水资源以及滥用杀虫剂的损害远远大于它带来的好处。"[1] 在生态文学与艺术领域，这一作品受到生态文学家与艺术家的普遍重视。获得 2015 年"星云奖"提名和"雨果奖"两项世界科幻文学大奖的刘慈欣的小说《三体》，也用《寂静的春天》这部小说所形成生态意识构造自己的情节。除此之外，生态文学《增长的极限》《一只白苍鹭》等作品也都以描述生态破坏的现实为开端。而生态艺术家更是将生态危机视为他们创作的起点，比如德国画家汉斯·哈克[2] 的实物艺术作品《海滩污染纪念塔》[3]，显示了画家对生态问题的强烈关注。再比如生态艺术家蔡国强的作品《桉树》，将一棵因城市扩张而清除的长达 31 米的巨树，悬挂于澳大利亚布里斯班现代美术馆中庭的长廊，通过这棵巨树的命运，隐喻城市的扩张对生态的破坏，表达艺术家对生态问题的强烈关注。

---

① 李培超：《伦理拓展主义的颠覆：西方环境伦理思潮研究》，湖南师范大学出版社 2004 年版，第 115 页。

② 汉斯·哈其，1936 年出生于德国科隆，1965 年起居住在美国，为国际知名的观念艺术家，经常从事艺术政治活动。信息来自于 http://mp.weixin.qq.com/s?__biz=MjM5MTk3NjczMA==&mid=204164292&idx=3&sn=c608226630d9c25590f936c7fe450a81。

③ 《海滩污染纪念塔》：用废弃物构成表达废弃物对海滩的污染过程。图片见 http://www.artspy.cn/html/news/6/6508.html。

（二）讴歌人与自然的和谐相处

生态文学与生态艺术作为人类生态文明的产物，必然具有强烈的人类学视角。要求生态文学家与艺术家完全放弃人类学视角是不可能的，因为他们所创造的作品正是他们本人的想象，是他们自己意识的体现。尽管他们无法做到个人视角的消失，但他们的作品，都以讴歌人与自然的和谐相处为目标。生态文学家与生态艺术家以两种方式描述人与自然的和谐相处：一是直接在作品中描述人与自然的和谐，比如《一只白苍鹭》中对小说主人公西尔维亚的描写：当她回到自然之中，感觉自己"融进了灰暗的阴影与摇曳的树叶之中，成为它们的一分子"，"她的生命像是到了这儿乡下才真正开始的"。① 比如德国生态艺术家瓦西里·雷攀拓的生态艺术作品，以其作品《卡里特娜——明媚四月里的历史小镇》为例，作者将卡里特娜小镇放置于明媚的阳光之中，显示了人类的居所与自然和谐相处的图景。另一种创作倾向则是在作品中以欣赏的眼光直接描绘大自然本身，直接讴歌森林、景物、河流等自然景色。在生态文学中，作家用充满激情的文笔或技法毫不吝啬地表达对自然的赞美和爱："一个湖是风景中最美、最有表情的姿容。它是大地的眼睛，望着它的人可以测出他自己的天性的深浅。"②

（三）促进人类的反思

正如我们在上文所论述的那样，所有的艺术活动，都构建了一个自足的世界。生态文学与艺术同样也构建了一个自足的世界。当人们看到这个世界时，人们会不自觉地进入这个世界，用自身的艺术经验完成这个世界的吁求。卡逊的《寂静的春天》一开始就以"明天的寓言"向人们展示了美国中部城镇被农药摧毁的世界。一开始，"这里的一切生物看来与其周围

---

① Sarah Orne Jewett: *A White Heron*. Anthology of American Literature（Second Edition）（Volume Ⅱ）[Z]. New York:Macmillan Publishing Co. Inc.1980, p.205.

② ［美］梭罗：《瓦尔登湖》，徐迟译，吉林人民出版社 1997 年版，第 175—176 页。

环境生活得很和谐。"但是，许多年后的一天，当第一批居民来到这儿建筑房舍、挖井筑仓，情况就开始有了变化。在生态文学与艺术作品中，可以看出，文学家与艺术家都在尽量引发读者的反思。这也是在生态文学作品中再现与表现难以区分的原因：其作品既不完全是真实再现的，也不完全是抒情表现的；某些场景既是再现的自然，又是作家想象中的自然；既是一种真实存在的自然，又是作家虚构出的自然；既是对自然现实的再现，又不完全等同于现实；既依赖于作家的观察，同时作家又必须表现出对自我观察能力来源的再观察或反思。还以瓦西里·雷攀拓的生态艺术为例，在他的作品中，有许多对自然的描绘。这种描绘，一方面来自于自然景物本身，另一方面则有着作者明确的自省意识。在《风景内外》这幅油画中，瓦西里描绘了房屋的一角。在这一角中，有人类活动的痕迹，有养育人类的水果和怡人心情的绿植。作者有意识地让水果与绿植的颜色与屋外的大地呼应，甚至果盘的颜色也被有意识地调成与外面草地相似的绿色，显示了画家试图通过风景内外的有机融合，显示自然与人之间的供养关系。在这里，我们不仅看到了景物，更看到了对景物的反思，对自我生存现状的反思。

可以看出，生态艺术家们希望人们能通过他们刻画的艺术世界，反思形成生态危机的原因，反思人与自然真正的关系。他们或以生态危机的现实，或以对生态和谐的向往，或以对人类行为的直接反思，等等，希望人类反思自己的行为，将自然视为人类的家园。

（四）推动生态伦理

生态文学与生态艺术的目标，都在于使人们在反思自己行为的基础上，信奉生态价值观，改变自己行为的方式，促进人与自然的和谐。这也是生态文学与生态艺术经常被视为一种政治运动的原因。与一般文学艺术作品强调作者与世俗生活的疏离关系不同，生态文学与艺术总是不断地介入社会现实之中，目的正是将生态价值观推动为大众的价值观。在他们看来，本世纪最紧迫的问题是地球环境的承受力问题，解决这一问题将是一切人文学科的责任。① 为达到这一目标，生态文学与艺术强调作品对读者的影响力，强调从读者而非仅仅作家个人的感觉看待问题。正因如此，生态艺术采用变形、夸张等手法，采用使读者容易看懂并理解的艺术手法将自己的作品推向大众。在生态文学方面，生态文学没有晦涩难懂的文学形式，生态艺术的手法也相对简单，不用过多专业的解读就能使读者进入到他们的艺术世界之中。这也与生态文学和生态艺术的使命有关——它的使命是使更多的人接受生态理念，而非作为一种纯艺术形式。以当前获得 2015 年雨果奖的《三体》为例，其首要特点就是将艰深的科学用通俗的语言讲述出来。在此基础上，它将人类放置在宇宙中的弱势地位，借助《三体》的视角，将地球文明与三体文明比较，通过这样一种视角的转化，"让我们更加理性地理解生态整体主义和人类的生态未来。"② 在这里，《三体》正是一种科幻的隐喻：如果科学的发展是线性的，那么，从整个宇宙来讲，人类绝不会是最强的那一类。如果把现代人类的科学逻辑应用于宇宙，就会发现人自身也会成为这一逻辑的受害者。而人类对待地球生命的原则与三体人对待地球人的原则，本质上是一样的。正是通过这一换位，通过三体世界与人类世界的资源冲突，生态科幻文学作品《三体》促使人们放弃个体至上的价值观念，接受生态的宇宙主义法则。

二、现象学视野中生态文学与艺术构建生态伦理的方法

（一）荒漠化写作

我们在第一章第三节曾论述过，在认识论视野中，人类对形式感的

---

① 韦清琦：《打开中美生态批评的对话窗口——访劳伦斯·布伊尔》，《文艺研究》2004 年第 1 期，第 66 页，有改动。

② 王茜：《科幻文学中的"变位思考"与生态整体主义的反思——以〈三体〉为例》，《山东社会科学》2016 年第 8 期，第 110 页。

要求是一种如画式体验。这种如画式体验本质上用人类的感觉为自然立法，自然要符合人类的形式感才能成为美的自然。在这种形式感中，荒野是一个可怕的存在，是人类要征服的对象。"他们放眼望去，只见可怕的荒园，里面全是野兽和野人……"① 对于人类来讲，作为荒野的自然是可怕的。要使自然不可怕，自然就需向人类的感觉看齐，使自然物按人类的形式感成长，或者通过人类的形式感淘汰那些不好看的自然物。据说，自从克洛德·莫奈在作品中画出睡莲，巴黎地区的睡莲就长得更漂亮、更大。这是人类的形式感对自然物的有意识选择，也是人类排斥荒野的方式，是人类的形式感对自然的改造。认识论视野中的文学与艺术创作，也体现了对人类形式感的追求。在这种形式感中，人类对自然的书写，重视那些人化了的自然，荒漠作为人化自然的反面，在文学与艺术中一直处于边缘位置。生态文学要推动生态伦理，首要的任务就是重塑人类的感觉，而首当其冲的，就是重塑人类的形式感。因此，生态文学与艺术非常重视荒漠，试图通过荒漠写作反抗自然被人的形式感过度人化。

荒漠化书写的第一个层次是对认识论形式感的反动。认识论的形式感追求人化的形式，并将这一形式感赋予自然，"与其说我们在环境中发现审美上引人注目的特征……不如说我们根据我们个人的和文化的信仰、价值和需要，将这些特性赋予了环境。"② 因此，生态文学与艺术首先通过荒漠化写作纠正人类过于文雅的形式感，其直接的表现就是在作品中歌颂荒漠："这是荒漠中的花园，这是未加修整的原野，无边无际，美丽动人，对此英格兰的语言尚无名称。"③ 在这种对荒漠的歌颂中，以绿色为例，众所周知，绿色一直被视为生态运动的象征，人们对绿色的喜爱在某种程度

---

① Author Barlowe. *The First Voyage Made to the Coasts of America*. In Norton Antholol of American Literature, 4ᵗʰ ed.（vol.1）. New York: Norton & Companv. 1989, p.72.

② ［美］史蒂文·布拉萨：《景观美学》，彭锋译，北京大学出版社 2008 年版，第 130 页。

③ Howard Mumford Jones. *Belief and Disbelief in American Literature*. Phoenix Books,Chicago: The University of Chicago Press, 1967. p.30.

上也可被视为人类接受生态理念的程度。但荒漠化写作曾发起"超越绿色"运动。原因在于：绿意是人类的一种约定，也是人类形式感的来源之一，而真正的生态主义者一定要喜爱荒野，而荒野意味着它不一定是绿色的。所以，"你一定要超越绿意；你一定不要只将美同花园和草坪联系到一起；你需要适应野蛮的地域；你需要去了解它们的地质年代。"① 这种对绿色的超越，本质上正是对一些约定俗成的形式感的反思。如果说，认识论美学将形式感视为人类战胜自然的表现，是人类自由的证明；那么，荒漠化书写则认为："我们可以在完全没有人类生活的前提下拥有荒野，但却不可能在没有荒野的前提下拥有自由。"②

　　荒漠化书写的第二个层次是对人类中心主义的反思。传统的文学与艺术强调通过人文书写，将荒漠视为人类文明的未开化之地，视为人类努力征服的对象，努力将荒漠拉入文明的视野之中。但是，生态文学与艺术家则认为，荒漠的存在价值不能以人的视野去界定，应以荒漠自身或自然本身的存在价值去界定。所以，生态文学与艺术拒绝从人的角度寻找荒漠的存在意义，反而强化荒漠的存在有着独立于人类的意义，有着独立于人类文明体系的存在价值。以美国作家爱德华·艾比的《大漠孤行》为例，他笔下的荒野，正是基于自身而非人类的价值而存在："那种以摧毁仅存不多的野性的、原始的自然为代价的文明，实际上是切断了文明与其根基的联系，背叛了文明本身的基本原则。"③ 而真正的文明法则，一定要基于对人类中心主义的反思。在现象学的视野中，荒漠化写作正如冲击了生活世界的艺术经验一样，为人类反思认识论思维与人类中心主义提供了一个反思的动力。

---

① Scott Slovic. Ed.*Getting Over the Color Green*. Toucson: The University of Arizona Press, 2001, p. XVII.

② James Bishop Jr.. *Epitaph for a Desert Anarchist: The Life and Legacy of Edward Abbey*. New York: MacmillanPublishing Company, 1980, p.13.

③ Edward Abbey.*Desert Solitaire: A Season in the Wilderness*. New York: Ballantine Book, 1971, p.192.

（二）众生平等与众物平等意识

生态文学与艺术在打破人类原有形式感的基础上，继续打破人类的主体意识。在他们看来，人类并不是自然的主体，而是自然生态环链的一部分。正是以这一生态整体主义思想为基点，生态文学与艺术在作品中强化众生平等意识，强化自然的统摄地位。

生态文学与艺术对众生平等意识的强调，首先体现在它们对自然的关注。《寂静的春天》《沙乡年鉴》《瓦尔登湖》《增长的极限》等生态文学都将其描写的视野对准自然，尤其是被人类破坏的自然，追问生态危机对自然的影响。在他们看来，人与自然的关系，并不是人超越自然，而是人类生存于自然之中的关系。其中，自然是母体，而人类只是这一母体中生态环链的一个部分而已。这就要求人们在自我的意识领域构建人的生态环链属性。这一属性，首先就是对众生平等法则的认同。

正因如此，生态文学与艺术在作品中强调动物解放：即动物不再是人类使用视野中的器具，而是与人类有着共同尊严和存在价值的在者。生态文学与生态艺术中的动物叙事，不同于认识论美学人化的动物，是一个与人的视角完全对等、甚至在某种程度上优越于人的叙事方式。以生态电影《猿族崛起》为例，具有人类智力的大猩猩要求自身的尊严，甚至拥有了比人类更多的力量。即使那些与人的智力相差甚远的动物，也有权利要求自己的生态正义。"难道野生动物没有任何道德和法律权利吗？人有什么权利仅仅因为一个动物同胞不会说话，就让它遭受如此漫长的痛苦？"[1]

动物解放是生态文学与生态艺术对生态环链思考的开端。在此基础上，生态文学与艺术继续追求更深层次上的众生平等意识，甚至将这种众生平等意识扩展到没有生命的事物之中，即万物平等意识。在他们那里，有生命的动物与植物、没有生命的山川与河流等，都具有与人相似

---

[1] Lisa Mighetto. *Wild Animals and American Environmental Ethics*. Tucson: University of Arizona, 1991, p.36.

的存在地位。这就是自然的复魅，如惠特曼《草叶集》所言："我相信一片草叶的意义不亚于星星每日的工程。"为了这种深层次的平等意识，生态文学与艺术家歌颂人类的诗意栖居，呼吁人类的本真化生存。在他们眼里，那些追求经济利益、物质享受的活动正是生态危机产生的根源。在某种程度下，这些活动降低了人类的神性。美国作家缪尔在《我们的国家公园》中，描述了巨杉的"刚毅、完美"，大树下小鸟的歌唱"可使整个世界充满亲情"。而文明的世界却从使用的角度看待这些，"把会唱歌的鸟儿当饭吃。"[1] 在《夏日走过山间》中，缪尔指出："牧羊人把杜鹃花称为'羊的毒药'，而且纳闷造物主为什么要创造这样植物，……加州的牧羊人都急于致富，于是这些可怜的金钱奴隶眼前所见就只有剃下的羊毛，反而看不清或甚至看不到真正的有价值的事物。"[2] 因此，生态文学与艺术呼吁人们诗性地生存，发现动物、植物以及所有自然物本身独特的美而非它们的使用价值。"看到灿烂的阳光，闻到青草的芬芳，听到鸟儿的歌唱以及闪烁的星星和飘扬的雪花。"[3]

（三）构建人类新感觉

在生态艺术家看来，人类的感觉已经适应了人类中心主义或认识论思维，而要推动生态伦理，一定要重塑人类感觉能力，使人们在感觉上形成生态美学的基本理念，自觉推动生态伦理。可以说，生态文学与艺术正是塑造这种新感觉的最有力的武器。

在构建这种新感觉的过程中，生态文学与艺术首先就是对人类原有的感觉能力进行反思，向人们提出改变自身感觉的要求。我国生态画家李中天在其《褪色的交响》中，将一个迷茫的女性形象置于一片灰暗的、雾蒙

---

[1] ［美］约翰·缪尔:《我们的国家公园》，郭名惊译，吉林人民出版社1999年版，第250页。

[2] ［美］约翰·缪尔:《夏日走过山间》，陈雅云译，生活·读书·新知三联书店1999年版，第19页。

[3] Walt Whitman, Prose Works 1892.Vo1.1:*Specimen Days*, p.122.

蒙的背景之前，当明亮的光线照向她时，这一女性微眯的双眼显示了对这一光线的抵触。作者所刻画的少女的感觉，由于长期生活在环境污染之中，对健康的、生态的事物已经不能适应。作者触目惊心地提出了重建人类感觉力的问题。

要构建人类新的感觉能力，生态文学与艺术首先强调自然是人类的家园，培养人类对家园的感情。生态文学与艺术对人类感觉的塑造，大致可分为两个层次：第一，通过文学与艺术手段使人类感觉到自身所处的地方，也就是说，产生地方感。正如我们上文所讲，生态美学强调人类是有着自身生活世界的具体的人，而非抽象的人。这种具有自身生活世界的具体的人，首先就体现他是居于某处的活生生的人，他所处的地方塑造了他的意识。因此，生态美学与艺术非常强调塑造人类独特的地方感。地方感是人类独特感觉的基础。因此，生态文学与艺术都强化地方感的形成以及地方感对人类感觉能力的影响。在《一只白苍鹭》中，主人公西尔维亚和陌生人面对西尔维亚的故乡和白苍鹭的感觉完全不同。如果我们沿着作品想象陌生人与西尔维亚不同的成长环境与人生理想，就可以体验到他们不同的地方感的形成过程。还是以德国生态艺术瓦西里·雷攀拓的生态艺术为例，在他笔下，所有与人类有关的事物都被深深地包裹在自然之中，艺术家通过线条、颜色等巧妙地布局，暗示人类的居所与自然之间的联系，暗示人类独特的地方感来源。第二，生态文学与艺术也会倡导人类联合起来，构成人类整体的力量，共同应对全球化的生态危机。比如我们在上文提到的《猿族崛起》：在第一部中，人们所关注的核心问题是动物解放，而随着对生态问题的反思，在第二部中，人们所关注的问题已经是人类与猿类的携手。在最近的畅销生态科幻小说中，随着生态问题由地球扩展到宇宙，不同地域、不同的人们都已联合起来，甚至语言也开始混合起来，形成了生态文学与艺术世界中的全球视域。而人类的新的感觉，正是立足于自己的地方感，不断地开阔自己的视域，形成面对生态危机的全球视域。

在构造人类全球视域的过程中，生态文学与艺术为人们提供了一种与别人或别的物种对话的能力：隐喻能力。隐喻能力是文学与艺术活动独特的思维方式。在这里，生态文学与艺术通过视角转换、自然的拟人化、母性化等手段，在人的意识领域构建共情感，使自然具有了诗性、人性、母性与神性。在这一过程中，自然生成为庇护人类的家园，而对这一自然的想象，也为人们隐喻能力的培养提供了条件。在对自然的想象中，所有生态环链中的存在物被升华为与人类相似的生态地位。这一地位，成为人类新感觉力的基础，推动着生态伦理成为人类整体的和自觉的信仰。

结　语

　　本书对现象学视野中生态美学方法论的考察，已经接近尾声。作为当代最为活跃的哲学思潮，现象学运动的影响正逐渐从哲学领域向社会学、人文学科领域蔓延。生态美学的理论与发展趋势，也受到现象学蔓延的影响，同时也是现象学思维推向人类生存边界的表现。因此，本书在现象学视野中对生态美学方法问题的探讨，既是生态美学理论本身发展的需要，也是现象学彻底化的需要。

　　本书沿着提出问题、解决问题、实践验证的学术思路进行，指出了方法论是生态美学理论需要完善的核心问题。由于生态美学提出了一种新的美学观，这种美学观要求人们将自我的有限性经验视为一种肯定性经验，因此，生态美学与传统追求自由的美学思想构成了不同的理论形态。传统美学的形式美法则、主体确证自身的法则，已经不能适用于生态美学，甚至构成了生态美学的对立面。而现象学对生活世界的强调，对人类生成性与有限性的强调，正是构成生态美学观的基础，同样也启示了生态美学方法论的方向。在构建生态美学方法论的过程中，本书坚持了哲学诠释学的基本原则：人类的有限性经验必须在人的意识领域内构成。这也是伽达默尔的《真理与方法》的基本思路。但这种对意识的强调在某种程度上有可能导致彻底的生态主义者的质疑。在他们看来，彻底的生态主义应是人类摈弃自我的意识，"心斋坐忘"，即忘记人类是生态环链中的一环，彻底地泯灭自我的意识，回到一种纯生物的状态。但是，即使道家的"大道忘言"，也必须通过语言进行表达。人类对纯生物状态的追求，也必须在人的意识领域完成，这就决定了人类不可能回到彻底的纯生物状态。人类的意识是将人类与别的生物进行区分的重要标志，这是人类的宿命。生态美学的家园意识，也只能在人的意识领域内形成。

现象学并不是形成生态美学方法论的唯一哲学视域。但本书认为，现象学将事物放置于人的意识意向性中探讨，消泯了主客体界限。这种思维方式，正是人与自然关系的隐喻。人类处于自然之中，隐喻了意识意向性是统摄人与事物的前提。分析哲学对生态美学的理论建构，仍包含着对主体意识的强调。在其暗含的前提中，环境的美仍来自于主体的塑造。因此，在分析哲学的思维方式中，自然仍是主体观念中与主体对立的客体，而不是人类存在的前提。因此，本书认为：现象学通过意识意向性理论显示出的统一性和整体性更符合生态美学对人与自然关系的重构。

在将意识作为生态美学方法论核心路径的基础上，本书认为：现象学对意识领域的探讨，是强调意识是一种被建构的存在，意识意向性是被生活世界所建构的，现象学运动的方向就是寻找意识被建构的基础。从生态美学的角度来讲，现象学探讨的基础不断地深入，从人文领域走向自然领域。当梅洛-庞蒂把身体当作意识现象的基础时，现象学已经成为真正意义上的生态现象学。在现象学的视野中，由于人类的意识是被建构而成的，这就决定了人类所有意识到的东西，包括人类的存在本身，都是一种有限性的存在。由于认识论美学强调人类作为主体的无限自由，有限性经验本质上是一种否定性经验。而整个现象学美学的方向，就是论述这种有限性经验如何形成为一种肯定性经验。现象学通过倒转意识的关注视野，关注决定着意识的那个生活世界，并追求这个生活世界在意识中的充实显现，从而使人类的有限性经验成为意识活动的方向，成为一种肯定性经验。这种将有限性经验作为肯定性经验的思路，正是建构生态美学的核心思路。在生态视野中，人类就是一种有限性的存在。生态美学的核心，正是将人类的有限性存在经验建构为一种肯定性经验。本文对家园意识的强调，正是因为家园意识就是这样一种肯定性经验。

生态审美经验的本质就是家园意识，而如何才能构建家园意识呢？家园意识的直接表现是一种空间意识，而空间意识首先表现为一种地方性经验。而要获得这种地方性经验，人们必须进入一种本真的时间经验。要进入这样一种时间经验，人们就需要进行那种不以使用为目的的活动，艺术活动就是这种活动的典范。艺术活动正是人们建构家园意识的主要活动。

艺术活动的本质在于它是一种吁求结构，它只要求作品的被阅读、被欣赏，也就是说，要求作品在读者意识中成为一种被实现的经验。艺术作品的存在方式不仅是一种不以使用为目的的活动，它为读者倒转自身的关注视野提供了一种冲力，使读者将向外扩张自我的方向转向内探索自我有限性的方向。这正是对自我家园的探讨。如果我们以现象学追求绝对明证性的原则探讨自我的家园意识，就会发现：自然，构成了自我形成的终极意义上的生活世界。而这一结论，正是生态文明的起点。生态世界观、生态价值观、生态美学观，正是通过这一起点，才能被构成。

当然，如果我们将现象学视野拉入西方文明的发展以及中西思维的比较过程，就会发现，现象学也有着自身理论的盲点，它起源于西方语音中心主义的文化观念，对声音现象的依赖构成了它许多不自知的前提。当我们将西方的声音中心与中国的文字中心观念相比较时，就会发现，现象学思维在考察问题时过于依赖于哲学家的理性。这一思维传统，仍然残留着工业文明对理性的尊重。这与中国古代重经验和感悟的感性传统形成了对照。在这一对照中，中国文明显示出独特的农耕文明特点。所以，尽管现象学也强调经验，但现象学的经验，实际上是一种理性的经验。由于现象学对生活世界的强调，中国农耕文明的经验，也有可能被现象学化；或者说，现象学也有可能被中国化。现象学运动与中国思维方式的融合，构成了中西哲学在生态美学这一领域的视域融合，显示出生态美学下一步的走向。笔者相信，随着这种融合，现象学运动将向一个新的方向拓进，并显示其强大的生命力。而生态美学的方法问题，将在这种拓进中得到更进一步地说明。

参考文献

一、著作

1. 曾繁仁:《生态美学基本问题研究》,人民出版社 2015 年版。

2.[美] 赫伯特 · 施皮格伯格:《现象学运动》,商务印书馆 2011 年版。

3.[美] 阿诺德 · 伯林特:《环境美学》,张敏、周雨译,湖南科技出版社 2006 年版。

4.[德] 胡塞尔:《内时间意识现象学》,倪梁康译,商务印书馆 2009 年版。

5.[德] 克劳斯 · 黑尔德:《现象学的方法》,倪梁康译,上海译文出版社 1994 年版。

6.[美] 阿诺德 · 伯林特主编:《环境与艺术:环境美学的多维视角》,刘悦笛等译,重庆出版社 2007 年版。

7. 曾繁仁:《生态美学导论》,商务印书馆 2010 年版。

8. 曾繁仁、[美] 阿诺德 · 伯林特主编:《全球视野中的生态美学与环境美学》,长春出版社 2011 年版。

9. 曾繁仁、[美] 大卫 · 格里芬:《建设性后现代思想与生态美学》,山东大学出版社 2013 年版。

10. 曾繁仁:《生态存在论美学论稿》,吉林人民出版社 2009 年版。

11. 彭锋:《完美的自然》,北京大学出版社 2005 年版。

12. 曾繁仁:《文艺美学的生态拓展》,复旦大学出版社 2016 年版。

13. 卢政等:《中国古典美学的生态智慧研究》,人民出版社 2016 年版。

14. 倪梁康主编:《面向实事本身——现象学经典文选》,东方出版社 2000 年版。

15.[德]海德格尔著,孙周兴编:《海德格尔选集》,上海三联书店 1996 年版。

16.［德］伽达默尔：《真理与方法》，洪汉鼎译，商务印书馆 2007 年版。

17.［法］保罗·利科尔：《解释学和人文社会科学》，陶远华译，河北人民出版社 1987 年版。

18.［法］梅洛-庞蒂：《知觉现象学》，姜志辉译，商务印书馆 2001 年版。

19.［法］梅洛-庞蒂：《可见的与不可见的》，罗国祥译，商务印书馆 2008 年版。

20.［德］伽达默尔、杜特：《解释学、美学、实践哲学——伽达默尔与杜特对谈录》，金惠敏译，商务印书馆 2005 年版。

21.［法］杜夫海纳：《美学与哲学》，孙非译，中国社会科学出版社 1985 年版。

22.［德］胡塞尔：《纯粹现象学通论》，［荷］舒曼编，李幻蒸译，商务印书馆 1996 年版。

23.［德］胡塞尔：《胡塞尔选集》（上下），上海三联书店 1997 年版。

24.［德］胡塞尔：《欧洲科学的危机与超越论的现象学》，王炳文译，商务印书馆 2002 年版。

25.［德］胡塞尔：《笛卡尔沉思与巴黎演讲》，张宪译，人民出版社 2008 年版。

26.［德］胡塞尔：《哲学作为严格的科学》，倪梁康译，商务印书馆 1999 年版。

27.［德］胡塞尔：《第一哲学》，王炳译，商务印书馆 2006 年版。

28.［德］马丁·海德格尔：《存在与时间》，陈嘉映、王节庆译，生活·读书·新知三联书店 1999 年版。

29.［德］胡塞尔：《经验与判断》，邓晓芒、张廷国译，生活·读书·新知三联书店 1999 年版。

30.［德］胡塞尔：《哲学作为严格的科学》，倪梁康译，商务印书馆 1999 年版。

31.［德］胡塞尔：《逻辑研究》，倪梁康译，上海译文出版社 2006 年版。

32.［德］胡塞尔：《伦理学与价值论的基本问题》，艾四林、安仁侗译，中国城市出版社 2002 年版。

33.［德］严平选编：《伽达默尔集》，远东出版社 1997 年版。

34.［德］马丁·海德格尔：《荷尔德林诗的阐释》，孙周兴译，商务印书馆 2000 年版。

35.［德］马丁·海德格尔：《面向思的事情》，陈小文、孙周兴译，商务印书馆 1999 年版。

36.[德] 海德格尔:《时间概念史导论》,欧东明译,商务印书馆 2009 年版。

37.[德] 伽达默尔:《赞美理论》,夏镇平译,生活·读书·新知三联出版社 1988 年版。

38.[法] 梅洛-庞蒂:《眼与心——梅洛-庞蒂现象学美学文集》,刘韵涵译,中国社会科学出版社 1992 年版。

39.[法] 梅洛-庞蒂:《眼与心》,杨大春译,商务印书馆 2007 年版。

40.[德] 阿佩尔:《哲学的改造》,孙周兴、陆兴华译,上海译文出版社 1997 年版。

41.[法] 保罗·利科尔:《论现象学流派》,蒋海燕译,南京大学出版社 2010 年版。

42.李庆本:《国外生态美学读本》,长春出版社 2010 年版。

43.[美] 阿诺德·伯林特、保罗·戈比斯特、王昕皓:《生态美学与生态评估及规划》,程相占译,河南人民出版社 2013 年版。

44.倪梁康:《现象学及其效应——胡塞尔与当代德国哲学》,生活·读书·新知三联书店 1994 年版。

45.[美] 大卫·雷·格里芬:《后现代精神》,王成兵译,中央编译出版社 1998 年版。

46.[美] 大卫·格里芬:《后现代科学》,马季方译,中央编译出版社 1995 年版。

47.[奥地利] 维特根斯坦:《哲学研究》,李步楼译,商务印书馆 1996 年版。

48.[法] 让-吕克·马里翁:《还原与给予》,方向红译,上海译文出版社 2009 年版。

49.[美] 霍尔姆斯·罗尔斯顿:《环境伦理学》,杨通进译,中国社会科学出版社 2000 年版。

50.[美] 霍尔姆斯·罗尔斯顿:《哲学走向荒野》,刘耳、叶平译,吉林人民出版社 2000 年版。

51.[美] 阿诺德·伯林特:《美学再思考:激进的美学与艺术学论文》,肖双荣译,武汉大学出版社 2010 年版。

52.[加] 艾伦·卡尔松:《自然与景观》,陈李波译,湖南科学技术出版社 2006 年版。

53.[美] 阿诺德·贝林特:《艺术与介入》,李媛媛译,商务印书馆 2013 年版。

54.[美] 梅萨罗维克:《人类处于转折点》,梅艳译,生活·读书·新知三联书店 1987 年版。

55.[英] 阿尔弗雷德·怀特海:《自然的概念》,张桂权译,中国城市出版社 2002 年版。

56.[德] 爱德华·封·哈特曼:《道德意识现象学——情感道德篇》,倪梁康译,商务印书馆 2012 年版。

57.[德] 海德格尔:《存在论:实存性的解释学》,何卫平译,人民出版社 2009 年版。

58.徐友渔、周国平、陈嘉映、尚杰:《语言与哲学——当代英美与德法传统比较研究》,生活·读书·新知三联书店 1996 年版。

59.[美] 乔治娅·沃恩克:《伽达默尔——诠释学、传统和理性》,洪汉鼎译,商务印书馆 2009 年版。

60.曾繁仁:《转型时期的中国美学——曾繁仁美学文集》,商务印书馆 2007 年版。

61.杨平:《环境美学的谱系》,南京出版社 2007 年版。

62.陈望衡、丁利荣:《环境美学前沿》,武汉大学出版社 2012 年版。

63.苏宏斌:《现象学美学导论》,商务印书馆 2005 年版。

64.[美] 阿诺德·伯林特:《美学与环境——一个主题的多重变奏》,程相占、宋艳霞译,河南大学出版社 2013 年版。

65.罗伊·马丁内兹编:《激进诠释学精要》,汪海译,中国人民大学出版社 2011 年版。

66.[法] 莫里斯·梅洛-庞蒂:《行为的结构》,杨大春、张尧均译,商务印书馆 2014 年版。

67.党圣元、刘瑞弘选编:《生态批评与生态美学》,中国社会科学出版社 2011 年版。

68.张志国:《审美的观念——以胡塞尔现象学为始基》,中国社会科学出版社 2013 年版。

69.鲁枢元:《生态批评的空间》,华东师范大学出版社 2006 年版。

70.刘胜利:《身体、空间与科学》,江苏人民出版社 2015 年版。

71.陈望衡:《环境美学》,武汉大学出版社 2007 年版。

72.雷毅:《深层生态学思想研究》,清华大学出版社 2001 年版。

73.张世英:《天人之际——中西哲学的困惑与选择》,人民出版社 1995 年版。

74.[法]施韦泽:《敬畏生命》,陈泽环译,上海社会科学院出版社1995年版。

75.[美] 艾恺:《世界范围内的反现代化思潮》,唐长庚译,贵州人民出版社1991年版。

76.[美] 芭芭拉·沃德、勒内·杜博斯:《只有一个地球》,《国外公害丛书》编委会译校,吉林人民出版社1997年版。

77.曹孟勤:《人性与自然:生态伦理学哲学基础反思》,南京师范大学出版社2004年版。

78.徐恒醇:《生态伦理学》,首都师范大学出版社1999年版。

79.[古希腊] 亚里士多德:《物理学》,张竹明译,商务印书馆1982年版。

80.倪梁康:《胡塞尔现象学概念通释》,生活·读书·新知三联书店2007年版。

81.张祥龙:《从现象学到孔夫子》,商务印书馆2001年版。

82.[德] 伽达默尔、[法] 德里达等:《德法之争:伽达默尔与德里达的对话》,孙周兴、孙善春编译,同济大学出版社2004年版。

83.孙丽君:《伽达默尔的诠释学美学思想研究》,人民出版社2013年版。

84.张世英:《进入澄明之境——哲学的新方向》,商务印书馆1999年版。

85.[德] 盖格:《艺术的意味》,艾彦译,华夏出版社1999年版。

86.朱刚:《开端与未来——从现象学到解构》,商务印书馆2012年版。

87.王诺:《欧美生态文学》,北京大学出版社2003年版。

88.[美] 阿诺德·伯林特:《美学与环境——一个主题的多重变奏》,程相占、宋艳霞译,河南大学出版社2013年版。

89.《理解与解释——诠释学经典文选》,洪汉鼎编,东方出版社2001年版。

90.潘德荣:《文字·诠释·传统——中国诠释传统的现代转化》,上海译文出版社2003年版。

91.王茜:《现象学生态美学与生态批评》,人民出版社2014年版。

92.陈嘉映:《海德格尔哲学概论》,生活·读者·新知三联书店1995年版。

93.刘文良:《范畴与方法:生态批评论》,人民出版社2009年版。

94.[美] 史蒂文·布拉萨:《景观美学》,彭锋译,北京大学出版社2008年版。

95.[芬] 约·瑟帕玛:《环境之美》,武小西、张宜译,湖南科技出版社2006年版。

96.[法] 路易·加迪等:《文化与时间》,郑乐平、胡建平译,浙江人民出版社 1988 年版。

97.雷毅:《深层生态学思想研究》,清华大学出版社 2001 年版。

98.张超:《当代西方环境审美模式研究》,山东师范大学 2015 年博士学位论文。

99.张贺楠:《中国当代生态小说时间研究》,吉林大学 2015 年博士学位论文。

100.[美] 蕾切尔·卡逊:《寂静的春天》,吕瑞兰、李长生译,吉林人民出版社 1997 年版。

101.刘彦顺:《时间性——美学关键词研究》,人民出版社 2013 年版。

二、论文

102.[德] U.梅勒:《生态现象学》,柯小刚译,《世界哲学》2004 年第 4 期。

103.[德] 克劳斯·黑尔德:《真理之争——哲学的起源与未来》,倪梁康译,《浙江学刊》1999 年第 1 期。

104.[德] 克劳斯·黑尔德:《现象学的意向性伦理学》,孙华来译,《南京大学学报》2001 年第 1 期。

105.[德] 克劳斯·黑尔德:《当代的危机和哲学的开端——论胡塞尔与海德格尔的关系》,路月宏译,倪梁康校,《现代哲学》2002 年第 4 期。

106.王现伟:《美国生态现象学研究现状述评》,《现代哲学》2013 年第 3 期。

107.曾繁仁:《西方现代文学生态批评的产生发展与基本原则》,《烟台大学学报》(哲学社会科学版)2009 年第 3 期。

108.雷毅:《20 世纪生态运动理论:浅层走向深层》,《国外社会科学》1999 年第 6 期。

109.丁立群:《人类中心论与生态危机的实质》,《哲学研究》1997 年第 11 期。

110.李承宗:《马克思与罗尔斯顿生态价值观之比较》,《北京大学学报》(哲学社会科学版)2008 年第 3 期。

111.孟献丽、冯颜利:《奈斯深层生态学探析》,《国外社会科学》2011 年第 1 期。

112.潘德荣:《语音中心论与文字中心论》,《学术界》2002 年第 2 期。

113. 卢风:《主客二分与人类中心主义》,《科学技术与辩证法》1996 年第 2 期。

114. 朱玉利:《生态文明历史演进探析》,《皖西学院学报》2009 年第 3 期。

115. 李培超:《论生态文明的核心价值及其实现模式》,《当代世界与社会主义》2011 年第 1 期。

116. 李龙强:《世界观、方法论与生态文明建设》,《湖北行政学院学报》2011 年第 1 期。

117. 吴秀明:《我们需要什么样的生态文学——对关于当下生态文学创作和研究的几点思考》,《理论与创作》2006 年第 1 期。

118. 刘伟哲:《生态帝国主义与全球化》,《中国发展》2008 年第 2 期。

119. 程相占:《论环境美学与生态美学的联系与区别》,《学术研究》2013 年第 1 期。

120. 张祥龙:《海德格尔与中国哲学:事实、评估和可能》,《哲学研究》2009 年第 8 期。

121. 夏承伯、包庆德:《深层生态学:探寻摆脱环境危机的生存智慧——纪念阿恩·奈斯诞辰 100 周年》,《鄱阳湖学刊》2012 年第 6 期。

122. 倪梁康、杨国荣:《关于现象学与中国哲学的对谈》,《哲学分析》2013 年第 3 期。

123. 方克立:《"天人合一"与中国古代的生态智慧》,《社会科学战线》2003 年第 4 期。

124. 李晓明:《参与美学:当代生态美学的重要审美观》,《山东社会科学》2013 年第 5 期。

125. 尚杰:《胡塞尔的意向性概念》,《云南大学学报》(人文社会科学版)2006 年第 5 期。

126. 郑争文:《胡塞尔现象学中的"时间"概念》,《理论界》2007 年第 2 期。

127. 鲁枢元:《20 世纪中国生态文艺学研究概况》,《文艺理论研究》2008 年第 6 期。

128. 王诺、程相占、王晓华:《生态批评的跨学科思考》,《中国社会科学报》2010 年 2 月 11 日第 11 版。

129. 刘宣:《谈构建生态批评理论的原则》,《辽宁大学学报》2009 年第 5 期。

130. 王诺:《"生态整体主义"辨》,《读书》2004 年第 2 期。

131.蒋磊：《生态批评的困境与生活论视角》，《文艺争鸣》2010 年第 11 期。

132.党圣元：《新世纪中国生态批评与生态美学的发展及其问题域》，《中国社会科学院研究生院学报》2010 年第 3 期。

133.[美] 伊恩·汤姆森：《现象学与环境哲学交汇下的本体论与伦理学》，曹苗译，《鄱阳湖学刊》2012 年第 5 期。

134.王亚娟：《梅洛-庞蒂：颠覆意识哲学的自然之思》，《哲学研究》2011 年第 10 期。

135.刘胜利：《时间现象学的中庸之道——〈知觉现象学〉的时间观初探》，《北京大学学报》（哲学社会科学版）2015 年第 4 期。

136.吴增定：《〈艺术作品的本源〉与海德格尔的现象学革命》，《文艺研究》2011 年第 9 期。

137.张世英：《论惊异》，《北京大学学报》（哲学社会科学版）1996 年第 4 期。

138.夏东：《环境建设的伦理观》，《哲学研究》2002 年第 2 期。

三、英文资料

139.David Abram: *The Spell of the Sensuous: Perception and Language in a More-than-human World*. New York：Random House Inc, 1996.

140.Merlea Ponty, *Phenomenology of Perception*, translated from the French by Colin Smith, Routledge & Kegan Paul Ltd, 1962.

141.Allen Carlson. *Aesthetics and the Environment: The Appreciation of Nature, Art and Architecture*. London and New York: Routledge, 2000.

142.Hans-Georg Gadamer, *Truth and Method,* Garrett Barden and John Cumming, New York: Sheed and Ward Ltd, 1975.

143.Richard·E. Palmer. *Gadamer in Conversation*. New York: Binghamton, 2001.

144.Arnord Berleant, *The Aesthetics of Environment,* Philadelphia: Temple University Press,1992.

145.Allen Carlson, *Aesthetics and the Environment: The Appreciation of Nature,*

Art and Architecture, London and New York: Routledge, 2000.

146.Georgia Warnke. *Gadamer Hermeneutics, Tradition and Reason.* London: Cambridge, Polity Press.1987.

147.Griffin, David R. ed. S*pirituality and Society: Postmodern Visions,* State University of New York Press,1988.

148.David Stewrt and Algis Miekunas, *Exploring Phenonenolony: A guide to The Fielda and It's Lterature,* Ohio University Press,1974.

149.Pierre Thevenaz, *What is Phenomenology and Other Essay,* Chicago,1962.

150.Evernden N. *The Natural Alive: Humankind and Environment.* Toronto: University of New Toronto Press, 1993.

151.Martin Heiddegger. *The Basic Problem of Phenonmenology.* Trans. by Albert Hofstadter. Indiana University 1982.

152.Davis Ehrenfeld, *The Arrogance of Humanism,* New York: Oxford University Press, 1981.

153.Clive Bell. *Art.*New York: G.P. Putnam's Sons, 1958.

154.Val Plumwood. *Feminism and the Mastery of Nature.* New York: Routledge,1993.

155.MaryA. McCay. *Rachel Carson,* New York, Twayne Publisher,1993.

156.Wassili Lepanto. *Wassili Lepanto:Ecological Order and Inspiration.*

157.Kerridge R. Sammells N. *Writing the Environment: Ecocriticism and Literature.* London and New York: Zed Books Ltd, 1995.

158.Coupe L. *The Green Studies Reader: From Romanticism to Ecocriticism .* London and New York: Routledge, 2000.

159.HubbardPhil et al. *Thinking Geographically: Space, Theory and Contemporary Huaman Geography.* London & New York: Continuum, 2002.

160.Rick,Van Noy. *Surveying the Interior: Literary Cartohers and the Sense of Place.*Reno: University of Nevada Press, 2003.

161.Lawrence Buell. *The Future of Environmental Criticism: Environmental Crisis and Literary Imagination.* Maiden, MA.: Wiley-Blackwell, 2005.

162.Karl Kroeber. *Ecological Literary Criticism: Romantic Imagining and the Biology of Mind*. New York: Columbia University Press,1994.

163.Holmes Rolston. *Aesthetic Experience in Forests*. Journal of Aesthetics and Art Criticism.1998（56）.

164.Sad Tawfik. *The Mothodological Foudations of Phenol Nenological Aesthetics*. ed. A-T Tymieniecka, Analecta Hussserliana.*The Yearbook of Phenomenological Research*. Vol. XXXVII. N*ew Queries in Aesthetics and Metaphysics*. Kluwermic Publishers. 1991.

165.RonaldHepburn, *Contemporary Aesthetics and the Neglect of Natural Beauty*, in Allen Carlson and Arnold Berleant, *The Aesthetics of Natural Environments*, Broadview Press , 2004.

166.Arne Naess: *The Selected Works of Arne Naess*，Edited by Harold Glasser，with Assistance from Alan Drengson，Springer-verlag Gmbh，Vol. 10，2005.

索 引

A

阿诺德·伯林特 6, 7, 28, 29, 32, 33, 44,
  45, 46, 49, 51, 59, 64, 65, 67, 203, 204,
  205, 206, 208, 348, 350, 351, 352, 360
阿兹特克 11
艾伦·卡尔松 6, 28, 29, 32, 33, 44, 45,
  46, 49, 59, 205, 206, 350, 360

B

鲍姆嘉通 2, 26, 27, 102
博物馆艺术 35

C

侧显 218, 220, 221, 224
陈望衡 5, 109, 351
传统 3, 4, 5, 23, 26, 27, 28, 29, 30, 31, 32,
  34, 35, 36, 37, 38, 39, 45, 46, 47, 48, 49,
  50, 52, 57, 66, 68, 71, 74, 80, 82, 86, 87,
  97, 99, 101, 104, 105, 106, 107, 109,
  112, 114, 116, 131, 133, 134, 135, 138,
  140, 141, 148, 149, 152, 154, 155, 156,
  160, 161, 171, 172, 174, 177, 178, 181,
  182, 187, 204, 205, 210, 213, 216, 218,
  222, 252, 254, 255, 264, 266, 274, 285,
  288, 290, 295, 302, 305, 306, 307, 312,
  313, 315, 319, 321, 323, 334, 340, 345,
  347, 351, 352, 360
存在论 7, 8, 9, 55, 59, 61, 73, 87, 100, 106,
  108, 109, 114, 116, 130, 145, 147, 155,
  156, 158, 171, 173, 174, 175, 176, 177,
  178, 180, 185, 187, 188, 199, 200, 201,
  202, 203, 215, 223, 224, 229, 230, 231,
  243, 246, 248, 249, 265, 266, 267, 268,
  282, 313, 323, 326, 348, 351, 360
存在天命 106, 116, 145, 147, 148, 176, 182,
  314

D

大地艺术 36
带子的鲈鱼 34
道法自然 13
道家 13, 87, 169, 345
笛卡尔 15, 16, 126, 214, 242, 274, 349
地球家园 4
地球生物圈 4
杜夫海纳 48, 98, 104, 178, 349
杜尚 35

E

俄罗斯森林 34
恩格斯 6, 21, 110, 311

F

返魅 8, 173, 174, 175

方 法 论 9, 39, 42, 60, 61, 68, 114, 156,
243, 345, 346, 354, 360

非人类中心主义 29, 328

分析哲学 2, 3, 6, 204, 205, 208, 312, 346,
360

弗兰肯斯坦 34

符号 3, 129, 132, 133, 136, 137, 138, 252

G

感觉 2, 3, 7, 8, 27, 28, 29, 30, 31, 37, 40,
41, 53, 60, 61, 62, 65, 66, 67, 68, 77, 92,
93, 102, 103, 131, 135, 136, 137, 139,
140, 141, 144, 149, 150, 151, 157, 169,
178, 179, 189, 193, 204, 207, 208, 209,
210, 211, 214, 221, 222, 227, 233, 237,
238, 239, 244, 246, 251, 252, 254, 277,
279, 281, 290, 309, 311, 313, 316, 320,
321, 322, 326, 336, 338, 339, 342, 343,
344

感觉学 2, 27, 29

个人视域 4, 76, 81, 82, 83, 84, 85, 86, 87,
114, 115, 119, 120, 121, 122, 123, 124,
125, 126, 130, 292, 293, 294, 304, 305

工业化 1, 42, 52

工业文明 6, 10, 15, 16, 17, 18, 19, 20, 26,
34, 142, 347

共生 25, 26, 65, 300, 308

H

《荷尔德林诗的阐释》98, 147, 186, 315,
349

海 德 格 尔 70, 73, 76, 77, 78, 83, 84, 87,
88, 89, 98, 100, 103, 104, 105, 106, 108,

113, 114, 115, 116, 130, 135, 145, 146,
147, 148, 149, 153, 154, 155, 156, 157,
158, 159, 161, 170, 171, 174, 176, 177,
182, 184, 185, 186, 187, 188, 189, 190,
191, 192, 200, 201, 216, 217, 218, 219,
220, 221, 228, 229, 231, 243, 244, 245,
246, 248, 249, 250, 255, 261, 262, 263,
264, 266, 267, 269, 272, 273, 275, 276,
277, 278, 281, 287, 289, 290, 294, 296,
313, 314, 315, 316, 321, 322, 323, 326,
349, 350, 351, 352, 353, 354, 355

海殇后的沉思 34

和解 7, 38, 114, 193, 194, 195, 198, 232,
233, 234, 246, 281, 287, 298

黑 格 尔 2, 15, 27, 48, 69, 102, 146, 198,
274, 290

胡 塞 尔 3, 69, 70, 71, 72, 73, 74, 75, 76,
77, 78, 79, 80, 81, 82, 84, 88, 95, 97, 98,
100, 104, 105, 106, 107, 114, 115, 116,
124, 145, 146, 151, 152, 153, 154, 174,
176, 177, 178, 182, 216, 217, 218, 219,
220, 221, 226, 227, 228, 229, 231, 239,
240, 241, 242, 243, 247, 248, 253, 255,
261, 264, 265, 266, 273, 275, 278, 285,
286, 289, 296, 297, 299, 307, 313, 314,
316, 348, 349, 350, 351, 352, 353, 354

环境保护运动 2

环境伦理学 24, 91, 350

环境美学 5, 6, 7, 28, 29, 32, 33, 42, 43,
44, 45, 46, 47, 48, 49, 50, 51, 52, 53, 54,
55, 56, 57, 58, 59, 63, 64, 65, 67, 109,
203, 204, 205, 206, 207, 208, 252, 348,
351, 354

环境意识 35

霍尔姆斯·罗尔斯顿 24, 91, 350

J

《寂静的春天》 2, 34, 35, 335, 336, 341, 353

伽达默尔 36, 38, 70, 73, 77, 79, 81, 82, 83, 84, 98, 104, 105, 106, 116, 117, 122, 130, 131, 147, 148, 149, 154, 155, 156, 157, 159, 161, 174, 175, 176, 177, 178, 182, 187, 202, 222, 228, 231, 233, 235, 243, 244, 249, 260, 264, 265, 266, 267, 268, 269, 270, 271, 279, 281, 282, 288, 289, 294, 305, 313, 314, 315, 316, 318, 319, 345, 349, 350, 351, 352

机械世界观 21

交互主体性 178, 242, 253

结构主义 3, 83, 313

解构主义 81

经验 3, 4, 7, 43, 44, 46, 47, 48, 49, 50, 59, 60, 61, 62, 63, 66, 67, 68, 71, 73, 75, 76, 77, 94, 95, 96, 98, 99, 100, 101, 103, 104, 105, 106, 107, 108, 110, 112, 113, 114, 115, 116, 117, 123, 124, 125, 133, 136, 137, 139, 148, 150, 152, 154, 155, 156, 159, 160, 175, 176, 178, 179, 180, 181, 182, 183, 184, 185, 186, 188, 189, 190, 192, 193, 194, 195, 199, 200, 201, 202, 203, 204, 205, 206, 207, 208, 209, 210, 211, 213, 216, 217, 218, 221, 222, 224, 225, 231, 232, 234, 235, 237, 238, 240, 241, 242, 243, 244, 247, 250, 251, 252, 253, 254, 256, 257, 258, 259, 260, 261, 263, 264, 265, 266, 267, 268, 269, 270, 271, 272, 273, 276, 277, 278, 280, 281, 283, 284, 286, 287, 288, 289, 290, 291, 292, 294, 295, 298, 299, 300, 301, 302, 303, 304, 305, 307, 308, 309, 310, 311, 316, 320, 322, 323, 326, 332, 336, 340, 345, 346, 347, 349, 359

鲸殇 34

静观美学 31, 32, 33, 35, 49, 181, 203, 204, 206

境域性 76, 113, 149, 265, 266, 267, 296

K

康德 2, 15, 16, 27, 30, 48, 79, 97, 99, 102, 122, 142, 144, 197, 214, 215, 217, 238, 239, 293

科学主义 2, 131, 312

可可西里冰河 34

克里斯托 36

客体 15, 17, 21, 24, 28, 31, 32, 45, 46, 58, 59, 62, 65, 72, 75, 83, 90, 111, 125, 151, 181, 195, 199, 202, 203, 204, 205, 207, 221, 224, 226, 229, 274, 285, 293, 313, 329, 346

空间性经验 253

L

蕾切尔·卡逊 1, 2, 34, 335, 353

历史 3, 4, 6, 8, 12, 13, 18, 19, 32, 39, 44, 46, 54, 62, 64, 67, 69, 73, 74, 76, 81, 86, 95, 96, 106, 107, 116, 123, 124, 128, 131, 134, 148, 152, 153, 155, 159, 177, 181, 196, 211, 215, 227, 228, 231, 233, 235, 242, 249, 255, 262, 265, 266, 267, 274, 275, 287, 288, 289, 290, 294, 305, 311, 312, 314, 315, 316, 318, 324, 326, 336, 354

历史性 95, 153, 249, 265, 266, 290, 326

鲁枢元 5, 9, 351, 354

罗伯特·史密森 36

罗纳德·赫伯特　27

螺旋形的防波堤　36

绿色产业　1

绿色经济　1

M

马克思　6, 21, 110, 272, 311, 353

梅洛-庞蒂　70, 73, 77, 83, 84, 88, 98, 100,
104, 106, 107, 108, 149, 150, 151, 157,
159, 166, 168, 170, 174, 176, 178, 182,
216, 217, 218, 220, 221, 222, 223, 224,
227, 230, 231, 232, 243, 254, 281, 313,
314, 315, 316, 317, 320, 346, 349, 350,
351, 355

美学　1, 2, 3, 4, 5, 6, 7, 8, 9, 10, 19, 26, 27,
28, 29, 30, 31, 32, 33, 34, 36, 37, 38, 40,
41, 42, 43, 44, 45, 46, 47, 48, 49, 50, 51,
52, 53, 54, 55, 56, 57, 58, 59, 60, 61, 62,
63, 64, 65, 66, 67, 68, 69, 80, 82, 88, 97,
98, 99, 101, 102, 103, 104, 107, 108,
109, 110, 112, 113, 114, 116, 117, 118,
122, 125, 144, 145, 150, 160, 161, 162,
164, 166, 170, 171, 176, 180, 181, 183,
184, 185, 186, 187, 188, 190, 193, 194,
198, 199, 200, 201, 202, 203, 204, 205,
206, 207, 208, 209, 210, 225, 229, 230,
233, 234, 247, 249, 250, 252, 253, 254,
258, 261, 265, 267, 268, 270, 271, 277,
278, 281, 282, 284, 286, 288, 302, 304,
310, 311, 312, 318, 319, 320, 322, 323,
324, 327, 328, 331, 332, 333, 334, 339,
340, 341, 342, 343, 345, 346, 347, 348,
349, 350, 351, 352, 353, 354, 355, 359,
360

命运共同体　4, 12, 87, 301

N

奈斯　24, 88, 90, 91, 353, 354

农业文明　6, 7, 10, 12, 13, 14, 15, 16, 19,
20, 26, 142, 160, 161, 196

Q

栖居　4, 58, 104, 154, 189, 190, 191, 192,
219, 232, 233, 246, 278, 287, 294, 295,
309, 322, 326, 332, 342

浅层生态伦理学　25

倾听哲学　131, 132, 255

全球性　4, 17, 52, 54, 87, 89, 109, 122, 130,
138, 143, 234, 253, 300, 301, 302, 303,
304, 310, 318, 325

R

人本主义　2

人定胜天　5, 21, 47, 62, 63, 274, 285

人化　5, 333, 339, 341, 344, 359

人类中心主义　5, 8, 13, 15, 17, 18, 20, 22,
23, 24, 28, 29, 31, 35, 37, 39, 40, 47, 53,
54, 55, 56, 57, 65, 68, 142, 174, 183,
201, 301, 302, 308, 328, 329, 330, 340,
342, 354, 359

认识论　1, 2, 3, 4, 5, 7, 15, 16, 17, 20, 21,
34, 46, 54, 55, 57, 59, 60, 62, 63, 66, 69,
70, 72, 75, 80, 81, 82, 83, 92, 103, 104,
106, 107, 108, 109, 110, 111, 113, 114,
117, 118, 121, 122, 125, 126, 130, 132,
137, 144, 152, 154, 171, 174, 181, 184,
186, 188, 189, 193, 194, 196, 197, 199,
200, 201, 202, 203, 204, 205, 207, 209,
210, 211, 213, 214, 215, 216, 219, 222,
224, 226, 228, 229, 233, 238, 239, 246,
250, 259, 265, 268, 272, 274, 277, 284,

285, 286, 287, 288, 289, 291, 292, 293,
295, 296, 297, 304, 306, 310, 317, 319,
332, 334, 338, 339, 340, 341, 342, 346,
359

认识论美学 1, 3, 7, 59, 60, 104, 113, 117,
125, 181, 184, 193, 199, 201, 203, 204,
207, 209, 233, 277, 284, 340, 341, 346,
359

如画性 28, 29, 30, 31, 32, 49, 66, 205

儒家 13, 169, 170

S

身体 14, 41, 50, 63, 73, 77, 83, 84, 95, 107,
108, 126, 127, 128, 135, 149, 150, 151,
152, 157, 159, 160, 164, 166, 167, 168,
169, 174, 176, 177, 178, 179, 182, 203,
206, 207, 208, 209, 210, 216, 217, 218,
220, 222, 223, 224, 226, 227, 228, 229,
230, 231, 232, 233, 251, 252, 254, 290,
291, 313, 315, 316, 317, 320, 326, 327,
346, 351

深层生态伦理学 24, 25

审美活动 7, 66, 100, 102, 181, 204, 205,
207, 208, 209, 210, 262, 286, 287, 298

审美经验 4, 7, 43, 44, 47, 48, 49, 50, 59,
60, 63, 66, 68, 98, 101, 103, 104, 106,
107, 108, 117, 180, 181, 182, 184, 185,
186, 188, 189, 192, 193, 194, 199, 200,
201, 202, 203, 204, 205, 206, 207, 208,
209, 210, 211, 216, 225, 234, 247, 252,
253, 258, 259, 263, 271, 272, 273, 276,
278, 284, 286, 287, 288, 289, 290, 291,
292, 294, 295, 298, 299, 300, 301, 303,
304, 305, 307, 309, 311, 322, 347

审美判断力 2, 99

审美体验 7, 29, 34, 43, 107, 205

审美无利害 29, 33, 50

生活世界 3, 75, 76, 77, 80, 82, 86, 89, 90,
93, 94, 95, 96, 100, 104, 105, 106, 107,
111, 112, 113, 114, 115, 117, 119, 122,
123, 124, 125, 131, 144, 145, 146, 149,
152, 153, 156, 171, 172, 175, 176, 178,
181, 182, 184, 189, 203, 210, 213, 214,
220, 228, 231, 247, 248, 258, 259, 260,
261, 262, 263, 264, 265, 267, 268, 271,
272, 275, 277, 279, 280, 285, 286, 287,
288, 290, 292, 293, 294, 296, 299, 304,
305, 307, 313, 314, 315, 317, 340, 343,
345, 346, 347

生态大我 63, 64, 284, 300, 301, 307, 308,
310

生态分析哲学 6

生态环链 5, 25, 67, 110, 111, 112, 114,
117, 128, 172, 173, 175, 187, 200, 202,
208, 249, 289, 291, 300, 301, 307, 308,
309, 310, 329, 330, 331, 332, 341, 344,
345, 359, 360

生态技术 1

生态理念 1, 34, 35, 36, 37, 40, 47, 333,
338, 340

生态理性 25

生态伦理 23, 24, 25, 26, 34, 38, 39, 41,
55, 61, 91, 175, 198, 200, 309, 325, 333,
334, 337, 338, 339, 342, 344, 352

生态伦理观 23, 24, 175

生态马克思主义美学 6

生态美学 1, 2, 3, 4, 5, 6, 7, 8, 9, 10, 19,
28, 29, 32, 33, 37, 38, 40, 41, 42, 44, 45,
46, 47, 49, 51, 54, 55, 56, 57, 58, 59, 60,
61, 62, 63, 64, 65, 67, 68, 69, 88, 108,

109, 110, 112, 113, 114, 117, 144, 145,
150, 160, 161, 162, 164, 166, 170, 171,
175, 180, 183, 184, 185, 186, 187, 188,
190, 193, 194, 198, 199, 200, 201, 202,
203, 204, 205, 206, 207, 208, 209, 225,
229, 230, 232, 233, 234, 247, 249, 250,
252, 253, 254, 258, 261, 264, 267, 270,
271, 277, 278, 284, 302, 303, 310, 311,
312, 318, 319, 320, 322, 323, 327, 328,
330, 331, 332, 333, 334, 342, 343, 345,
346, 347, 348, 350, 351, 352, 354, 355,
359, 360

生态批评 4, 5, 8, 34, 37, 39, 40, 41, 110,
150, 302, 322, 323, 324, 325, 326, 327,
328, 329, 330, 331, 332, 333, 334, 338,
351, 352, 353, 354, 355

生态平衡 1, 13, 40

生态社会运动 1

生态审美 7, 39, 59, 60, 68, 108, 109, 180,
181, 185, 186, 194, 199, 200, 201, 202,
203, 204, 205, 206, 207, 208, 209, 210,
211, 216, 225, 235, 247, 252, 258, 271,
272, 273, 276, 278, 284, 286, 287, 288,
289, 291, 292, 294, 295, 298, 299, 300,
301, 303, 304, 311, 322, 347

生态危机 1, 4, 5, 6, 8, 10, 17, 18, 19, 20,
21, 33, 34, 37, 38, 39, 42, 43, 47, 51, 52,
53, 54, 55, 56, 57, 60, 61, 62, 63, 66,
89, 90, 92, 93, 94, 95, 96, 109, 113, 118,
119, 122, 125, 126, 128, 129, 130, 132,
137, 138, 171, 172, 173, 174, 175, 177,
179, 185, 187, 193, 197, 201, 233, 250,
254, 257, 259, 267, 272, 284, 285, 293,
300, 301, 304, 309, 311, 315, 317, 318,
319, 323, 324, 325, 328, 334, 335, 337,

341, 342, 343, 353, 360

生态维度 5

生态文明 10, 12, 18, 19, 20, 21, 22, 23, 26,
29, 31, 33, 34, 37, 38, 40, 55, 68, 161,
199, 267, 307, 321, 336, 347, 354

生态文学艺术 34, 37, 38, 39

生态文艺学 5, 354

生态系统 1, 13, 15, 20, 22, 24, 25, 34, 46,
59, 60, 63, 64, 65, 67, 89, 108, 132, 182,
183, 200, 209, 210, 300, 301, 307, 308,
309, 312

生态现象学 6, 9, 92, 93, 94, 95, 96, 97,
108, 110, 170, 171, 172, 174, 175, 178,
179, 182, 185, 210, 228, 306, 307, 346,
353, 360

生态现象学家 6, 92, 110, 174, 179

生态小我 284, 300, 301, 308, 310

生态艺术 5, 35, 36, 37, 302, 333, 334,
335, 336, 337, 338, 341, 342, 343

生态意识 1, 5, 8, 36, 39, 51, 90, 93, 96,
284, 285, 286, 287, 288, 289, 291, 295,
296, 298, 300, 304, 307, 308, 311, 325,
335

生态运动 1, 2, 56, 72, 90, 170, 181, 183,
234, 327, 339, 353

生态整体主义 22, 23, 34, 39, 40, 41, 58,
60, 61, 62, 63, 64, 65, 66, 67, 68, 93, 94,
95, 108, 110, 111, 112, 114, 117, 193,
328, 330, 331, 332, 334, 338, 341, 354

生态智慧 6, 7, 38, 39, 54, 90, 134, 160,
161, 164, 172, 176, 177, 187, 195, 198,
295, 321, 326, 327, 348, 354, 360

生态主义 1, 52, 54, 93, 340, 345

生态自我 25, 26, 59, 90, 91, 185, 210, 300,
301

时间性经验 253

实践美学 5, 199, 359

世界 1, 2, 3, 4, 10, 11, 15, 16, 17, 18, 19,
20, 21, 22, 23, 27, 34, 35, 36, 38, 40, 41,
44, 45, 46, 52, 56, 58, 59, 62, 63, 65, 67,
72, 73, 74, 75, 76, 77, 79, 80, 81, 82, 83,
84, 85, 86, 87, 89, 90, 91, 92, 93, 94, 95,
96, 99, 100, 101, 102, 104, 105, 106,
107, 108, 109, 110, 111, 112, 113, 114,
115, 116, 117, 119, 120, 121, 122, 123,
124, 125, 126, 127, 128, 131, 133, 134,
136, 137, 138, 142, 143, 144, 145, 146,
147, 149, 150, 151, 152, 153, 154, 155,
156, 157, 158, 159, 160, 161, 163, 171,
172, 175, 176, 177, 178, 179, 181, 182,
184, 185, 186, 187, 188, 189, 190, 191,
192, 193, 194, 198, 202, 203, 207, 208,
210, 212, 213, 214, 217, 218, 219, 220,
222, 223, 224, 225, 228, 229, 230, 231,
232, 239, 242, 244, 245, 246, 247, 248,
249, 250, 256, 258, 259, 260, 261, 262,
263, 264, 265, 266, 267, 268, 269, 271,
272, 274, 275, 276, 277, 278, 279, 280,
281, 282, 283, 285, 286, 287, 288, 289,
290, 292, 293, 294, 295, 296, 297, 298,
299, 300, 301, 304, 305, 307, 311, 312,
313, 314, 315, 316, 317, 318, 319, 321,
323, 326, 329, 331, 335, 336, 337, 338,
340, 342, 343, 345, 346, 347, 352, 353,
354

思维方式 2, 4, 6, 11, 20, 23, 39, 50, 53, 54,
56, 57, 58, 60, 63, 66, 80, 85, 90, 93, 97,
98, 101, 107, 108, 109, 110, 113, 118,
122, 125, 129, 132, 135, 138, 140, 141,
142, 143, 152, 161, 173, 177, 179, 181,

196, 201, 233, 267, 284, 285, 286, 288,
293, 294, 318, 323, 326, 328, 329, 344,
346, 347, 359

T

天命论 14

天人感应 11

天人合一 13, 133, 134, 160, 161, 162, 163,
167, 189, 195, 230, 256, 317, 354

图像 82, 116, 122, 268, 270, 271, 279, 281,
282, 306, 314, 318, 319

W

瓦尔登湖 34, 336, 341

瓦西里·雷攀拓 36, 37, 336, 337, 343

唯物主义辩证法 6

维特根斯坦 3, 350

文化 3, 4, 5, 10, 11, 13, 14, 16, 17, 23, 32,
34, 36, 38, 39, 40, 56, 57, 82, 86, 95,
104, 106, 107, 112, 123, 124, 128, 130,
132, 133, 134, 136, 137, 138, 139, 140,
142, 143, 148, 153, 161, 172, 174, 177,
179, 181, 182, 194, 206, 235, 252, 256,
257, 265, 275, 285, 292, 293, 294, 295,
305, 306, 307, 310, 312, 315, 318, 321,
322, 323, 324, 325, 326, 327, 328, 332,
339, 347, 353

X

西方美学 3, 6, 102

现成品艺术 35

现代化 26, 27, 34, 52, 352

现象学 2, 3, 6, 9, 42, 44, 69, 70, 71, 72, 73,
74, 75, 76, 77, 78, 79, 80, 81, 82, 83, 84,
85, 86, 87, 88, 89, 90, 91, 92, 93, 94, 95,

96, 97, 98, 99, 100, 101, 103, 104, 105,
106, 107, 108, 109, 110, 111, 112, 113,
114, 115, 116, 117, 118, 119, 122, 123,
124, 126, 127, 129, 130, 135, 144, 145,
146, 149, 150, 151, 152, 153, 154, 156,
160, 161, 163, 170, 171, 172, 173, 174,
175, 176, 177, 178, 179, 180, 181, 182,
183, 184, 185, 186, 187, 189, 202, 203,
205, 206, 207, 208, 210, 211, 213, 215,
216, 217, 218, 219, 220, 221, 222, 223,
225, 226, 227, 228, 229, 230, 231, 232,
233, 234, 235, 239, 240, 241, 242, 243,
245, 247, 248, 249, 252, 253, 254, 255,
258, 259, 261, 262, 263, 264, 265, 266,
267, 270, 271, 274, 275, 277, 278, 280,
285, 286, 287, 288, 289, 290, 292, 293,
294, 295, 296, 297, 298, 303, 304, 306,
307, 308, 310, 311, 312, 313, 314, 315,
316, 317, 318, 320, 321, 322, 323, 326,
327, 328, 329, 330, 331, 333, 334, 339,
341, 345, 346, 347, 348, 349, 350, 351,
352, 353, 354, 355, 359, 360, 361

现象学哲学 2, 44, 69, 70, 77, 79, 80, 92,
99, 101, 103, 108, 112, 113, 117, 135,
152, 170, 175, 177, 204, 206, 220, 228,
247, 261, 274, 275, 286, 360

形式 2, 3, 6, 10, 18, 19, 27, 28, 29, 30, 31,
32, 33, 35, 36, 37, 40, 46, 48, 49, 50, 66,
83, 89, 90, 102, 109, 113, 123, 124, 127,
176, 181, 186, 189, 190, 203, 205, 209,
210, 212, 215, 227, 236, 238, 239, 241,
242, 253, 254, 264, 275, 277, 281, 284,
302, 311, 313, 314, 327, 331, 334, 338,
339, 340, 341, 345

形式美感 27, 28, 29, 32, 35, 49, 181

形式主义 32, 49, 205, 277
血缘关系 14, 168, 169

Y

亚里士多德 48, 81, 121, 130, 212, 213, 236,
237, 238, 273, 274, 352
亚人类中心主义 13
耀现经验 264
艺术美 27, 31
艺术哲学 2, 5, 27, 30, 48
意识 1, 3, 4, 5, 7, 8, 12, 13, 16, 20, 22, 24,
26, 35, 36, 39, 41, 44, 49, 51, 52, 54, 59,
62, 63, 64, 65, 66, 68, 71, 72, 73, 75, 76,
77, 78, 79, 80, 81, 82, 86, 88, 90, 91, 93,
94, 95, 96, 97, 98, 99, 100, 101, 103,
104, 105, 106, 107, 108, 110, 111, 112,
113, 114, 115, 116, 118, 119, 123, 124,
131, 134, 140, 144, 145, 147, 148, 149,
150, 151, 152, 154, 155, 156, 157, 158,
159, 160, 161, 168, 171, 172, 173, 174,
175, 176, 177, 178, 179, 181, 182, 183,
184, 185, 186, 187, 188, 189, 191, 192,
193, 194, 195, 196, 198, 200, 201, 202,
203, 204, 205, 206, 208, 210, 211, 213,
216, 217, 218, 219, 220, 221, 222, 223,
224, 225, 226, 227, 228, 229, 230, 231,
232, 233, 234, 235, 236, 238, 239, 240,
241, 242, 243, 244, 245, 247, 249, 250,
251, 252, 253, 254, 255, 257, 258, 260,
261, 262, 263, 264, 265, 266, 267, 268,
269, 271, 272, 273, 276, 277, 278, 280,
281, 282, 283, 284, 285, 286, 287, 288,
289, 290, 291, 292, 293, 294, 295, 296,
297, 298, 299, 300, 301, 302, 303, 304,
305, 306, 307, 308, 309, 310, 311, 312,

313, 314, 317, 318, 321, 322, 323, 325, 326, 327, 329, 330, 331, 332, 333, 335, 336, 337, 339, 341, 342, 343, 344, 345, 346, 347, 348, 351, 355, 359, 360

意向性 69, 73, 74, 75, 76, 77, 82, 86, 95, 96, 99, 100, 103, 104, 105, 106, 111, 130, 149, 152, 154, 156, 161, 176, 178, 223, 225, 227, 228, 229, 231, 232, 239, 241, 242, 247, 253, 261, 262, 265, 285, 286, 287, 288, 295, 296, 297, 298, 300, 303, 313, 314, 327, 329, 330, 346, 353, 354

语言 2, 3, 4, 37, 40, 41, 93, 95, 112, 122, 128, 129, 130, 131, 133, 135, 137, 138, 139, 140, 141, 142, 147, 148, 150, 171, 174, 177, 178, 179, 181, 182, 187, 210, 228, 231, 252, 254, 256, 267, 280, 290, 295, 305, 306, 307, 310, 311, 312, 313, 314, 315, 316, 317, 318, 319, 320, 321, 322, 323, 332, 333, 338, 339, 343, 345, 351

语言论转向 2, 3, 4, 130, 312
语音中心论 131, 133, 255, 353
袁鼎生 5, 9, 68
原始文明 10, 11, 12, 19, 22, 26
约·瑟帕玛 6, 44, 47, 53, 352

Z

曾繁仁 5, 6, 7, 9, 28, 29, 32, 33, 44, 45, 46, 49, 51, 55, 59, 61, 64, 65, 109, 161, 162, 164, 166, 170, 171, 190, 199, 204, 205, 230, 233, 312, 319, 320, 323, 327, 348, 351, 353, 360
哲学走向荒野 24, 350
周易 14, 161, 162, 165, 230, 323, 327

主客二分 3, 5, 7, 16, 17, 24, 28, 47, 62, 63, 66, 72, 80, 103, 104, 109, 111, 112, 150, 154, 159, 274, 285, 354
主体 3, 4, 7, 12, 15, 16, 17, 20, 21, 22, 24, 28, 29, 31, 32, 33, 34, 36, 37, 40, 45, 46, 47, 49, 50, 53, 54, 58, 59, 60, 62, 63, 64, 65, 66, 72, 75, 76, 78, 80, 82, 83, 90, 96, 102, 103, 109, 111, 113, 114, 115, 116, 117, 121, 122, 123, 125, 127, 128, 129, 130, 132, 133, 134, 137, 142, 145, 147, 150, 151, 153, 168, 171, 173, 175, 178, 181, 184, 186, 189, 194, 195, 196, 197, 199, 200, 201, 202, 203, 204, 214, 215, 217, 219, 220, 221, 224, 226, 228, 229, 238, 239, 241, 242, 253, 254, 261, 263, 265, 268, 274, 278, 279, 285, 286, 287, 288, 292, 293, 295, 297, 301, 313, 316, 329, 332, 334, 341, 345, 346
主体形而上学 3, 4, 49, 66, 72, 109, 113, 122, 125, 127, 129, 132, 137, 181, 186, 189, 219, 229, 274, 285, 288, 292
自然的复魅 8, 342, 359
自然美 26, 27, 28, 29, 30, 31, 32, 43, 47, 48, 49, 50, 205
自然中心主义 12, 51, 53, 54
自我视域 7, 116, 189, 220
自我有限性 3, 4, 7, 8, 97, 114, 117, 180, 181, 183, 185, 186, 194, 198, 202, 219, 260, 271, 283, 288, 289, 294, 295, 296, 305, 307, 332, 347

后　记

　　《现象学视域中生态美学的方法问题研究》是我 2013 年的国家社科基金同名项目（项目号 13BZW022）的结项成果。本项目于 2017 年以优秀结项，其后，经过不断地修改完善，才有了本书的出版。

　　2003 年，我选择了《哲学诠释学视野中的艺术经验》做我的博士论文选题。从那时起，我就开始学习现象学。对我来讲，现象学意味着一种思维方式或一种方法意识。这种方法意识为许多问题提供了一种新的思路。尤其对于生态美学来讲，作为一种超越于实践美学、认识论美学的美学流派，生态美学既是现象学运动的发展或现象学运动的彻底化，也是现象学运动的理论资源。在生态美学领域，中西思维方式展开了全面的对话与交流。而由于现象学思维是对西方整体哲学发展方向的全面反思，生态美学所构成的这种对话与交流，不仅使得生态美学展现了一种包罗万象的学术空间，也使其核心问题愈发呈现出一系列的悖论：其一，生态美学对人类中心主义的批判，是以人类的思维为工具的，生态美学反对人类中心主义的立场，必须在人类的思维过程中解决，这就构成了生态美学根本性的矛盾。其二，生态美学追求的"自然的复魅"，其核心定义是"以人的形象看视一切"。本质上，自然的复魅这种拟人化思维仍在强化人的形象，在某种程度上仍是一种人类中心主义。其三，意识是人类的本质，但生态环链的本质在于意识到自身是生态存在的一部分。如何建构一种符合生态环链基本精神的人类意识，是生态美学的逻辑困境之一。其四，在实践层面，生态美学所倡导的家园意识、场所意识，需要人们在具体的审美过程中实践。如何克服人们面对荒芜自然的恐惧感、对审美对象生理上的偏好，这是生态美学由理论向实践推进的难点之一。

正是基于这一认识，我选择了现象学作为解决上述逻辑困境的方法。目前，国外的生态美学研究有两种思路：艾伦·卡尔松代表了分析哲学的思路，阿诺德·伯林特代表了现象学的思路。由于生态美学的现象学视野不仅囊括了西方的生态现象学、生态存在论和生态诠释学，也囊括了中国古代儒、道、释等哲学思路，使中国古代的生态智慧被纳入了当代生态美学的构建之中。因此，生态美学的现象学视域对我国当下生态美学的研究具有更大的影响。

在具体的研究过程中，本书坚持发现问题、分析问题、解决问题与实践验证的传统思路。首先，探讨生态危机的根源，探讨生态美学的基本问题、逻辑困境及其对有效方法论的要求；其次，分析现象学思维如何有效地构建生态美学的基本理论；再次，通过具体的艺术与美学实践证明这一方法论的有效性。

值本书出版之际，我要特别感谢我的导师曾繁仁教授和师母纪温玉老师。自 2002 年以来，我已记不清有多少次聆听曾老师与纪老师的教诲。可以说，曾老师不仅影响了我的学术思考方式，也影响了我的人生选择。我人生重要的选择，基本上都是在曾老师与纪老师的影响下完成的。曾老师渊博的学识、严谨的治学态度、宽厚的处事风格、坦荡的胸怀，都是我们这些学生学习的目标。每思及至此，我都暗暗告诫自己，要不停地努力，不要辜负老师对我的期望。

人民出版社的李之美老师为本书的出版付出了诸多心血，在此，特向李之美老师致以真挚的感谢。

课题结项已经三年有余。这三年来，由于现象学哲学在表述上的晦涩性，我不得不经常修正书中所使用的一些表述方式，也常常反省本书的一些观点。作为一段思考的总结，我深知本书还有许多不足，期待大家的批评指正。

孙丽君

2021 年 9 月 26 日

责任编辑：李之美

封面设计：王欢欢

图书在版编目（CIP）数据

现象学视域中生态美学的方法问题研究 / 孙丽君 著 . — 北京：人民出版社，
　2021.5

ISBN 978 - 7 - 01 - 023038 - 2

I. ①现…　II. ①孙…　III. ①生态美 - 美学 - 研究　IV. ① Q14—05

中国版本图书馆 CIP 数据核字（2021）第 010706 号

现象学视域中生态美学的方法问题研究

XIANXIANGXUE SHIYU ZHONG SHENGTAI MEIXUE DE FANGFA WENTI YANJIU

孙丽君　著

人民出版社 出版发行

（100706　北京市东城区隆福寺街 99 号）

涿州市星河印刷有限公司印刷　新华书店经销

2021 年 5 月第 1 版　2021 年 5 月北京第 1 次印刷

开本：710 毫米 × 1000 毫米 1/16　印张：24

字数：335 千字

ISBN 978 - 7 - 01 - 023038 - 2　定价：75.00 元

邮购地址 100706　北京市东城区隆福寺街 99 号

人民东方图书销售中心　电话（010）65250042　65289539